Erwin Bünning

Die physiologische Uhr

Circadiane Rhythmik und
Biochronometrie

Dritte, gründlich überarbeitete Auflage

Mit 135 Abbildungen

Springer-Verlag
Berlin Heidelberg New York 1977

Professor Dr. ERWIN BÜNNING
Institut für Biologie I der Universität
Auf der Morgenstelle 1
D-7400 Tübingen

1. deutsche Auflage: 1958
2. deutsche Auflage: 1963

1. englische Auflage: 1964
2. englische Auflage: 1967
3. englische Auflage: 1973

Russische Auflage: 1961
Chinesische Auflage: 1965
Japanische Auflage (in Vorbereitung)

ISBN-13: 978-3-540-08226-2   e-ISBN-13: 978-3-642-66645-2
DOI: 10.1007/978-3-642-66645-2

Library of Congress Cataloging in Publication Data. Bünning, Erwin, 1906 —. Die
physiologische Uhr. Includes bibliographies. 1. Circadian rhythms. I. Title. QH527.B8.
1977. 574.1. 77-22282.

Gesamtherstellung: Brühlsche Universitätsdruckerei, Lahn-Gießen.
2131/3130-543210.

Vorwort

Noch vor zwei Jahrzehnten konnte man oft hören (und sogar lesen), die Behauptung der Existenz einer endogenen Tagesrhythmik gehöre in den Bereich der Metaphysik. Die These gar, diese „innere Uhr" werde von Pflanzen und Tieren wirklich zur Zeitmessung benutzt, wurde als Rückfall der Biologie in Mystik und Parapsychologie angesehen. Die 1. Auflage dieses Buches sollte mithelfen, solche Einschätzungen als unberechtigt zu erweisen.

Jetzt erscheinen jährlich etwa 1000 Arbeiten über biologische Rhythmen und damit zusammenhängende biologische und medizinische Probleme. Dieser große Informationszuwachs ließ eine Neubearbeitung gleichzeitig notwendig und gewagt erscheinen.

Ich danke dem Verlag, daß er vor fast zwei Jahrzehnten auf das Wagnis eingegangen ist, angebliche Mystik als Wissenschaft anzusehen. Ich danke allen, mit denen ich in den vergangenen Jahren über Fragen der „inneren Uhr" diskutieren konnte, und allen denen, die mir durch neue Versuchsergebnisse Anregungen zur Verbesserung des Buches gegeben haben. Frau Brigitte Rätze danke ich für das mühsame Schreiben des Textes für diese Neufassung.

Tübingen, im Mai 1977   ERWIN BÜNNING

Inhaltsverzeichnis

Definitionen und Symbole

LD   periodischer Licht-Dunkel-Wechsel
LL   Dauerlicht
DD   Dauerdunkel

Periode: Zeit, nach der eine bestimmte Phase der Schwingung wiederkehrt.
Phase: Augenblicklicher Zustand einer Schwingung innerhalb einer Periode.
Zeitgeber: Erregerschwingung, die einen biologischen Rhythmus mitnimmt (Synchronisator).

1. Einleitung

„Die 24stündige Periode, welche durch die regelmäßige Umdrehung unseres Erdkörpers auch allen seinen Bewohnern mitgeteilt wird, … ist gleichsam die Einheit unserer natürlichen Chronologie.“

D.C.W. HUFELAND: Die Kunst, das menschliche Leben zu verlängern, S. 143. Jena 1798.

a) Begriffsabgrenzung

Der Ausdruck „circadiane Rhythmik" wird nicht immer im gleichen Sinn benutzt. Namentlich in der medizinischen Literatur werden damit oft alle Arten von biologischen 24 h-Cyclen bezeichnet. Andere Autoren meinen, man sollte den Ausdruck nur für Rhythmen anwenden, die sich unter konstanten Bedingungen, namentlich also bei konstanter Temperatur im LL oder DD fortsetzen, dann aber nicht mehr mit genau, sondern nur ungefähr 24 h betragenden Perioden (daher „*circadian*"). In diesem Buch wird der von Halberg [8] eingeführte Ausdruck circadian in diesem engeren Sinne benutzt. Er soll also das bezeichnen, was in der älteren Literatur endogene oder autonome (auch autogene) Tagesrhythmik genannt wurde.

Natürlich gehören zum Studium dieser circadianen Rhythmik nicht nur die im LL oder DD frei laufenden Rhythmen (mit Perioden von meist zwischen ca. 22 und 28 h), sondern auch die von einem tagesperiodischen LD mitgenommenen Schwingungen. Auch können manche Untersuchungen nicht ausgeklammert werden, die zwar nur unter LD-Bedingungen durchgeführt worden sind, die sich aber doch mit mehr oder weniger großer Wahrscheinlichkeit auf mitgenommene endogene Cyclen beziehen.

Das Interesse an diesen circadianen Rhythmen hat in den vergangenen Jahren stark zugenommen, weil die große Bedeutung der Phänomene für die Biologie und Medizin erkannt worden ist.

b) Historische Entwicklung

Pflanzen. Die circadiane Rhythmik ist zunächst an Pflanzen, und zwar durch das Studium tagesperiodischer Blattbewegungen entdeckt worden. Derartige Hebungs- und Senkungsbewegungen von Blättern sind im Pflanzenreich weit verbreitet, am auffälligsten aber bei den Schmetterlingsblütlern (Abb. 1 und 2). An solchen (speziell bei *Tamarindus indicus*) hat sie schon Androsthenes während des Alexanderzuges beobachtet [25]. Daß an tagesperiodischen Blattbewegungen so etwas wie eine endogen-tagesperiodische Komponente beteiligt ist, wurde zum ersten Male 1729 durch Versuche des Astronomen De Mairan angedeutet; er fand nämlich die Fortsetzung der Bewegungen in DD [29]. Auf die möglichen Beziehungen dieses Phänomens zu Erscheinungen beim Menschen deutet De Mai-

Abb. 1. *Phaseolus coccineus* (Bohne) in Nacht- (links) und Tagstellung (rechts). Zwischen Blattspreite und Blattstiel befindet sich ein Gelenk. Auf dem antagonistischen Schwellen seiner Hälften beruhen die Bewegungen

ran auch schon mit einem Satz hin. Damit hat er etwas geahnt, was Hufeland mehrere Jahrzehnte später treffend formulierte (vgl. die Zitate über dem 1. und 14. Abschnitt).

Schon vor dieser Zeit hatte Zinn 1759 nochmals die Blattbewegungen, und zwar bei der Bohne untersucht [50]. Er konnte bestätigen, daß sich solche Bewegungen ohne einen Wechsel von Licht und Dunkelheit oder von hoher und niedriger Temperatur fortsetzen können. Sachs verfügte vor etwa 100 Jahren bereits über sehr deutliche Hinweise für die Beteiligung einer erblichen Rhythmik [44, 45]. Sehr entschieden ist die Erblichkeit der Tagesperiode u. a. von Semon (1905, 1908) behauptet worden [46, 47]. Seine Untersuchungen haben auch die schon 1873 begonnenen Arbeiten Pfeffers über tagesperiodische Blattbewegungen mitbeeinflußt [41, 42]. Pfeffer selber, der sich zunächst sehr gegen die Annahme der Beteiligung erblicher Rhythmen wandte, hat in seinen späteren Arbeiten zu deren Erforschung viel beigetragen. Immer noch blieben bei seinen Arbeiten und denen mehrerer anderer Autoren die tagesperiodischen Bewegungen von Laub- und Blütenblättern das wichtigste Mittel zum Studium der endogenen Tagesrhythmik. Aber manche Beobachtungen einzelner Autoren über endogen-tagesperiodische Schwankungen des Längenwachstums [22] und einiger anderer Vorgänge bei

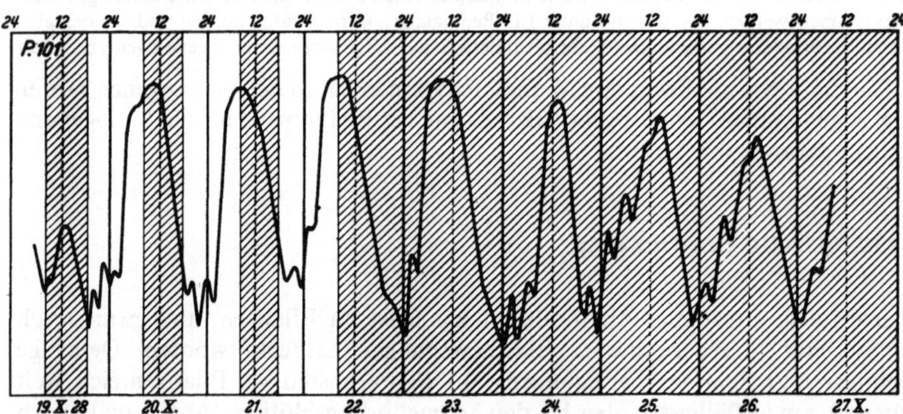

Abb. 2. Beispiel für eine tagesperiodische Laubblattbewegung, die sich im Dauerdunkel fortsetzt (Dunkelzeiten schraffiert). Es handelt sich um eine Gewächshauspflanze von *Canavalia ensiformis*, bei der am 18. Oktober ein inverser Licht-Dunkel-Wechsel (Beleuchtung in der Nacht, Verdunklung am Tage) begann. Die Abbildung zeigt daher zugleich die Umkehrbarkeit und die Fortsetzung mit diesen um etwa 12 h verschobenen Phasen im Dauerdunkel. Infolge der Hebelübertragung beim Registrieren bedeutet in dieser und in den meisten späteren Kurven von Laubblattbewegungen eine Kurvenhebung Blattsenkung und umgekehrt. (Nach Kleinhoonte [38a])

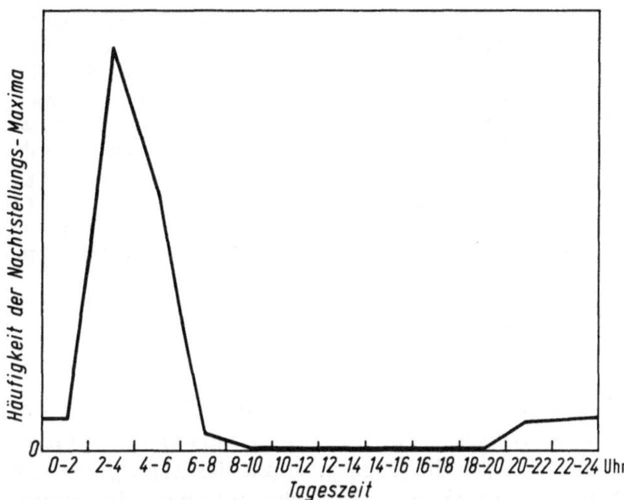

Abb. 3. Beispiele für Experimente, von denen angenommen wurde, daß sie die Existenz eines synchronisierenden „Faktors X" zeigen. Tagesperiodische Blattbewegungen von *Phaseolus* (Bohne) in einem Dunkelraum. Nachtgipfel der Blattbewegungen (stärkste Senkungsmaxima der Blätter) zumeist 3 h nach Mitternacht trotz vermeintlich konstanter Bedingungen. (Nach Versuchsdaten von Stoppel [48])

Pflanzen wurden doch auch schon im letzten Viertel des vorigen Jahrhunderts und in den ersten Jahren dieses Jahrhunderts veröffentlicht.

Obwohl Pfeffer sich unter dem Eindruck der Tatsachen von der Existenz der endogenen Tagesrhythmik überzeugte [42], sind doch nachher wieder manche Zweifel anderer Autoren laut geworden. Ein Gegenargument zu jener Zeit war vor allem die Häufung der Extremlagen von Rhythmen zu bestimmten Tageszeiten, z. B. wurde eine Häufung der Senkungsmaxima von Laubblättern einige Stunden nach Mitternacht beobachtet (Abb. 3). Etwa in den Jahren 1928–1932 [27, 38] wurde klar, wie diese Häufung zustande kommen kann: Der Zeitpunkt des Versuchsbeginns hat einen Einfluß auf die Phasenlage. Außerdem zeigte sich, daß bei vielen der älteren Versuche ein unbeachtet gebliebener „Zeitgeber" entscheidend wirken konnte: Man pflegte die Versuche bei rotem Dunkelkammerlicht anzusetzen, das zu jener Zeit (abgesehen von der Photosynthese) als pflanzenphysiologisch unwirksam galt. Gerade dieses Licht aber ist der wichtigste Zeitgeber für die endogene Tagesrhythmik höherer Pflanzen. Wir wissen zudem, daß bei Pflanzen und bei Tieren 1–2 min Licht je Tag (oft sogar noch kürzere Lichtsignale) schon stark wirksame Zeitgeber sein können. Kleinhoonte [38] hat, wieder an Blattbewegungen, die Gesetze dieser Steuerung und die Beteiligung der endogenen Rhythmik sehr klar demonstriert, wobei sie vor allem die beliebige Phasenlage als Argument für das Fehlen äußerer Zeitgeber anführte. Zu jener Zeit wurden auch die Abweichungen von der genauen 24 h-Periodik betont [27].

Tiere. Die Erforschung der endogenen Tagesrhythmik mit Hilfe tierischer Vorgänge begann später. Allerdings liegen einige Beobachtungen über offenbar endogen-tagesperiodische Änderungen der Laufaktivität aus dem vorigen Jahrhundert vor. Die Fortsetzung der Pigmentwanderungen von Arthropoden beim Fehlen des LD [30] hat 1894 Kiesel beobachtet [37].

Mit dem Tagesgang der Körpertemperatur bei Wirbeltieren und beim Menschen haben sich mehrere Autoren ebenfalls früh beschäftigt. Forel vermutete 1910 für Bienen das Vorliegen eines Zeitgedächtnisses, nämlich der Fähigkeit, sich bestimmte Tageszeiten zu „merken" [31]. Erst Untersuchungen Forsgrens über den

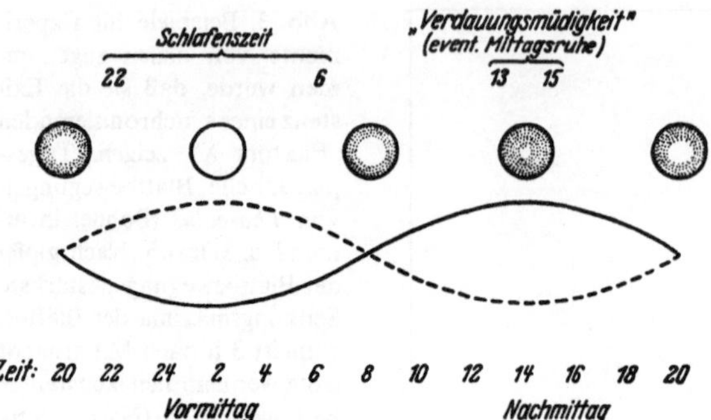

Abb. 4. Schematische Darstellung der Leberfunktion nach Forsgren. Die Kreise stellen Leberlobuli dar. Die weiß gezeichneten Zonen bedeuten die assimilatorische, die punktierten die dissimilatorische Phase. Die gestrichelte Kurve stellt den Verlauf des Glykogengehalts, die ausgezogene den der Gallenproduktion dar

Glykogenrhythmus in der Leber [32, 33] (Abb. 4), Kalmus' [35, 36] über das Zeitgedächtnis der Bienen (Abb. 5), Welshs [49] über die Pigmentwanderungen bei Crustaceen sowie mehrere Arbeiten über die Tagesperiodik des Schlüpfens von Insekten aus den Puppen [24, 36] und über tagesperiodische Aktivitätsschwankungen an Orthopteren [40] leiteten 1930–1935 die intensive Erforschung und den Nachweis der Beteiligung einer endogenen Tagesrhythmik ein. Als Maß für den Verlauf der inneren Uhr dienten außer den angedeuteten Phänomenen z. B. auch diurnale Färbungsschwankungen, etwa die von Krebsen (auf verschiedener Expansion der Chromatophoren beruhend). Aber auch ein tagesperiodisches Leuchten beim Leuchtkäfer *Photinus pyralis* im kontinuierlichen Dämmerlicht wurde schon 1937 beschrieben [26].

Menschen. Deutliche Hinweise für das Vorkommen ungefähr tagesperiodischer physiologischer Schwingungen beim Menschen haben sich namentlich aus den Untersuchungen zur Physiologie des Schlafens und Wachens schon vor längerer Zeit ergeben [9, 39]. Von den tagesperiodischen Funktionen im menschlichen Körper sind außer der Temperatur und der Pulsfrequenz auch die Diurese-Rhythmen bereits früh untersucht worden [43]. Aber erst durch noch neuere Untersuchungen ist die Beteiligung der endogenen Tagesrhythmik sichergestellt [34].

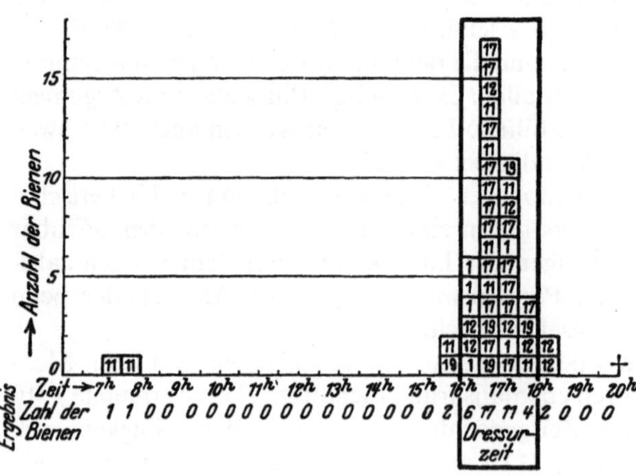

Abb. 5. Ergebnis einer Zeitdressur bei Bienen. Nach vorangegangener regelmäßiger Fütterung einer numerierten Bienenschar täglich von 16–18 Uhr kamen am Beobachtungstag (ohne Fütterung) in der Zeit von 6–20 Uhr die mit Nummern bezeichneten Bienen zum leeren Futterschälchen. Sie sind für jeweils $^1/_2$ h übereinander eingetragen. Jedes Quadrat bedeutet eine Biene, die eingeschriebenen Ziffern ihre Nummern. Die Dressurzeit ist umrahmt. (Nach Beling [23])

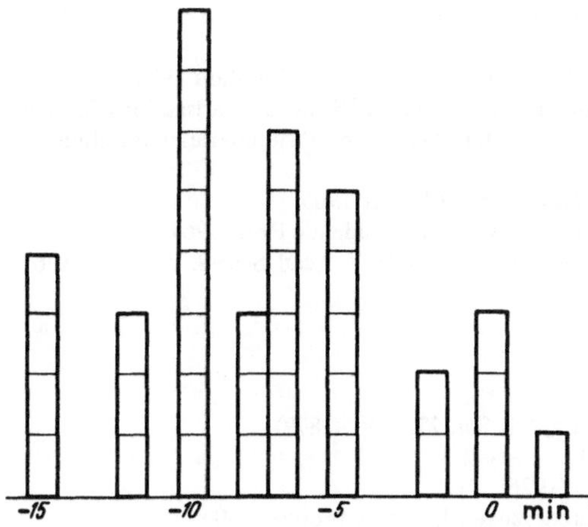

Abb. 6. Genauigkeit des Terminerwachens einer Versuchsperson. Angegeben ist, in wievielen Fällen (jeder Einzelfall ein Rechteck) bei dieser Versuchsperson das Aufwachen genau an dem gesetzten Termin bzw. zu früh erfolgte. Abscisse 0: gesetzter Termin; Minuswerte: zu frühes Erwachen in min. (Nach Clauser [28])

Zu den am längsten bekannten Phänomenen der physiologischen (oder „psychologischen") Zeitmessung gehört auch die Fähigkeit vieler Menschen, vorsatzgemäß zu erwachen oder am Tage Termine ohne äußere Zeitgeber exakt einzuhalten (Abb. 6). Für diese Kopfuhr steht der Beweis eines Arbeitens auf der Basis der endogenen Tagesrhythmik allerdings noch aus. Es gibt Experimente, die dafür sprechen, „daß beim langfristigen Terminerwachen biologische Rhythmen... eine Rolle spielen" [28]. Jedoch ist unser Wissen auf diesem Gebiet noch viel zu lückenhaft.

Literatur

a) Zusammenfassende Darstellungen

1. Aschoff,J. (ed.): Circadian Clocks. Amsterdam: North Holland 1965
2. Bierhuizen,J.F. (ed.): Circadian Rhythmicity. Proc. Intern. Symp. on Circadian Rhythmicity. Wageningen: Centre for Agricult. Publ. Documentation 1972
3. Brown,F.A.,Hastings,J.W., Palmer,J.D.: The Biological Clock: Two Views. New York-London: Academic Press 1970
4. Chovnick,A. (ed.): Biological Clocks. Cold Spring Harb. Symp. quant. Biol. 25 (1960)
5. Cloudsley-Thompson,J.L.: Rhythmic Activity in Animal Physiology and Behaviour. New York-London: Academic Press 1961
6. Conroy,R.T.W.L., Mills,J.N.: Human Circadian Rhythms. London: Churchill 1970
7. Hague,E.B. (ed.): Photo-Neuro-Endocrine Effects in Circadian Systems, with Particular Reference to the Eye. Ann. N. Y. Acad. Sci. 117, 1–645 (1964)
8. Halberg,F., Reinberg,A.: Rythmes circadiens et rythmes de bases fréquences en physiologie humaine. Paris: Masson 1968
9. Kleitman,N.: Sleep and Wakefulness, rev. ed. Chicago: Univ. Press 1963
10. Luce,G.G.: Biological Rhythms in Psychiatry and Medicine. Chevy Chase/Md.: Nat. Inst. Mental Health 1970
11. Menaker,M. (ed.): Biochronometry. Proc. of a Symposium. Washington/D.C.: Nat. Acad. Sci. 1971
12. Mills,J.N. (ed.): Biological Aspects of Circadian Rhythms. London-New York: Plenum Press 1973
12a.Palmer,J.D.: An Introduction to Biological Rhythms. New York: Academic Press 1976
13. Reinberg,A., Ghata,J.: Biological Rhythms. New York: Walker 1964
14. Rensing,L.: Biologische Rhythmen und Regulation. Stuttgart: Fischer 1973
15. Richter,C.P.: Biological Clocks in Medicine and Psychiatry. Springfield/Ill.: Thomas 1965

16. Rohles,F.H. (ed.): Circadian Rhythms in Nonhuman Primates. Bibliotheca Primatologia No. 9. New York: Karger 1968
17. Scheving,L.E., Halberg,F., Pauly,J.E. (ed.): Chronobiology. Tokyo: Igaku Shou 1974
18. Sel'kov,E.E. (ed.): Oscillatory Processes in Biological and Chemical Systems. Transactions Sec. All-Union Symp. on Oscillatory Processes. 2 Vol. (russisch mit englischen "summaries"). Puschino on Oka 1971
19. Sollberger,A.: Biological Rhythm Research. New York: Elsevier 1965
20. Sweeney,B.M.: Rhythmic Phenomena in Plants. New York: Academic Press 1969
21. Wolf,W. (ed.): Rhythmic Functions in the Living System. Ann. N. Y. Acad. Sci. **98**, 753–1326 (1962)

b) Originalarbeiten

22. Baranetzky,J.: Mém. Acad. Sci. St. Pétersbourg, VII Sér. **27**, 1–91 (1879)
23. Beling,I.: Z. vergl. Physiol. **9**, 259–338 (1929)
24. Bremer,H.: Z. wiss. Insektenbiol. **21**, 209–216 (1926)
25. Bretzl,H.: Botanische Forschungen des Alexanderzuges. Leipzig: Teubner 1903
26. Buck,J.B.: Physiol. Zool. **X**, 45–58 (1937)
27. Bünning,E., Stern,K.: Ber. dtsch. Bot. Ges. **48**, 227–252 (1930)
28. Clauser,G.: Die Kopfuhr. Stuttgart: Enke 1954
29. De Mairan: Observation botanique. Histoire de l'Académie Royale des Sciences Paris, p. 35 (1729)
30. Demoll,R.: Zool. Jb. Physiol. **30**, 159–180 (1911)
31. Forel,A.: Das Sinnesleben der Insekten. München: Reinhardt 1910
32. Forsgren,E.: Skand. Arch. Physiol. **53**, 137 (1928)
33. Forsgren,E.: Skand. Arch. Physiol. **55**, 144 (1929)
34. Gerritzen,F.: Acta med. scand. Suppl. **307**, 150–152 (1955)
35. Kalmus,H.: Z. vergl. Physiol. **20**, 405–419 (1934)
36. Kalmus,H.: Biol. Gen. **11**, 93–114 (1935)
37. Kiesel,A.: Sitzgs.-Ber. Akad. Wiss. Wien **103**, 97–139 (1894)
38. Kleinhoonte,A.: Arch. Néerl. Sci. ex. et nat. IIIb **5**, 1–110 (1929)
38a.Kleinhoonte,A.: Jahrb. f. wiss. Bot. **75**, 679–725 (1932)
39. Kleitman,N.: Biol. Bull. **78**, 403–411 (1940)
40. Lutz,F.E.: Amer. Mus. Novitates **550**, 1932
41. Pfeffer,W.: Die periodischen Bewegungen der Blattorgane. Leipzig: Engelmann 1875
42. Pfeffer,W.: Abh. Math. Phys. Kl. Kgl. Sächs. Ges. Wiss. **34**, 1–154 (1915)
43. Quinke,H.: Arch. exp. Path. **32**, 211–240 (1893)
44. Sachs,J.: Bot. Ztg. **15**, (47), 809–815 (1857)
45. Sachs,J.: Flora **30**, 465–472 (1863)
46. Semon,R.: Biol. Centralbl. **25**, 241–252 (1905)
47. Semon,R.: Biol. Centralbl. **28**, 225–243 (1908)
48. Stoppel,R.: Z. Bot. **8**, 609–684 (1916)
49. Welsh,J.H.: Quart. Rev. Biol. **13**, 123–139 (1938)
50. Zinn,J.G.: Hamburg. Magazin **22**, 40–50 (1759)

2. Grundphänomene

> «Il n'est point nécessaire pour ce phénomène qu'elle soit au Soleil ou au grand air, il est seulement un peu moins marqué lorsqu'on la tient toujours enfermée dans un lieu obscur, elle s'épanouit encore très sensiblement pendant le jour, et se replie ou se resserre régulièrement le soir pour toute la nuit ... La Sensitive sent donc le Soleil sans le voir en aucune manière.»
>
> M. DE MAIRAN (über tagesperiodische Blattbewegungen)
> Acad. Roy. Soc. Paris 1729, S. 35.

a) Beispiele

Manche tagesperiodische Phänomene bei Pflanzen und Tieren sind rein oder dominierend exogen, z. B. das vom tagesperiodischen Temperaturwechsel verursachte Öffnen und Schließen von Tulpenblüten. Aber bei anderen Arten können sich auch solche Öffnungs- und Schließungsbewegungen bei konstanter Temperatur im LL oder DD fortsetzen (Abb. 7). Auch bei Bienen läßt sich die circadiane Grundlage des S. 4 erwähnten Zeitgedächtnisses leicht nachweisen. Wenn die Bienen nach der Dressur auf eine bestimmte Tageszeit mehrere Tage etwa wegen schlechten Wetters nicht nach Honig suchen konnten, so „wissen" sie danach doch noch, zu welcher Zeit sie suchen müssen; sie kommen wieder zur Dressurzeit zum Futterplatz [158]. Genauso „weiß" eben auch die Pflanze über mehrere Tage hinaus, wann mit Sonnenaufgang oder Sonnenuntergang gerechnet werden kann.

Die circadiane Rhythmik ist noch an vielen anderen physiologischen Vorgängen beteiligt, nicht nur am „Zeitgedächtnis" der Bienen oder der Blüten- bzw. Laubblätter. Am treffendsten können wir wohl sagen: Die in der Zelle verborgene physiologische Uhr steuert wie eine Hauptuhr viele Nebenuhren, d. h. von ihr werden viele periphere physiologische Tätigkeiten gesteuert, so daß auch diese circadian werden (und nur diese peripheren Vorgänge treten uns unmittelbar entgegen).

Der Ausdruck „Hauptuhr" darf nicht so verstanden werden, als müßten notwendig einzelne Zellen oder Gewebe die treibenden Oscillatoren sein. Gemeint

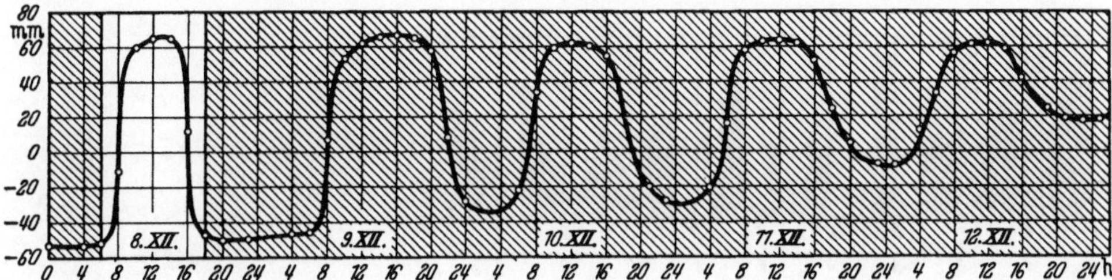

Abb. 7. *Kalanchoe blossfeldiana.* Fortsetzung der Blütenblattbewegungen mit geringer Dämpfung im DD. Dunkelzeiten schraffiert. Kurvenhebung: Blütenöffnung; Kurvensenkung: Blütenschließung. (Nach Bünsow [100])

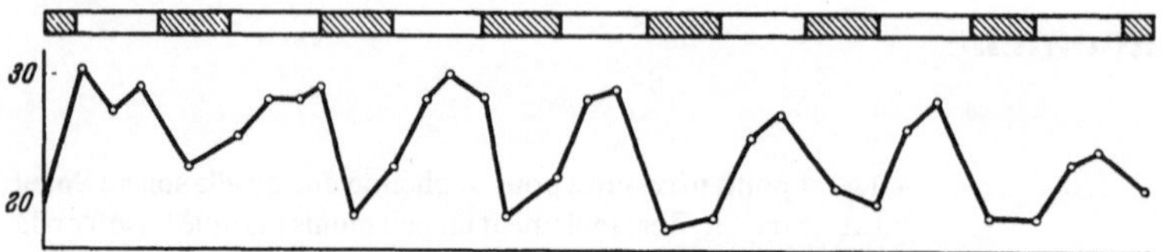

Abb. 8. Tagesperiodische Pigmentierungsschwankungen bei *Ligia baudiniana* im DD. Durch die schraffierten Felder oben ist angegeben, wie vor dem DD die Dunkelzeiten lagen. Die Zahlen an der Ordinate sind willkürliche Einheiten für die Stärke der Pigmentierung. (Nach Kleitman [123])

ist nur, daß wir zwischen den offen zutage tretenden vielfältigen Oscillationen einerseits und den noch unbekannten biochemischen bzw. biophysikalischen Grundlagen andererseits zu unterscheiden haben.

Bei manchen Pilzen und Algen sind die Entleerung von Sporangien und ähnliche Vorgänge (Abb. 96) gut meßbare tagesperiodische Prozesse, die sich unter konstanten Bedingungen endogen fortsetzen [83, 92, 117, 151, 156, 159].

Bei Tieren können z. B. tagesperiodische Pigmentwanderungen (Abb. 8) oder Schwankungen der Laufaktivität (Abb. 9) gemessen werden; ebenso das rhythmische Schlüpfen von Insekten aus den Puppen (Abb. 10) [70] bzw. der Larven aus den Eiern.

Auch circadiane Stoffwechselschwankungen und, im Zusammenhang mit diesen, Schwankungen der Fermentaktivität sind bei Pflanzen und Tieren gut bekannt und werden immer intensiver untersucht. Eine große Vielfalt von

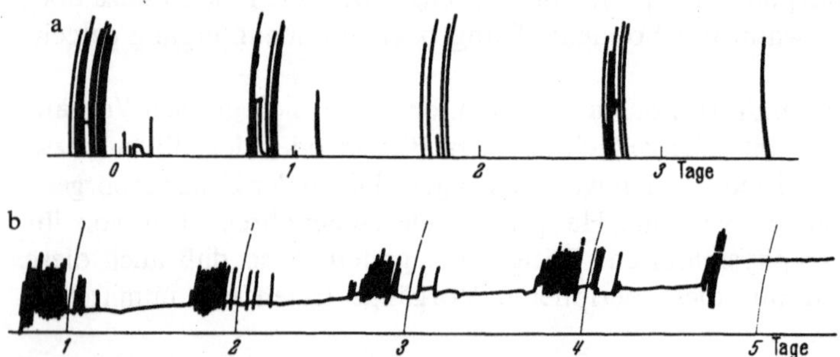

Abb. 9a und b. Diurnale Cyclen der Laufaktivität im konstanten Dämmerlicht: (a) *Periplaneta americana* (Schabe); (b) *Mesocricetus auratus* (Goldhamster)

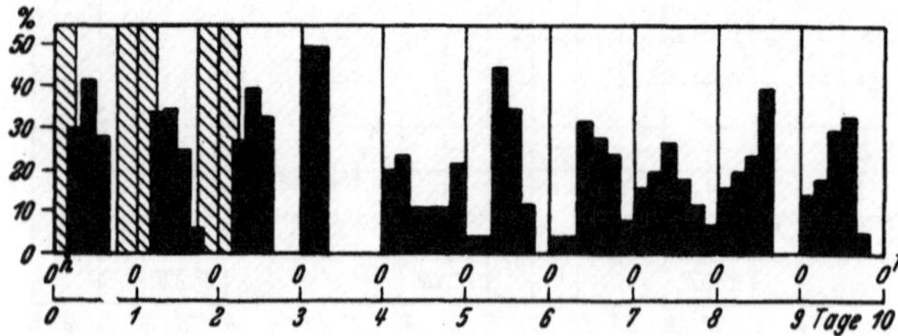

Abb. 10. *Drosophila.* Auf der Ordinate sind die in je 4 h geschlüpften Imagines in Prozent aller an dem betreffenden Tag geschlüpften angegeben. Zeiten der Verdunklung schraffiert. Man erkennt das Fortsetzen des periodischen Schlüpfens unter konstanten Bedingungen. (Nach Bünning [94])

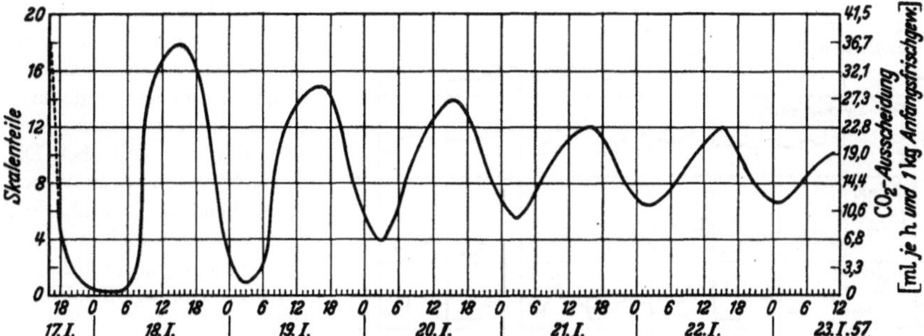

Abb. 11. *Bryophyllum calycinum.* Fortlaufende Messung der CO_2-Ausscheidung abgeschnittener Blätter im DD. Die Kurve stellt eine Verbindung von Meßwerten dar, die in Abständen von 1 h ermittelt wurden. (Nach Wolf, aus Bünning [97])

Stoffwechselprozessen ist hiervon betroffen. Bei Pflanzen, von Einzellern bis zu höheren Pflanzen, gehört dazu auch das Studium von circadianen Schwankungen der photosynthetischen Kapazität bei höheren Pflanzen [101, 120] und bei einzelligen Algen [62, 136]. Auch Schwankungen der CO_2-Bindung [160–162] und des O_2-Verbrauchs [85, 131, 155] sind für Pflanzen wiederholt beschrieben worden. Entsprechendes gilt für Schwankungen der CO_2-Abgabe [153] (Abb. 11) oder des O_2-Verbrauchs bei Tieren [110, 125, 148, 157, 163]. Aber es sei gleich erwähnt, daß die genannten Prozesse nicht in allen Fällen deutlich unter dem Einfluß der circadianen Rhythmik stehen.

Als eine für Experimente recht geeignete „periphere Oscillation" hat sich die Biolumineszenz mancher Meeresorganismen erwiesen; namentlich die einzellige Alge *Gonyaulax* ist für zahlreiche Studien herangezogen worden [61, 62, 74–76]. Diese Alge ist besonders geeignet, weil an ihr außer der Biolumineszenz (Abb. 12) gleichzeitig noch andere Vorgänge von der circadianen Rhythmik gesteuert werden (z. B. die Mitose und die photosynthetische Kapazität). Abbildung 13 zeigt Beispiele für tagesperiodische Vorgänge im menschlichen Körper, die sich unter konstanten Bedingungen fortsetzen, also circadian im engeren Sinn des Wortes sind. Tatsächlich sind für den menschlichen Körper mehr als 100 verschiedenartige Funktionen bekannt, die von der circadianen Rhythmik kontrolliert werden. Anscheinend unterliegen überhaupt die meisten physiologischen Leistungen und Kapazitäten auch des menschlichen Körpers der Steuerung durch die circadiane Rhythmik.

Fehlerquellen. Ein tagesperiodischer Vorgang darf natürlich nicht ohne weiteres als endogen angesprochen werden. Es hat sogar vieler experimenteller Untersu-

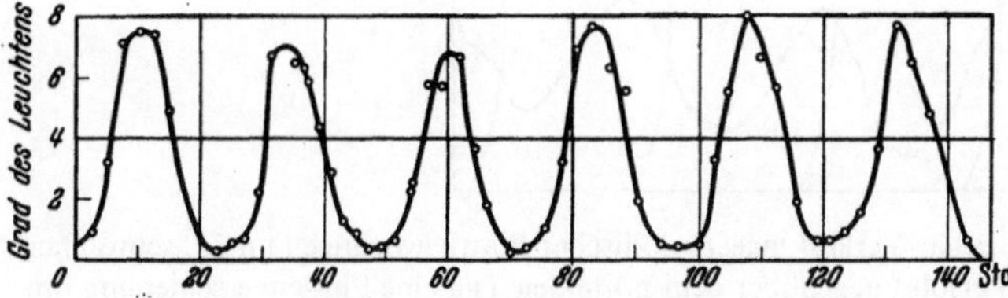

Abb. 12. Tageszeitlich gebundenes Leuchten der Alge *Gonyaulax.* (Nach Hastings u. Sweeney [62])

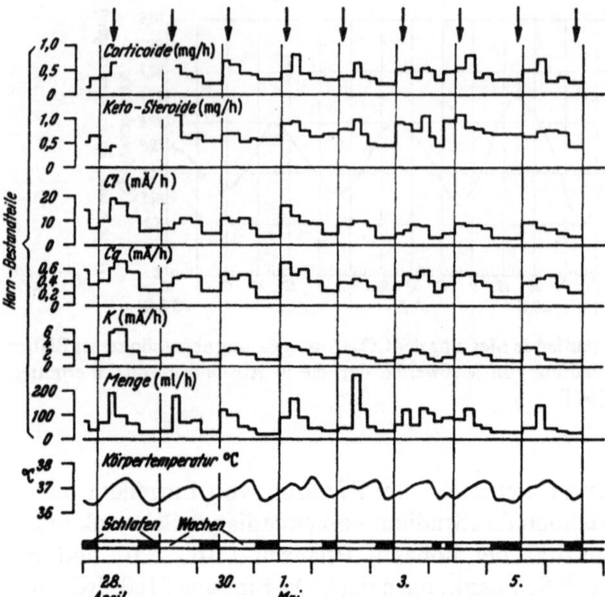

Abb. 13. Periodisches Verhalten verschiedener Körperfunktionen eines Menschen. Registrierung der Vorgänge in einem Bunker unter Ausschluß äußerer Zeitgeber. Die Versuchsperson befand sich vom Abend des 27.4. ab ohne Uhr im Bunker. Pfeile am oberen Abbildungsrand: 12 Uhr MEZ. (Nach Aschoff u. Wever [82])

chungen bedurft, bis wirklich geklärt war, ob an einem bestimmten tagesperiodischen Vorgang nach dem Ausschalten der Beleuchtungs- und Temperaturrhythmen nicht unbekannte äußere Faktoren beteiligt sind. Entscheidende Kriterien sind immer, daß bei konstanter Temperatur und im DD oder LL bestimmte Phasen, je nach der tageszeitlichen Bindung der vorhergehenden steuernden äußeren Faktoren, zu jeder beliebigen Tageszeit gleich häufig auftreten können. Auch die Abweichung von der genauen 24 h-Periodik ist ein wichtiges Kriterium. Diese Abweichung tritt immer dann in Erscheinung, wenn jene synchronisierenden diurnalen Schwankungen der Außenfaktoren ausgeschaltet werden (Abb. 14). Sobald unter konstanten Laboratoriumsbedingungen eine *genaue* 24 h-Rhythmik beobachtet wird, sollte nach unerkannt gebliebenen Zeitgebern in der Umwelt gesucht werden.

Phasenlage. Es ist fast selbstverständlich, daß die Phasenlage der circadianen Rhythmik von äußeren Faktoren bestimmt wird. Wirksam sind dabei vor allem, aber durchaus nicht nur, der LD sowie der Wechsel hoher und niedriger Temperatur. Wir kommen auf diese „Zeitgeber" zurück.

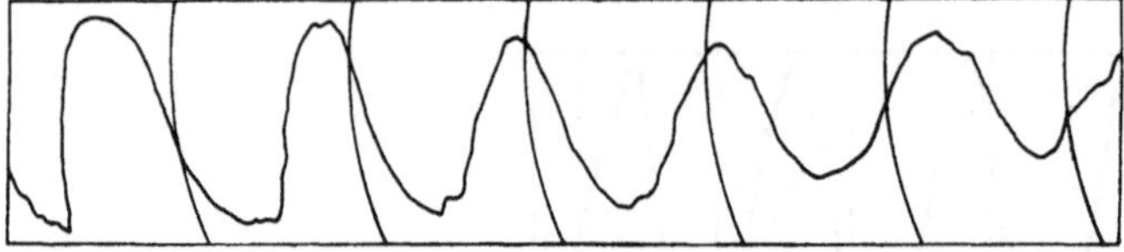

Abb. 14. *Phaseolus coccineus.* Typischer Verlauf tagesperiodischer Blattbewegungen im LL schwacher Intensität. Innerhalb von 6 Tagen erfolgt gegenüber dem normalen Tag eine Phasenverschiebung um ungefähr 17 h; die Periodenlänge beträgt also etwa 27 h. Kreisbögen in 24 h Abstand. (Nach Bünning u. Tazawa [99])

b) Arbeiten alle circadianen Uhren mit dem gleichen „Uhrwerk"?

„Uhrzeiger" und „Uhrwerk". Die Entdeckung der endogenen Tagesrhythmen führte wiederholt zur Hypothese, es handle sich um einfache Rückkopplungsmechanismen, also bei den Blattbewegungen etwa sei die Aufwärtsbewegung eine Gegenreaktion auf die über den „Sollwert" oder die „Ruhelage" hinausgehende Abwärtsbewegung usw. (vgl. das Motto zu Abschnitt 7). Pfeffers Arbeiten spiegeln diese Hypothese und ihre schrittweise Widerlegung gut wider [142–145]. Er verglich die Bewegungen zunächst mit Pendelbewegungen. Erst 1911 widerlegte er diese Ansicht: Die Blattbewegungen von Bohnen wurden durch mechanische Widerstände verhindert. Nach Beseitigung dieser Hindernisse traten die Bewegungen ohne Phasenverschiebung gegenüber den Kontrollen wieder auf. Seine richtige Schlußfolgerung war, daß den Bewegungen eine andere Rhythmik in den Geweben zugrunde liegen muß.

Ein analoges Experiment mit Tieren wurde 1922 von Richter [73] beschrieben. Ratten zeigten unter konstanten Bedingungen circadiane Rhythmen der Laufaktivität von 23 h und 45 min. Wurden die Tiere durch Elektroschock für 10 Tage inaktiv gemacht, so nahmen sie ihre Bewegungsaktivität nachher wieder mit der Phasenlage auf, die ohne Elektroschock zu erwarten war. Also verhielt es sich hier analog wie bei Pfeffers Bohnen: Aktivität war nicht Ursache für (etwa durch Ermüdung bedingte) Ruhe, ausreichende Ruhe nicht Ursache für wiederbeginnende Aktivität. Mit anderen Worten: Die Aktivitätsrhythmik ist ebenfalls nur ein peripherer Vorgang, ein „Uhrzeiger".

Ähnliche Versuche sind mit sehr verschiedenartigen circadianen Rhythmen gemacht worden. Man fand dabei z. B., daß große Stärke- oder Glykogenmengen nicht Ursache für verstärkten Polysaccharidabbau, geringe Polysaccharidmengen nicht Ursache für deren verstärkte Synthese sind. Die Rhythmen in der Stärke- oder Glykogenmenge bestehen auch unter Bedingungen extremen Hungerns.

Andererseits wäre es voreilig anzunehmen, daß allen registrierten circadianen Rhythmen immer das gleiche unbekannte „Uhrwerk" zugrunde liegt.

Entwicklungscyclen. Die Studien mit synchronisierten Zellkulturen haben erheblich zur Kenntnis von Zellcyclen beigetragen [57, 59, 67, 68, 72, 77]. Viele dieser Cyclen (namentlich bei Mikroorganismen) haben Perioden von etwa 24 h, andere weichen aber von dieser Periodenlänge erheblich ab; auch kann die Länge dieser Cyclen in vielen Fällen (im Gegensatz zu den charakteristischen circadianen Rhythmen) stark vom Substrat und von der Temperatur abhängen [65, 66].

Viele Entwicklungsrhythmen bei Pilzen, etwa solche, die zu den bekannten Wachstumsringen in Pilzkulturen führen, können zu den stark vom Medium und von der Temperatur abhängigen Rhythmen gehören. Es handelt sich ebenso wie bei jenen Zellcyclen nicht um von der circadianen „Hauptuhr" gesteuerte periphere Vorgänge; sie zeigen vielmehr Perioden, deren Dauer sich aus der Summierung einzelner, qualitativ verschiedener, jeweils einige Stunden dauernder Stadien ergibt. Im Falle des Mitosecyclus sind die anatomischen und physiologischen Besonderheiten dieser einzelnen Stadien recht gut bekannt.

In allen solchen Fällen von Entwicklungscyclen also kann es auch zu Perioden von ca. 24 h kommen; aber je nach den Bedingungen können die Perioden auch weniger als 10 h oder mehr als 100 h erreichen.

Kopplung an die Uhr, *Gating***.** Die Situation ist noch komplizierter, weil in manchen Fällen Entwicklungscyclen der oben genannten Art, z. B. Mitosecyclen, an die circadiane Uhr gekoppelt sein können. Dann zeigen solche Cyclen alle wesentlichen Eigentümlichkeiten anderer an diese Uhr gekoppelter physiologischer Leistungen [55, 72].

Eine solche Kopplung kann durch Einschiebung von Blöcken in die Entwicklungscyclen erreicht werden. Ein Mitosecyclus kann z. B. in einem der aufeinader folgenden Stadien verharren, also das Beginnen des nächsten Stadiums blockiert sein, bis die circadiane Uhr diesen Block aufhebt. Sie hebt ihn auf, indem eine bestimmte ihrer Phasen gleichsam ein Tor öffnet für den Eintritt des nächsten Stadiums, ein Vorgang, der daher im Englischen als *Gating* bezeichnet wird. So kann ein Mitosecyclus, dessen einzelne Stadien bei relativ hoher Temperatur in z. B. 16 h abgelaufen sein könnte, ca. 24 h-Perioden einhalten. Würde der gleiche Mitosecyclus die einzelnen Stadien bei niedriger Temperatur so langsam ablaufen lassen, daß die Cyclen z. B. 30 h benötigen, so führt das *Gating* zu ungefähr 48 h-Cyclen.

Wie die Steuerung von Mitosecyclen durch die circadiane Rhythmik erfolgt, ist unbekannt. Für Hypothesen gibt es erst wenige experimentelle Stützen [72].

Beispiele können die Situation veranschaulichen. Beim Pilz *Neurospora crassa* ist ein Entwicklungsrhythmus, nämlich die Bildung der Conidien (asexuelle Sporen) an die circadiane Uhr gekoppelt. Dieser Rhythmus zeigt die Eigenschaften anderer so gekoppelter periodischer Vorgänge: Perioden von ungefähr 24 h, die unabhängig von der Art des Substrats und unabhängig von der Temperatur eingehalten werden. Ein anderer Rhythmus des gleichen Pilzes, nämlich die Verzweigungsweise der Hyphen, ist nicht an die circadiane Uhr gekoppelt. Dieser Rhythmus kann zwar

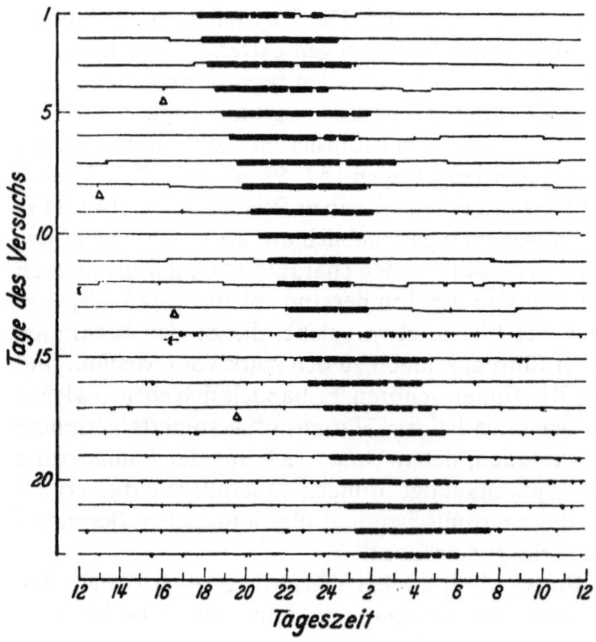

Abb. 15. Aktivitätsrhythmik eines Flughörnchens *(Glaucomys volans)* im DD. Auf den waagerechten Linien ist die Aktivität an 23 aufeinanderfolgenden Tagen dargestellt. Die Periodenlänge beträgt bei diesem Individuum 24 h und 21 min ± 6 min.(NachDeCoursey [104])

auch Perioden von ungefähr 24 h zeigen, jedoch sind hier die Periodenlängen stark vom Substrat und von der Temperatur abhängig. Bei relativ hoher Temperatur (30° C) wird ein solcher Cyclus im LL in ca. 19 h durchlaufen. Bei relativ niedriger Temperatur (20° C) werden aber etwa 97 h benötigt [107].

Der Mitosecyclus kann, wie gesagt, in vielen Fällen dem *Gating* durch die circadiane Uhr unterliegen. Das muß aber nicht so sein. Bei höheren Pflanzen pflegt ein circadianer Mitosecyclus in den Sproßvegetationspunkten sehr ausgeprägt zu sein, indem die meisten oder alle Teilungen in der Nacht erfolgen (ein Rhythmus, der sich im DD fortsetzt). In den Wurzeln aber können oft zu allen Tageszeiten alle Mitosestadien angetroffen werden, vielfach auch ohne signifikante unterschiedliche Häufigkeit. Dabei fehlt die Uhr in den Wurzelzellen durchaus nicht: Ein anderer Vorgang, nämlich das Bluten (Saftauspressung aus abgeschnittenen Pflanzen) zeigt eine sehr ausgeprägte circadiane Rhythmik.

In manchen Fällen können äußere oder innere Bedingungen die Kopplung physiologischer Vorgänge an die Uhr leicht aufheben. Das gilt hinsichtlich äußerer Faktoren z. B. für die Paarungsbereitschaft von *Paramaecium aurelia* [121].

c) Periodenlängen

Variationsbreite. Die Periodenlängen der frei laufenden Rhythmik, d. h. bei konstanter Temperatur im DD oder LL, betragen bei Pflanzen und Tieren meist zwischen etwa 23 und 26 h. Nur in seltenen Fällen ist unter solchen konstanten Bedingungen und bei ausreichend großem Versuchsmaterial die Periodenlänge der frei laufenden Rhythmik nicht signifikant von 24 h verschieden. Bei einigen Objekten sind unter bestimmten Bedingungen auch Periodenlängen von etwa 22 h gemessen worden, z. B. an der Alge *Oedogonium* [92]. Bei Bohnen *(Phaseolus coccineus)* kann die Periodenlänge im LL 27 oder sogar bis zu 29 h betragen (Abb. 14).

Nur selten ist keine signifikante Abweichung von der 24 h-Periode feststellbar [129].

Konstanz, Genauigkeit. Sowohl Pflanzen als auch Tiere halten ihre art- und individuenspezifische Periodenlänge im LL oder DD und bei konstanten Temperaturen recht genau ein (Abb. 15). Die Abweichungen von Tag zu Tag sind gewöhnlich kleiner als 15 min. Man darf also die individuenspezifische Periodenlänge durchaus mit Minutengenauigkeit angeben. Besonders bei Nagetieren haben mehrere Autoren Periodenlängen errechnet, die mit einer Genauigkeit von 1–2 min angegeben werden dürfen [69, 103, 104]. Andererseits kommt aber auch ein plötzlicher oder allmählicher Übergang zu anderen Periodenlängen vor [146a]. Das kann in manchen Fällen durch sich ändernde innere Bedingungen des Individuums erklärt werden [105, 128, 135, 150]. Auch ist eine allmähliche Änderung der Periodenlängen mit zunehmendem Alter beobachtet worden [146, 146a].

Auch jahresperiodische Änderungen der Periodenlängen sind bekannt. Wurde der Körper der Fledermaus *Myotis lucifugus* in einer niedrigen Temperatur (3–10° C) gehalten, so zeigte der Rhythmus der Körpertemperatur im Sommer Perioden von 22 h und 25 min, im Winter von 25 h [130]. Solche jahreszeitlichen

Veränderungen können offenbar, wie Versuche am Erdhörnchen *Citellus lateralis* zeigen [132a], auch endogenjahresperiodisch bedingt sein.

Die hohe Präzision hat oft zu Zweifeln hinsichtlich der Ausschaltung aller Fehlerquellen geführt. Jedoch gilt die genannte Genauigkeit von 1–2 min nur für Vielzeller; bei diesen aber ist die wechselseitige Synchronisation innerhalb des Körpers sehr wichtig. Für die Einzelzelle (bzw. für den Einzeller) ist jene Präzision nicht gefunden worden. Bei Vielzellern werden also gleichsam Mittelwerte registriert.

Die Präzision in der Einhaltung der für das Individuum spezifischen Periodenlänge ist auch im Hinblick auf die Phänomene der menschlichen Kopfuhr bemerkenswert. Diese Präzision hat in früheren Zeiten oft zu mystischen Spekulationen Anlaß gegeben. Dafür ist jedenfalls, einerlei ob diese Kopfuhr auch auf der circadianen Rhythmik beruht oder nicht, nach der Entdeckung jener Präzision bei der circadianen Rhythmik kein Grund mehr gegeben.

Individuelle Differenzen. Beim Vergleich von Individuen ein- und derselben Art unter konstanten Bedingungen zeigen sich leicht individuelle Verschiedenheiten in der Periodenlänge in der Größenordnung von einer oder auch von mehreren Stunden. Das wurde sowohl bei Pflanzen als auch bei Tieren und Menschen gefunden. Bei einer Mäuseart wurden individuelle Differenzen zwischen 25,0 und 25,5 h gemessen [78]; bei Eidechsen sogar Differenzen zwischen 21,1 und 24,7 h. Abbildung 16 zeigt die Variabilität in der Periodenlänge des Flughörnchens *Glaucomys volans.*

Bei Menschen, die bei konstanten Bedingungen unter Ausschluß aller äußeren Zeitgeber untersucht wurden, fanden sich beim Registrieren von Funktionen der Art, wie sie in Abbildung 13 dargestellt sind, individuelle Differenzen zwischen 24,7 und 26 h [51, 52]. In anderen Fällen wurde unter ähnlichen Bedingungen eine noch größere Variabilität gefunden [147].

Erwähnt sei noch, daß nicht nur individuelle Differenzen hinsichtlich der Periodenlänge bestehen, sondern auch in der Form der Kurven (Abb. 17).

Allerdings sollte berücksichtigt werden, daß die spezifische Form solcher Kurven, die unter LD-Bedingungen registriert worden sind, nicht unbedingt den Verlauf der endogenen Rhythmik anzeigen. In vielen Fällen hat sich gezeigt, daß bei Objekten, die unter LD-Bedingungen zwei Gipfel der Rhythmik (z.

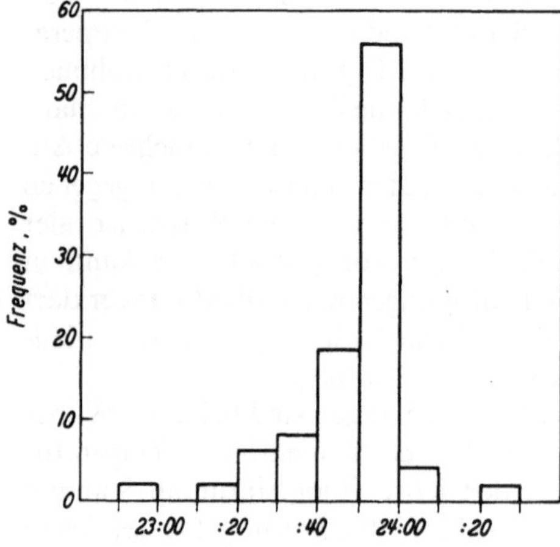

Abb. 16. Flughörnchen *(Glaucomys volans).* Häufigkeitsverteilung der durchschnittlichen Periodenlänge im DD. (Nach DeCoursey [104])

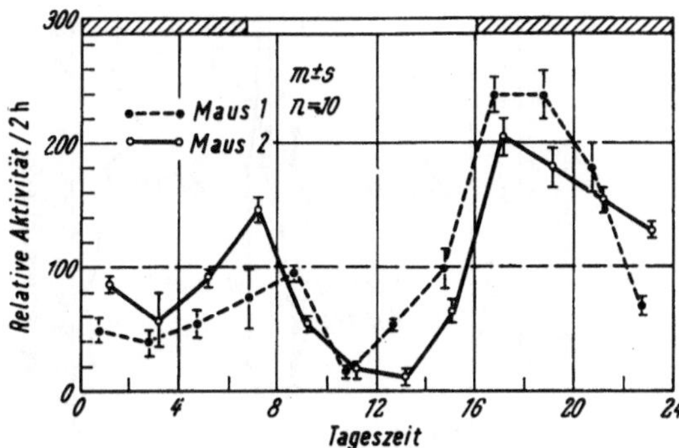

Abb. 17. Individualmuster der Tagesperiodik. Auf gleiche Fläche normierte Muster der Aktivität zweier Individuen von *Mus musculus*, über 10 Tage gemittelt mit Angabe des mittleren Fehlers für jeden Meßwert. (Nach Aschoff u. Honma [80])

B. der Bewegungsaktivität) aufweisen, diese Zweigipfligkeit unter konstanten Bedingungen verschwindet, so z. B. beim Mistkäfer *Geotrupes silvaticus* [108]. Für Vögel ist aber auch berichtet worden, daß die Zweigipfligkeit sich unter konstanten Bedingungen fortsetzen kann [79].

Auch in dieser Hinsicht gibt es übrigens wieder individuelle Verschiedenheiten. Bei *Gryllus domesticus* zeigten einige Individuen nur einen Gipfel der Bewegungsaktivität, andere Individuen auch einen zweiten [133].

d) Erblichkeit

"The periodicity ... is to a certain extent inherited."
CH. u. F. DARWIN: The Power of Movement in Plants, S. 407–408. London 1880.

Modifikative Prägung? Oft ist die Frage aufgeworfen worden, ob die endogene Tagesrhythmik wirklich erblich sei oder ob nicht vielmehr in frühen Stadien der embryonalen Entwicklung eine Einprägung durch die tagesperiodisch schwankenden Umweltfaktoren erfolge. Darum wurden Pflanzen und Tiere von den ersten Stadien ihrer Entwicklung an und sogar durch mehrere Generationen hindurch bei konstanten Licht- und Temperaturbedingungen gehalten. In anderen Versuchen wurde geprüft, ob sich Pflanzen oder Tiere in den frühen Stadien ihrer Entwicklung ein anderer, z. B. ein 8:8stündiger Rhythmus aufzwingen läßt; die Objekte wurden dazu einem entsprechenden LD ausgesetzt. Alle diese Versuche liefen aber fehl, d. h. die Pflanzen bzw. Tiere zeigten späterhin unabhängig von der Vorbehandlung die ihnen eigentümliche Periodik mit Cyclenlängen zwischen 22 und 28 h. Auch eine Ausdehnung solcher Vorbehandlung auf die vorhergehende Generation, also auf die Mutterpflanze oder das Muttertier, änderte dieses Resultat nicht.

Einige Beispiele mögen das veranschaulichen: Bei Pflanzen, deren tagesperiodische Blattbewegungen untersucht wurden, läßt sich durch eine Vorbehandlung der Keimlinge mit einem 8:8stündigen LD die Periodik nicht modifizieren [122]. Ebensowenig gelingt das, wenn schon die Mutterpflanze abnormen LD-Rhythmen oder konstanten Bedingungen ausgesetzt wird: Die Pflanzen zeigen später unter konstanten Bedingungen tagesperiodische Blattbewegungen [93]. Bienen zeigen ihr normales Zeitgedächtnis auch nach Aufzucht unter konstanten Bedingungen [158]. Der Schlüpfrhythmus von *Drosophila* wird im DD tagesperiodisch, wenn die Tiere vom Larvenstadium an konstante Bedingungen (LL) hatten [94]. Das

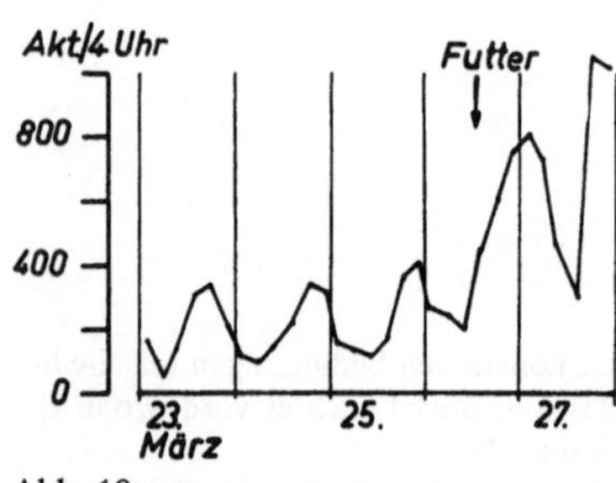

Abb. 18. Aktivitätsperiodik eines frisch geschlüpften Kükens. Die Aktivitätszahlen sind über je 4 h gemittelt. (Nach Aschoff u. Meyer-Lohmann [81])

Abb. 18

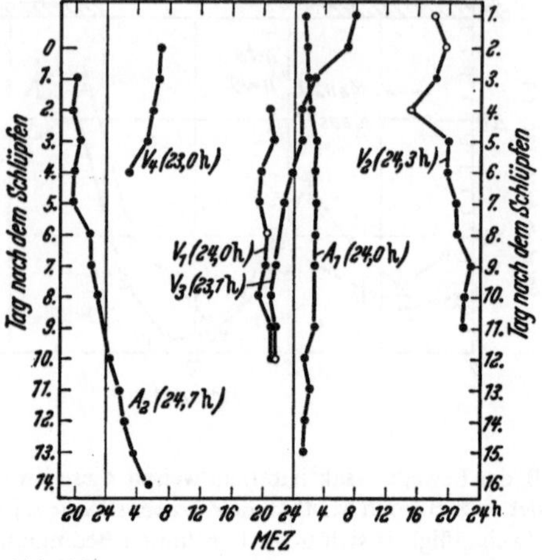

Abb. 19

Abb. 19. Aktivitätskurven von unter konstanten Bedingungen erbrüteten Eidechsen. Die Punkte geben die zeitlichen Mittelwerte der Aktivitätsphasen der Einzeltiere wieder. ● mittlerer Fehler der Schätzungen < 20 min; ○ mittlerer Fehler > 20 min; *V Lacerta viridis*; *A L. agilis*. In Klammern die mittlere Periodenlänge des betreffenden Tieres, bestimmt aus der gesamten Versuchszeit. Man sieht z. B. bei der Kurve A_2, daß die Aktivität jeden Tag etwas später begann, während sie bei A_1 jeden Tag zur gleichen Zeit einsetzte, in letzterem Falle die Cyclenlänge also 24 h betrug. (Nach Hoffmann [114])

gleiche gilt für Schmetterlinge [116, 137, 139]. Aus Eiern von Hühnern und Eidechsen, die sich unter konstanten Bedingungen entwickeln, schlüpfen später doch Tiere, die normale diurnale Cyclen zeigen [81, 114] (Abb. 18, 19). Abnorme LD-Cyclen (8:8stündig), denen Ratten ausgesetzt waren, störten nicht die Rhythmik der nächsten Generation [112]. Auch bei Eidechsen konnte das Erbrüten in abnormen Cyclen des Licht- und Temperaturwechsels (9:9- oder 18:18-stündig) die später auftretende Aktivitätsperiodik nicht modifizieren [115]. *Drosophila* konnte durch 16 Generationen hindurch bei schwachem LL kultiviert werden, ohne die Fähigkeit zu endogen-tagesperiodischem Schlüpfen aus den Puppen zu verlieren [94]. Bei *Drosophila* geht die Schlüpfrhythmik auch noch nicht in der 240. im DD gezogenen Generation verloren [132]. Mäuse können durch mehrere Generationen ohne einen Außenrhythmus leben und zeigen nachher doch die normale endogene Tagesrhythmik mit der für die betreffende Linie spezifischen Periodenlänge [78] (Abb. 20). Auch Ratten verloren, nachdem sie durch 25 Generationen hindurch im LL gehalten waren, nicht die Rhythmik [88].

Außerdem ist an Pflanzen festgestellt worden, daß eine spezifische, für ein bestimmtes Individuum ermittelte Periodenlänge sich über viele Jahre, also viele Generationen hinweg, auf die Nachkommenschaft übertragen läßt [95].

Selbstverständlich bedeutet Erblichkeit auch in diesem Falle nicht, daß sich die Eigenschaften sofort nach der Geburt manifestieren. Beim Menschen z. B. vergehen nach der Geburt mehrere Wochen, bis die Tagesperiodik der untersuchten physiologischen Leistungen deutlich wird [64] (Abb. 34). Bei Wirbeltieren scheinen die circadianen Rhythmen, jedenfalls die gemessenen, allgemein im embryonalen Zustand noch nicht ausgeprägt zu sein [71]. Aus solchen Beobachtungen zu schließen, daß im embryonalen Zustand bzw. bald nach der Geburt noch

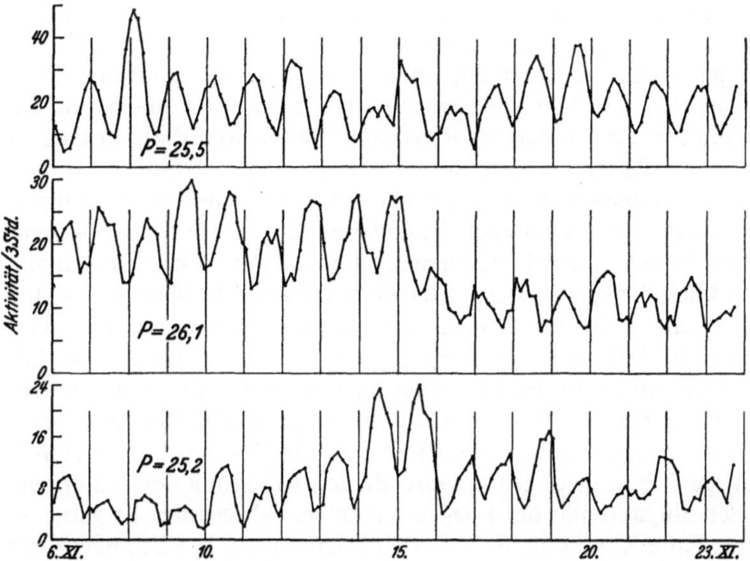

Abb. 20. Aktivitätsperiodik von Mäusen, die in der zweiten Generation unter völlig konstanten Umweltbedingungen gehalten sind (Dauerlichtwurf vom 11.9.1954). Ordinate: Aktivitätszahlen für je 3 h. Kurven über 5 Werte einmal geglättet. P Periodendauer in h. (Nach Aschoff [78])

keine circadiane Rhythmik besteht, wäre voreilig (vgl. die Hinweise auf Kopplung und *Gating*, S. 12).

Kreuzungsversuche. Zunächst bei Pflanzen ist auch durch Bastardierung von Individuen mit verschiedenen Periodenlängen versucht worden, die Gesetze der Erblichkeit der endogenen Tagesrhythmik zu prüfen [93]. In der 1. Generation zeigten sich intermediäre Periodenlängen (Abb. 21). Ob später eine Aufspaltung nach den Mendelschen Regeln eintritt, ließ sich noch nicht sicher entscheiden.

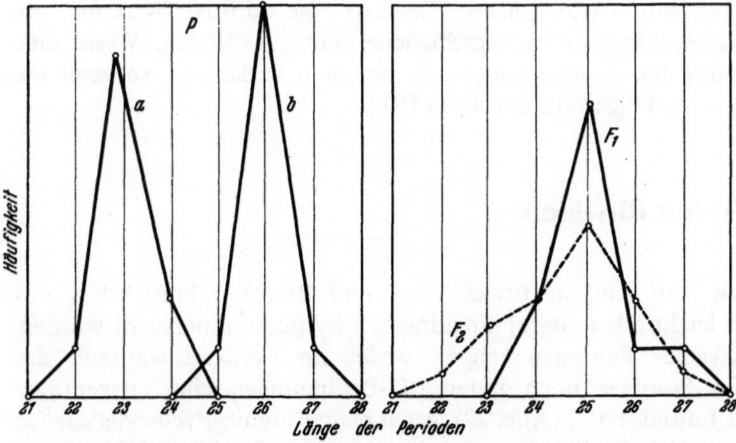

Abb. 21. *Phaseolus coccineus.* Durchschnittliche Periodenlänge im DD (ermittelt aus den tagesperiodischen Blattbewegungen). Links: *a* Pflanzen aus Samen der Mutterpflanze *a*; *b* Pflanzen aus Samen der Mutterpflanze *b*. Rechts: die F_1- und F_2-Generation der Kreuzung $a \times b$. (Nach Bünning [95])

Festgestellt wurde aber, daß in späteren Generationen die ursprünglichen Periodenlängen wieder in Erscheinung treten können.

Auch Kreuzungen zwischen Linien oder Rassen mit unterschiedlichen Werten
für die kritische Tageslänge bei der photoperiodischen Reaktion können Ansätze
zur genetischen Analyse der endogenen Rhythmik bieten, weil diese kritischen
Tageslängen von dieser Rhythmik determiniert werden (vgl. Abschnitt 13). Am
Schmetterling *Acronycta rumicis* wurde gefunden, daß entsprechende Kreuzungen
zu intermediären Werten der kritischen Tageslänge für die photoperiodische
Diapause-Induktion führen. In der F_2-Generation und nach Rückkreuzungen mit
der F_1-Generation blieb der intermediäre Charakter erhalten. Es war keine klare
Aufspaltung erkennbar, d. h. das Objekt verhielt sich ähnlich wie die oben
erwähnten Pflanzen [102]. Nach solchen Ergebnissen kann vermutet werden, daß
viele Gene an der Determination der kritischen Tageslänge beteiligt sein können.

Neuere Versuche haben wesentliche Fortschritte gebracht. Bei *Drosophila*
konnten durch experimentell bedingte Mutationen, die das X-Chromosom betreffen, verschiedenartige Beeinflussungen der circadianen Rhythmik des Schlüpfens
(und gleichzeitig der Flugaktivität der Fliegen selber!) erzielt werden. Es gab eine
Mutante ohne circadiane Rhythmik, eine mit Perioden von 19 h, eine andere mit
28 h-Perioden. Besonders bemerkenswert ist, daß die Änderung auf die Beeinflussung nur eines Gens zurückzuführen ist. Auch eine Mutante ohne circadiane
Rhythmik (des Schlüpfens) wurde bei *Drosophila* gefunden [124].

Kreuzungsversuche mit Wildstämmen der einzelligen Alge *Chlamydomonas*,
einer mit einer 24 h-, der andere mit einer 21 h-Periodicität der phototaktischen
Empfindlichkeit, ergaben ebenfalls die Wirksamkeit eines einzigen Gens [90, 91].

Mit dem Pilz *Neurospora crassa* wurden ähnliche Ergebnisse erzielt. Hier
betreffen die zunächst gefundenen vier Mutationen (eine davon mit auf 19,3 h
verkürzten Perioden) denselben Locus [106], weitere aber einen anderen [56].

Natürlich folgt daraus nicht, daß in solchen Fällen nicht auch andere Gene die
Periodenlänge beeinflussen. Offensichtlich können, obwohl schon die Mutation
eines Gens wirksam ist, verschiedene Gene an Mutationen der Periodenlänge
beteiligt sein. Dabei wurde (für *Chlamydomonas*) eine additive Wirkung von
periodenverlängernden Mutationen verschiedener Gene gefunden. Wenn eine
Mutation die Periode um n, eine andere sie um m h verlängert, so zeigt die
Doppelmutante eine Verlängerung um $n+m$ [91].

e) Verlust manifester Rhythmik

Arktische Regionen. Oft sind arktische Tiere und Pflanzen hinsichtlich des
möglichen Fehlens leicht erkennbarer circadianer Rhythmen untersucht worden.
Einige Käfer arktischer Regionen zeigten weder im Freiland während des
natürlichen LL im Sommer noch unter LD-Bedingungen eine ausgeprägte
Tagesrhythmik der Laufaktivität (Abb. 22). Auch beim Pinguin *Pygoscelis adeliae*
wurde eine Tagesperiodik der Bewegungsaktivität nicht gefunden [164].

Mehrere Nager aus arktischen und gemäßigten Zonen zeigten circadiane
Bewegungsaktivitäten, wenn die Arten in arktischen und subarktischen Regionen

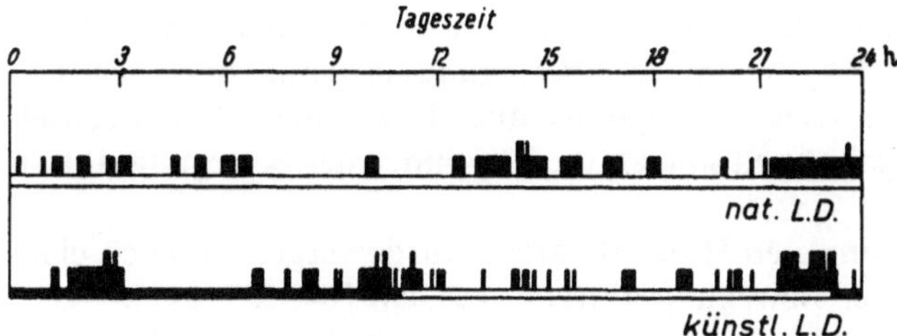

Abb. 22. Verteilung der Laufaktivität eines lappländischen *Carabus violaceus* L. (Käfer) unter verschiedenen Umweltbedingungen. Die Aktivitätsphase von je 5 Tagen wurde auf eine Zeile übertragen. Die Höhe der Balken zeigt die Zahl der Tage, an denen zu der betreffenden Tageszeit der Käfer aktiv war. Am Fuße jeder Zeile sind die Belichtungsverhältnisse dargestellt (natürliches LL bzw. künstlicher LD. (Nach Hempel u. Hempel [113])

Alaskas untersucht wurden [154]. Die Maus *Clethrionomys rufocanus* ist während der ganzen 24 h des arktischen Sommers aktiv, jedoch zu den Jahreszeiten mit dunklen Nächten nur nachts [141]. Auch Planktonorganismen lassen ihre vertikalen Wanderungen im arktischen Sommer vermissen [87].

Bei Eskimos wurde in einigen Untersuchungen nicht die für andere Menschen charakteristische Tagesrhythmik der Urinproduktion und der Kaliumausscheidung gefunden, selbst dann nicht, wenn die Versuchspersonen dem Lebensrhythmus der 24 h-Periode angeglichen wurden. Das ist um so auffälliger, als Menschen der gemäßigten Zonen die entsprechenden Rhythmen auch dann noch zeigten, wenn sie schon jahrelang in der Arktis gelebt hatten [127]. Jedoch gibt es auch experimentelle Befunde über das Vorkommen circadianer Urinausscheidungen und Temperaturschwankungen bei Eskimos [152].

Man darf aus keiner der genannten Untersuchungen schließen, daß Lebewesen der arktischen Regionen keine circadianen Rhythmen besitzen. Soweit solche nicht gefunden worden sind, handelt es sich meist oder immer darum, daß die registrierten Vorgänge nicht an die circadiane Uhr gekoppelt sind. Das kann z. B. dadurch bedingt sein, daß die Uhr in diesen Fällen keine *Gating*-Funktion (vgl. S. 12) ausübt. Für diese Deutung spricht, daß bei manchen Tieren der Arktis zwar circadiane Rhythmen der Bewegungsaktivität fehlen, aber das Richtungsfinden mit Hilfe des Sonnenkompasses und der inneren Uhr sehr wohl noch möglich ist (vgl. Abschnitt 10). Gerade Rhythmen der Bewegungsaktivität müssen als relativ peripher angesehen werden; sie können oft eine Kopplung an die circadiane Uhr vermissen lassen, während manche Stoffwechselrhythmen sehr wohl noch die circadiane Steuerung zeigen.

Höhlentiere. Die gleiche Schlußfolgerung muß für das Verhalten mancher Höhlentiere gezogen werden. Bei dem seit mindestens 25000 Generationen an das Höhlenleben angepaßten Krebs *Orconectes pellucidus* konnten keine tagesperiodischen Aktivitätsschwankungen gefunden werden [140]. Eine spätere Auswertung der Versuchsdaten läßt aber doch den Schluß auf eine noch vorhandene schwache Tagesrhythmik zu [89].

Auch beim augenlosen Höhlenkrebs *Niphargus puteanus* konnte keine klare Tagesrhythmik der Bewegungsaktivität gefunden werden [86, 109, 111]; statt dessen zeigten sich Perioden von etwa 10–57 h, und zwar auch im Verhalten ein und desselben Individuums.

In anderen Versuchen konnten an 5 von 7 getesteten Höhlenkrebsen im DD bei 13° C deutlich circadiane Rhythmen der Bewegungsaktivität und des O_2-Verbrauchs registriert werden. Wieder zeigte sich auch hier, daß die Stoffwechselrhythmen fester an die Uhr gekoppelt sind als die Rhythmen der Bewegungsaktivität [118].

Holzkäfer. Auch bei bestimmten Holzkäferarten wurde vergeblich nach einer endogenen Tagesrhythmik der Bewegungsaktivität gesucht [84, 137–139].

Domestikation. Bei Schaben kann unter Laboratoriumsbedingungen die ausgeprägte circadiane Rhythmik der Laufaktivität mehr oder weniger verlorengehen [126].

Allgemeine Schlußfolgerung. Bei manchen physiologischen Vorgängen kann die Kopplung an die circadiane Uhr sowohl durch Anpassung der Individuen an die Umweltbedingungen als auch durch erblich gewordene Anpassung verlorengehen. Von einem Verlust der circadianen Rhythmik selber zu sprechen, ist aber in keinem der untersuchten Fälle als berechtigt erwiesen.

f) Vorkommen der circadianen Rhythmik bei niederen und höheren Organismen

Aus den vorhergegangenen „allgemeinen Schlußfolgerungen" ergibt sich, daß zwar oft vergeblich nach circadianen Rhythmen einzelner physiologischer Leistungen gesucht worden ist, aber ein Verlust der Uhr doch nicht nachgewiesen wurde.

Aufgrund der jetzt bekannten Tatsachen muß es als wahrscheinlich gelten, daß alle Tiere und alle grünen Pflanzen einschließlich der Einzeller unter ihnen eine circadiane Rhythmik haben. Zweifelhaft mag es sein, ob das auch für alle Pilze zutrifft. Oft ist nach circadianen Rhythmen bei Prokaryoten (Bakterien und blaugrünen Algen) gesucht worden. Die meisten dieser Bemühungen blieben erfolglos. Einigen Angaben über circadiane Rhythmen bei Bakterien sind Zweifel über mögliche Fehlerquellen entgegengebracht worden [61].

g) Warum benutzen die Organismen für Zeitmessungen Oscillationen?

Zeitmessungen mit Hilfe von Schwingungen können Vorteile gegenüber Zeitmessungen nach dem Sanduhrprinzip haben. Sie erlauben ein „Vorausplanen" nicht nur für den nächsten Tag, sondern für mehrere Tage. In manchen Fällen allerdings ist ein solcher Vorteil bei biologischen Zeitmessungen nicht erkennbar. Warum benutzen die Organismen dann trotzdem hierzu vielfach die circadiane Rhythmik?

Die Antwort ist relativ leicht. Es ist (ebenso wie in der Technik) fast unmöglich, ein so kompliziertes System wie den Organismus „zu bauen", ohne daß Schwingungen mit den verschiedensten Frequenzen auftreten, mit Perioden von Bruchteilen einer Sekunde, von mehreren Sekunden, Minuten, Stunden oder Tagen usw. [134]. Schwingungen sind also a priori verfügbar. Der Organismus muß zur Anpassung an die Umwelt „nur" aus den verfügbaren Frequenzen selektionieren.

Die Analogie der endogenen Tagesrhythmik mit der endogenen Jahresrhythmik (vgl. Abschnitt 13e) kann diese Hypothese stützen. In solchen tropischen Regionen, in denen eine Anpassung an den Jahresrhythmus nicht notwendig war, finden sich bei Pflanzen Entwicklungscyclen, die stark von der Jahresperiode abweichen, z. B. Cyclen mit 2, 4, 8 oder auch 20–30 Monaten [96, 98]. Zur Anpassung an Gebiete mit ausgeprägten Jahrescyclen der Umwelt (Kälte- oder Trockenperioden) wurde eine Selektion von Formen mit erblicher circannueller Periodenlänge notwendig. Eine „Konstruktion" von Zeitmessern nach dem Sanduhrprinzip war nicht notwendig.

Literatur

a) Zusammenfassende Darstellungen

51. Aschoff,J. (ed.): Circadian Clocks. Amsterdam: Elsevier 1965
52. Aschoff,J.: Circadian rhythms in man. Science **148**, 1427–1432 (1965)
53. Aschoff,J., Klotter,K., Wever,R.: Circadian Vocabulary. In: Aschoff [51], S. X–XIX (1965)
54. Bruce,V.G.: Environmental entrainment of circadian rhythms. In: Chovnick [58], S. 29–48 (1960)
55. Bruce,V.G.: Cell division rhythms and the circadian clock. In: Aschoff [51], S. 125–138 (1965)
56. Bruce,V.G.: Clock mutants. In: Hastings u. Schweiger [61], S. 339–351 (1976)
57. Cameron,L.L., Padilla,G.M. (eds.): Cell Synchrony. New York-London: Academic Press 1966
58. Chovnick,A. (ed.): Biological Clocks. Cold Spring Harb. Symp. Quant. Biol. **25** (1960)
59. Goedeke,K., Rensing,L.: Regulation des Zellcyclus. Naturwiss. Rundschau **27**, 4–16 (1974)
60. Hastings,J.W., Keynan,A.: Molecular aspects of circadian systems. In: Aschoff [51], S. 167–182 (1965)
61. Hastings,J.W., Schweiger,H.G. (ed.): The Molecular Basis of Circadian Rhythms. Dahlem Konferenzen. Berlin: Abakon 1976
62. Hastings,J.W., Sweeney,B.M.: The Gonyaulax clock. In: Photoperiodism and Related Phenomena in Plants and Animals. R.B.Withrow (ed.), S. 567–584. Washington,D.C.: Amer. Ass. Adv. Sci. 1959
63. Hellbrügge,T.: The development of circadian rhythms in infants. In: Chovnick [58], S. 311–323 (1960)
64. Hellbrügge,T., Ehrengut Lange,J., Rutenfranz,J., Steht,K.: Circadian periodicity of physiological functions in different stages of infancy and childhood. Ann. N. Y. Acad. Sci. **117**, 361–373 (1964)
65. Jerebzoff,S.: Manipulation of some oscillating systems in fungi by chemicals. In: Aschoff [51], S. 183–189 (1965)
66. Jerebzoff,S., Jerebzoff-Quintin,S., Lambert,E.: Aspergillus niger: characteristics of endogenous medium and low frequency rhythms. Int. J. Chronobiol. **2**, 131–144 (1974)
67. Mitchison,J.M.: The Biology of the Cell Cycle. Cambridge: Univ. Press 1971
68. Padilla,G.M., Whitson,G.L., Cameron,I.L.: The Cell Cycle. New York-London: Academic Press 1969
69. Pittendrigh,C.S.: Circadian rhythms and the circadian organization of living systems. In: Chovnick [58], S. 159–184 (1960)
70. Remmert,H.: Der Schlüpfrhythmus der Insekten. Wiesbaden: Steiner 1962
71. Rensing,L.: Circadian rhythms in the course of ontogeny. In Aschoff [51], S. 399–405 (1965)
72. Rensing,L., Goedeke,K.: Circadian rhythm and cell cycle: possible entraining mechanisms. Chronobiologia **3**, 53–65 (1976)
73. Richter,C.P.: Biological Clocks in Medicine and Psychiatry. Springfield, Ill.: Thomas 1965
74. Sweeney,B.: The photosynthetic rhythm in single cells of Gonyaulax polyedra. In: Chovnick [58], S. 145–148 (1960)
75. Sweeney,B.: Rhythmicity in the biochemistry of photosynthesis in Gonyaulax. In: Aschoff [51], S. 190–194 (1965)

76. Sweeney,B.: Rhythmic Phenomena in Plants. London-New York: Academic Press 1969
77. Zeuthen,E. (ed.): Synchrony in Cell Division and Growth. New York: Interscience 1964

b) Originalarbeiten

78. Aschoff,J.: Pflügers Arch. ges. Physiol. **262**, 51–59 (1955)
79. Aschoff,J.: Ecology **47**, 657–662 (1966)
80. Aschoff,J., Honma,K.: Z. vergl. Physiol. **42**, 383–392 (1959)
81. Aschoff,J., Meyer-Lohmann,J.: Pflügers Arch. ges. Physiol. **260**, 170–176 (1954)
82. Aschoff,J., Wever,R.: Naturwissenschaften **49**, 337–342 (1962)
83. Austin,B.: Ann. Bot. **32**, 261–278 (1968)
84. Becker,G., Damaschke,K.: Z. ang. Entomol. **51**, 323–334 (1963)
85. Bennett,M.F., Guilford,C.B.: Z. vergl. Physiol. **74**, 32–38 (1971)
86. Blume,J., Bünning,E., Günzler,E.: Naturwissenschaften **49**, 525 (1962)
87. Bogorov,B.G.: J. mar. Res. **6**, 25–32 (1946)
88. Browman,L.G.: Amer. J. Physiol. **168**, 694–697 (1952)
89. Brown,F.A.: Nature (Lond.) **191**, 929–930 (1961)
90. Bruce,V.G.: Genetics **70**, 537–548 (1972)
91. Bruce,V.G.: Genetics **77**, 221–230 (1974)
92. Bühnemann,F.: Biol. Zbl. **74**, 1–54 (1955)
93. Bünning,E.: Jahrb. wiss. Bot. **77**, 283–320 (1932)
94. Bünning,E.: Ber. dtsch. Bot. Ges. **53**, 594–623 (1935)
95. Bünning,E.: Jahrb. wiss. Bot. **81**, 411–418 (1935)
96. Bünning,E.: Handb. d. Pflanzenphysiol. **2**, 878–907 (1956)
97. Bünning,E.: Handb. d. Pflanzenphysiol. **12**, 2. 593–604 (1960)
98. Bünning,E.: Ann. N. Y. Acad. Sci. **138**, 2515–525 (1967)
99. Bünning,E., Tazawa,M.: Planta (Berl.) **50**, 107–121 (1957)
100. Bünsow,R.: Planta (Berl.) **42**, 220–253 (1953)
101. Clauss,H., Schwemmle,B.: Z. Bot. **47**, 226–250 (1959)
102. Danilevskii,A.S.: Entomol. Obozrenic **36**, 5–27 (1957)
103. DeCoursey,P.J.: Cold Spring Harbor Symp. Quant. Biol. **25**, 49–55 (1960)
104. DeCoursey,P.J.: Z. vergl. Physiol. **44**, 331–354 (1961)
105. Eskin,A.: In: Biochronometry. M.Menaker (ed.), S. 55–80. Washington, D.C.: Nat. Acad. Sci. 1971
106. Feldman,J.F., Hoyle,M.N.: Plant Physiol. **53**, 928–930 (1974)
107. Feldman,J.F., Hoyle,M.N.: Genetics **82**, 9–17 (1976)
108. Geisler,M.: Z. Tierpsychol. **18**, 389–420 (1961)
109. Ginet,R.: Ann. de Spéléologie **15**, 1–254 (1960)
110. Grosse,W.-R.: Biol. Zbl. **94**, 717–730 (1975)
111. Günzler,E.: Biol. Zbl. **83**, 677–694 (1964)
112. Hemmingsen,A.M., Krarup,N.B.: Kgl. Dansk. Vedensk. Selskab. Biol. Medd. **13** (7), 1–6 (1937)
113. Hempel,G., Hempel,I.: Naturwissenschaften **42**, 77–78 (1959)
114. Hoffmann,K.: Naturwissenschaften **44**, 359–360 (1957)
115. Hoffmann,K.: Z. vergl. Physiol. **42**, 422–432 (1959)
116. Horstmann,C.: Biol. Zbl. **55**, 93–97 (1935)
117. Ingold,C.T., Cox,V.J.: Ann. Bot. **19**, 201–209 (1955)
118. Jegla,Th.C., Poulson,Th.L.: J. exp. Zool. **168**, 273–282 (1968)
119. Jerebzoff,S.: Étude de phénomènes périodiques provoqués par des facteurs physiques et chimiques chez quelques champignons. Thèse Univ. Toulouse 1961
120. Jones,M.B., Mansfield,T.A.: J. exp. Bot. **21**, 159–163 (1970)
121. Karakashian,M.W.: In: Aschoff [1], S. 301–304 (1965)
122. Kleinhoonte,A.: Jahrb. wiss. Bot. **75**, 679–725 (1932)
123. Kleitman,N.: Biol. Bull. **78**, 403–411 (1940)
124. Konopka,R.J., Benzer,S.: Proc. Nat. Acad. Sci. U.S.A. **68**, 2112–2116 (1971)
125. Levengood,M.C.: Z. vergl. Physiol. **62**, 153–166 (1969)
126. Lipton,G.R., Sutherland,D.J.: J. Insect Physiol. **16**, 1555–1566 (1970)
127. Lobban,M.C.: Quart. J. exp. Physiol. Cog. Med. Sci. **52**, 401–410 (1967)

128. Lohmann,M.: Biol. Zbl. **86**, 623–628 (1967)
129. Lowe,Ch.H., Hinds,D.S., Lardner,P.J., Justice,K.E.: Science **156**, 531–534 (1967)
130. Menaker,M.: J. cell. comp. Physiol. **57**, 81–86 (1961)
131. Miyata,H.: Plant Cell Physiol. **11**, 293–301 (1970)
132. Mori,S., Yanagishima,S., Suzuki,N.: Biometeorology. In: Proc. 3rd Int. Biometeor. Congr., S. 550–563. Oxford: Pergamon 1966
132a.Mrosovsky,N., Boskes,M., Hallonquist,J.D., Lang,K.: Naturwissenschaften **63**, 298–299 (1976)
133. Nowosielski,J.W., Patton,R.L.: J. Insect Physiol. **9**, 401–410 (1963)
134. Oatley,K., Goodwin,B.C.: In: Biological Rhythms and Human Performance. W.P.Colquhoun (ed.). London-New York: Academic Press 1971
135. Palmer,J.D.: Comp. Biol. Physiol. **12**, 273–283 (1964)
136. Palmer,J.D., Livingston,L., Zusy,F.D.: Nature (Lond.) **203**, 1087–1088 (1964)
137. Park,O.: Ecology **16**, 152–163 (1935)
138. Park,O.: J. Animal Ecol. **6**, 239–253 (1937)
139. Park,O., Keller,J.G.: Ecology **13**, 335–346 (1932)
140. Park,O., Roberts,T.W., Harris,S.J.: Amer. Naturalist **45**, 154–171 (1941)
141. Peiponen,V.A.: Arch. Soc. Zool. Bot. Fennica "Vanamo" **17**, 171–178 (1962)
142. Pfeffer,W.: Physiologische Untersuchungen. Leipzig: W. Engelmann 1873
143. Pfeffer,W.: Die periodischen Bewegungen der Blattorgane. Leipzig: W. Engelmann 1875
144. Pfeffer,W.: Abh. Math. Phys. Kl. Kgl. Sächs. Ges. Wiss. **32**, 163–295 (1911)
145. Pfeffer,W.: Abh. Math. Phys. Kl. Kgl. Sächs. Ges. Wiss. **34**, 1–154 (1915)
146. Pittendrigh,C.S., Daan,S.: Science **186**, 548–550 (1974)
146a.Pittendrigh,C.S., Daan,S.: J. comp. Physiol. **106**, 223–252 (1976)
147. Reinberg,A., Halberg,F., Ghata,J., Siffre,M.: C. R. Acad. Sci. (Paris) **262**, 782–785 (1966)
148. Rensing,L.: Verh. dtsch. Zool. Ges. Leipzig, S. 298–307. Leipzig: Akademie 1968
149. Richter,C.P.: A behavioristic study of the activity of the rat. Comp. Physiol. Monogr. **1**, 1922
150. Roberts,S.K.: Ph. D. Thesis, Princeton 1959
151. Schmidle,A.: Arch. Mikrobiol. **16**, 80–100 (1951)
152. Simpson,H.W., Bohlen,J.G.: In: Biological Aspects of Circadian Rhythms. J.N.Mills (ed.), S. 85–120. London-New York: Plenum Press 1973
153. Stupfel,M., Halberg,F., Halberg,F., Halberg,E., Lee,J.-K.: Int. J. Chronobiol. **1**, 202–221 (1973)
154. Swade,R.H., Pittendrigh,C.S.: Amer. Naturalist **101**, 431–466 (1967)
155. Tweedy,D.G., Stephen,W.P.: Comp. Biochem. Physiol. **38**, 213–231 (1971)
156. Uebelmesser,E.R.: Arch. Mikrobiol. **20**, 1–33 (1954)
157. Ushatinskaya,R.S.: In: Periodicity in Insect's Individual Development (russisch). K. W. Arnoldy (ed.), S. 18–98. Nauka Acad. Sci. USSR, Moskau 1969
158. Wahl,O.: Z. vergl. Physiol. **16**, 529–589 (1932)
159. Walkey,D.G.S., Harvey,R.: Trans. Brit. Mycol. Soc. **50**, 229–240; 241–249 (1967)
160. Warren,D.M., Wilkins,M.B.: Nature (Lond.) **101**, 686–688 (1961)
161. Wilkins,M.B.: J. exp. Bot. **10**, 377–390 (1959)
162. Wilkins,M.B.: Planta (Berl.) **72**, 66–77 (1967)
163, Yap,H.H., Cutkomp,L.K., Halberg,F.: Chronobiologia **1**, 54–61 (1974)
164. Yeates,G.W.: J. nat. Hist. **5**, 103–112 (1971)

3. Ausklingen, Stillstand und Wiederauslösung der Rhythmik

... könne man schließen, die Bewegung des Einschlafens und Erwachens hinge mit einer, dem Gewächse einwohnenden Anlage zu periodischer Bewegung zusammen; letztere würde aber wesentlich durch die erregende Einwirkung des Lichtes in Tätigkeit gesetzt...

DE CANDOLLE: Pflanzen-Physiologie, Bd. 2, pp. 639–640, 1835 (Original: Paris 1832).

a) Fehlende Kopplung und Stillstand

Es wurde schon erwähnt, daß aus dem Fehlen einer Rhythmik gemessener bzw. leicht meßbarer physiologischer Vorgänge nicht auf einen Stillstand der Uhr geschlossen werden darf. Oft handelt es sich nur um eine fehlende Kopplung der betreffenden Vorgänge an die Uhr. Zu unterscheiden, welche der beiden Möglichkeiten im Einzelfall gegeben ist, ist nicht immer leicht.

Pflanzen und Tiere, die vom Beginn ihrer Entwicklung an unter konstanten Bedingungen (LL oder DD bei konstanter Temperatur) gehalten werden, zeigen oftmals zunächst keine äußerlich erkennbare Rhythmik. Ein Einzelreiz genügt dann, um die Rhythmik auszulösen [176, 177, 181, 182] (Abb. 23 und 24).

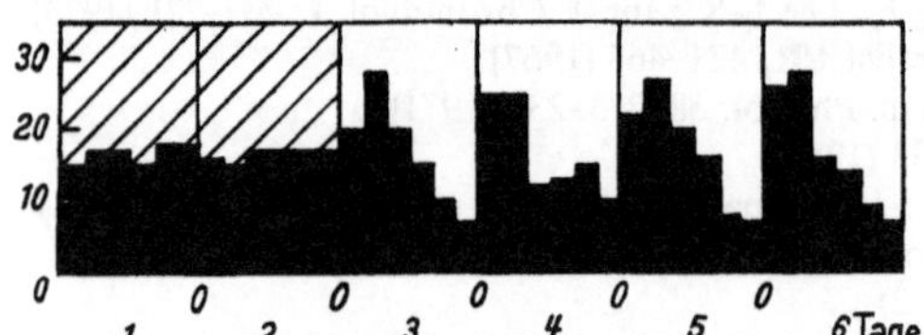

Abb. 23. *Drosophila*. Auslösung des periodischen Schlüpfens durch den Übergang von DD zu LL. Ordinate: wie bei Abbildung 10. (Nach Bünning [182])

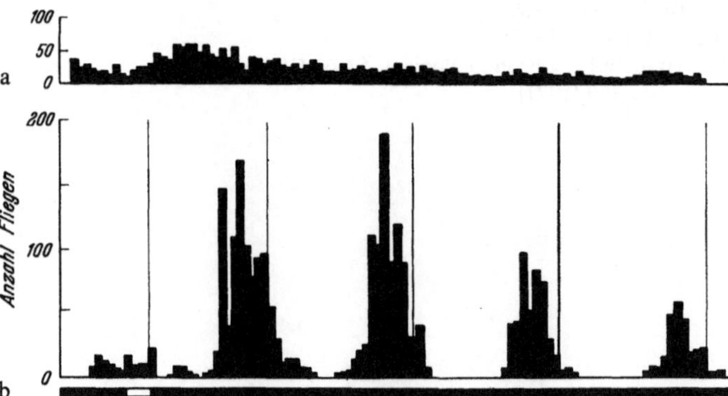

Abb. 24a und b. *Drosophila*. Auslösung der Rhythmik bei einer im Dunkeln aufgewachsenen Kultur durch 4 h lange Beleuchtung (b). (a) Kontrolle im DD. Vertikale Linien zu den Zeiten 4, 24, 48, 96 und 120 h nach Beginn des Lichtreizes. (Nach Pittendrigh u. Bruce [171])

Dieser Einzelreiz bewirkt offenbar nicht die Kopplung an eine schon laufende Uhr, sondern den Anstoß einer nicht laufenden Uhr. Auch Wiederauslösung einer unter konstanten Bedingungen ausgeklungenen Rhythmik beruht offensichtlich mindestens oft in einem Neuanstoß, nicht in einer Erneuerung der Kopplung.

Erste Auslösung und Wiederauslösung sind an ähnliche Bedingungen geknüpft. Auf diese Bedingungen soll nach Beschreibung einiger Phänomene des Ausklingens eingegangen werden.

b) Ausklingen

Dauer der Nachschwingungen. Eine circadiane Rhythmik von Organismen, die zunächst im LD waren, kann unter konstanten Bedingungen (LL oder DD) für mehrere Tage oder Wochen (Abb. 25), oft auch für mehrere Monate weiterlaufen. Gute Beispiele für Rhythmen, die über sehr lange Zeiten unter konstanten Bedingungen andauern, sind die tagesperiodischen Pigmentwanderungen der Winkerkrabbe *Uca* [180], die tagesperiodischen Sporulationsrhythmen der Alge *Oedogonium* und die Rhythmen der Laufaktivität vieler Nager.

Selbst während des Winterschlafes können die Oscillationen weiterlaufen. Das ist sowohl für die Fledermaus *Myotis myotis* [195] als auch für mehrere Nager [187, 198] beschrieben worden. Daß es sich hierbei wirklich um nicht von äußeren Faktoren synchronisierte Rhythmen handelt, ergibt sich aus den Abweichungen von der genauen 24 h-Periodik. Beim Nager *Glis glis* wurden während des Winterschlafes Perioden von 26,5 h gemessen [196].

Die circadiane Rhythmik kann auch durch mehrere morphogenetische Stadien hindurch fortlaufen. Das gilt beispielsweise für *Drosophila*, wo sie vom Larvenstadium bis zum Schlüpfen der Fliegen aus der Puppe fortbesteht [179, 182, 191, 194, 200].

Wie lange diese Oscillationen fortbestehen, hängt nicht nur von dem betreffenden Objekt, sondern auch von den gegebenen Bedingungen ab. Oft folgt das Ausklingen im LL schneller als im DD. Bei Pflanzen spielt dabei auch die Lichtqualität eine Rolle; vor allem Dunkelrot kann einen stark dämpfenden Effekt haben, während Hellrot für das Fortbestehen sogar günstiger ist als DD (Abb. 29).

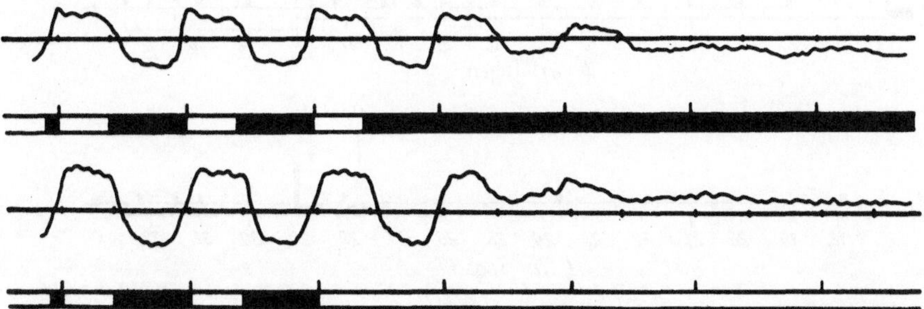

Abb. 25. *Chenopodium amaranticolor*. Tagesperiodische Blattbewegungen. Dunkelzeiten schwarz, Lichtzeiten weiß. Senkrechte Striche in Abständen von 24 h. Die Bewegungen setzen sich im DD bzw. LL nur kurze Zeit fort. [Nach Könitz (Original)]

Aus diesem Grunde werden circadiane Blattbewegungen jetzt meist im LL von Leuchtstoffröhren registiert, welche das günstige Rotlicht, aber im Gegensatz zu Glühbirnen nicht das ungünstige Dunkelrot abgeben (Rotlicht bringt das Phytochrom in die physiologisch aktive Form). Die Energieversorgung, z. B. experimentelle Zuckerzufuhr beim Fehlen der Photosynthese, kann für die Vermeidung einer Dämpfung ebenfalls wichtig sein [199]. Auch die Höhe der Temperatur sowie die physiologischen Bedingungen, welche vor dem Übergang in die konstanten Bedingungen geherrscht haben, beeinflussen die Dauer des Fortbestehens der Rhythmik unter konstanten Bedingungen.

Ein Verlust der Rhythmik leicht registrierbarer Vorgänge bedeutet nicht notwendig einen Stillstand der circadianen Oscillationen. Wenn z. B. die Fähigkeit der Zellen zu Turgoränderungen oder zum Wachstum verlorengegangen ist, so kann die Pflanze natürlich nicht länger circadiane Cyclen solcher Prozesse zeigen, die an jene Fähigkeit gebunden sind. Das ist einer der Gründe für die oft rasche Dämpfung in den Amplituden bei circadianen Blattbewegungen.

Ausklingen durch Desynchronisation. In manchen Fällen beruht das Ausklingen offensichtlich auf allmählicher Desynchronisation, d. h. auf unterschiedlichen Phasenverschiebungen in den einzelnen Zellen oder Organen. Bei höheren Organismen wird das im allgemeinen durch wechselseitige Beeinflussung oder durch kontrollierende Organe verhindert. Bei Pflanzen kommt es aber doch gelegentlich vor (Abb. 26 und 27). Deutlich wurde das z. B. bei Beobachtungen an den Blütenkörben von *Cichorium intybus* [203]. Im LL erfolgt die Desynchronisation zunächst innerhalb der Einzelpflanze, so daß die einzelnen Körbchen sich nicht mehr synchron öffnen und schließen; etwas später erfolgt die Desynchronisation auch innerhalb des Körbchens, so daß die Einzelblüten sich in der Phasenlage ihrer Rhythmik voneinander unterscheiden. Schließlich erstreckt sich diese Desynchronisation auch auf die einzelnen Blütenblätter einer Blüte (Abb. 28). Mehrere Wochen von LL sind für diese starke Desynchronisation erforderlich.

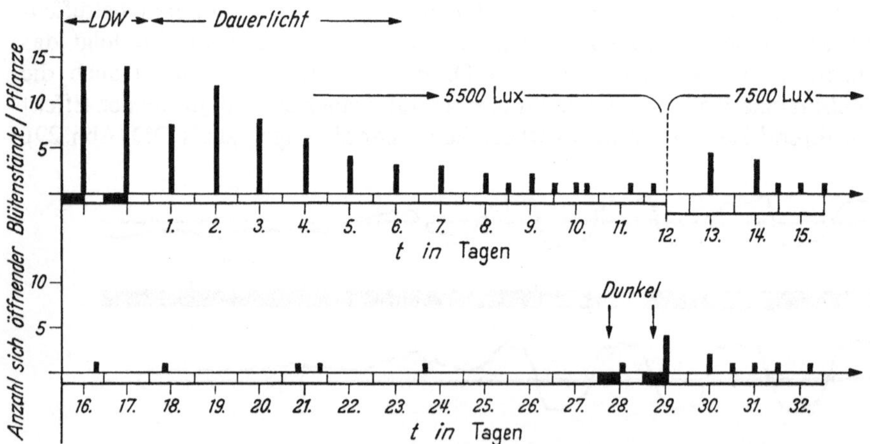

Abb. 26. *Cichorium intybus.* Tägliche Verteilung des Aufblühens im LD und im LL. Die Dunkelzeiten sind durch schwarze Querbalken angegeben. Synchronisationsreize am 12. LL-Tag durch Erhöhung der Lichtintensität von 5500 auf 7500 Lux, am 28. LL-Tag durch zwei Dunkelzeiten von je 12 h Dauer. (Nach Todt [203])

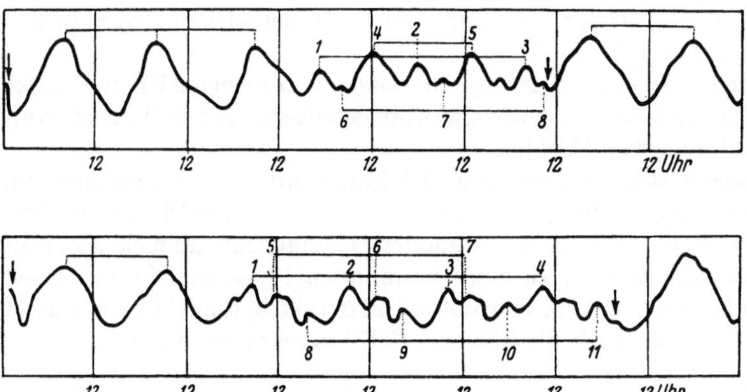

Abb. 27. *Phaseolus coccineus.* Tagesperiodische Blattbewegungen. Die eingezeichneten, durch horizontal ausgezogene Strecken verbundenen punktierten Linien zeigen auf Wendepunkte der Blattbewegungen. Die Form der Kurve läßt deutlich erkennen, daß die Wendepunkte 1–3, 4–5 bzw. 6–8 zu je einer Teilschwingung von annähernd 24stündigem Rhythmus gehören. (Nach Bünning [183])

Auch für Tiere gibt es einige Hinweise für Desynchronisationen innerhalb des Individuums. Auf einige klare Beispiele wird später eingegangen.

Ausklingen in der Einzelzelle. Viele Beobachtungen zeigen, daß ein Fehlen erkennbarer Rhythmik nicht nur auf den vorher genannten Gründen beruhen kann, sondern wirklich auch ein Stillstand der Uhr in der Einzelzelle möglich ist. Beobachtungen an der einzelligen Alge *Gonyaulax* können das zeigen: Im LL schwindet die Rhythmik der photosynthetischen Kapazität nicht nur in der Population, sondern auch in der Einzelzelle [201].

Das Fehlen einer Rhythmik in Einzelzellen höherer Pflanzen kann aus Experimenten mit Bohnen (*Phaseolus*) geschlossen werden [206]. Solange die Pflanzen LD-Cyclen ausgesetzt sind, schwanken die Kernvolumina tagesperiodisch. Diese Schwankungen setzen sich unter konstanten Bedingungen für eine gewisse Zeit fort; sie fehlen aber, wenn die Pflanzen von der Keimung an im LL gehalten werden; und dabei zeigt sich dann, daß die extremen Werte der Volumina überhaupt nicht mehr vorkommen. Erst wenn solche Pflanzen einer einzelnen Dunkelperiode ausgesetzt werden, welche die Rhythmik (z. B. auch an den

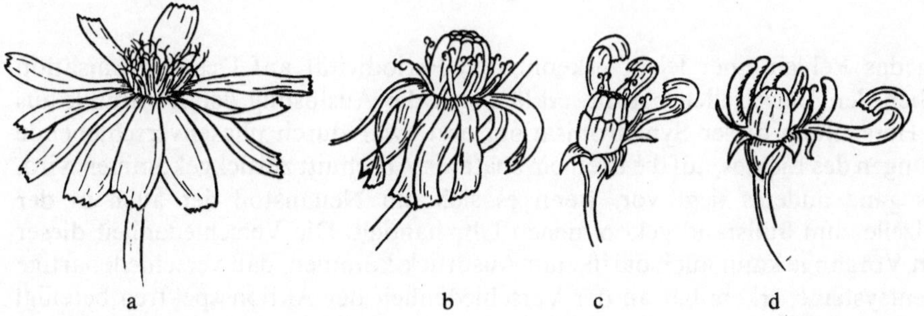

Abb. 28a–d. Blütenstand von *Cichorium intybus.* (a) Im normalen LD geöffnet; (b) nach 16; (c) nach 22; (d) nach 28 LL-Tagen. (Nach Todt [203])

Blattbewegungen erkennbar) auslöst, können die Volumenschwankungen in den Einzelzellen festgestellt werden.

In den Riesenzellen der einzelligen Alge *Acetabularia* können die Rhythmen der photosynthetischen Kapazität und der Chloroplastenform nach 3 Wochen Aufenthalt im DD verlorengehen [204].

Ausklingen durch bestimmte Arten von Störlicht. Wird einem Organismus im DD ein kurzes Störlicht geboten, so verursacht das normalerweise Phasenverschiebungen (vgl. Abschnitt 6). Aber unter bestimmten Bedingungen kann ein Störlicht bestimmter Stärke und geboten zu einer bestimmten Phase des Cyclus, einen Stillstand der Uhr bedingen, also zu einem Zustand der Arrhythmie führen. Das ist sowohl für Tiere [207] als auch für Pflanzen [202] beschrieben worden.

c) Art der auslösenden Faktoren

Die Rhythmik kann, nachdem sie ausgeklungen ist, durch verschiedene Faktoren neu ausgelöst werden. Ebenso kann sie ausgelöst werden, wenn sie bei einem unter konstanten Bedingungen aufgezogenen Organismus überhaupt noch nicht tätig war. In manchen Fällen genügt es, das DD durch einen kurzen Lichtreiz zu unterbrechen. Unterbrechung von LL durch eine Dunkelperiode oder Ablösung von DD durch LL kann den gleichen Effekt haben (Abb. 23, 24, 29 und 30). Das gleiche gilt für den Wechsel von LL zu DD oder auch schon für den Übergang im LL von einer Intensität zu einer anderen. Auch ein Temperaturwechsel kann in entsprechender Weise die Rhythmik auslösen.

Eine einzige mehrstündige Dunkelperiode kann bei mehreren im LL gehaltenen Pflanzenarten die Rhythmik auslösen. In einigen Fällen sind dazu etwa 4 h nötig, in anderen Fällen aber 8–12 h [186, 197, 206]. Bei *Paramaecium* kann eine mehrstündige Dunkelperiode die circadiane Rhythmik der Zellteilung auslösen [205]. Im Gegensatz hierzu steht, daß im allgemeinen schon ein kurzer Lichtreiz, selbst wenn er nur einige Minuten oder Bruchteile einer Sekunde dauert, zur Auslösung der Rhythmik genügt [165].

d) Spezielle Fragen der Auslösung durch Licht und Dunkelheit

Wenn das Fehlen einer leicht erkennbaren Periodicität auf Desynchronisation zwischen den Einzelzellen beruht, erklärt sich die Auslösung der Rhythmik aus einer Herstellung dieser Synchronisation, und zwar durch phasenverschiebende Wirkungen des Lichtes, auf die in einem späteren Abschnitt zurückgekommen wird. Etwas ganz anderes liegt vor, wenn es sich um Neuanstoß der auch in der Einzelzelle zum Stillstand gekommenen Uhr handelt. Die Verschiedenheit dieser beiden Vorgänge kann auch darin zum Ausdruck kommen, daß verschiedenartige Pigmentsysteme, erkennbar an der Verschiedenheit der Aktionsspektren beteiligt sind. Bei Bohnen z. B. kann die wirklich zum Stillstand gekommene Uhr nur durch rotes Licht ausgelöst werden, während Phasenverschiebungen sehr wohl auch mit

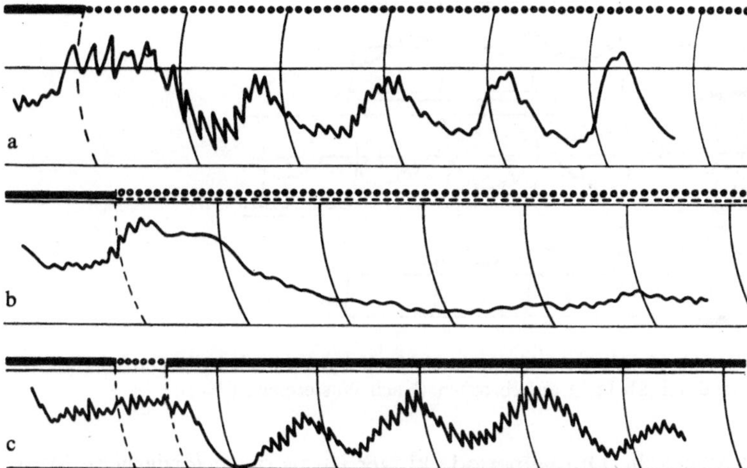

Abb. 29a–c. *Phaseolus coccineus*. Tagesperiodische Blattbewegungen. Auslösung durch Übertragung von DD zu Dauerhellrot (a) sowie durch kurzdauerndes Hellrot (c); keine Auslösung, wenn gleichzeitig Dunkelrot geboten wird (b). Dicke schwarze Striche: Dunkelheit; dünne kurze Striche: dunkelrot; Kreise: hellrot. Kreisbögen in Abständen von 24 h. (Nach Lörcher [189])

anderen Lichtqualitäten erreicht werden können (Abb.29). Die spezielle Bedeutung roten Lichtes für die Auslösung der Periodicität bei Pflanzen wird auch durch Versuche an *Avena*-Coleoptilen (Hafer-Keimscheiden) deutlich [176, 177]. Aber zweifellos läßt sich hier keine allgemeine Regel aufstellen; bei Pilzen z. B. ist nur blaues Licht wirksam.

Die erwähnte Tatsache, daß auslösende Dunkelperioden bei im LL aufgezogenen Pflanzen relativ lang sein müssen, muß für eine Analyse des Auslösungsvorgangs herangezogen werden. Es scheint sich hier um eine recht allgemeine Regel zu handeln, die außer bei *Phaseolus* (Abb. 30) auch bei *Vicia faba* (Saubohne) gefunden

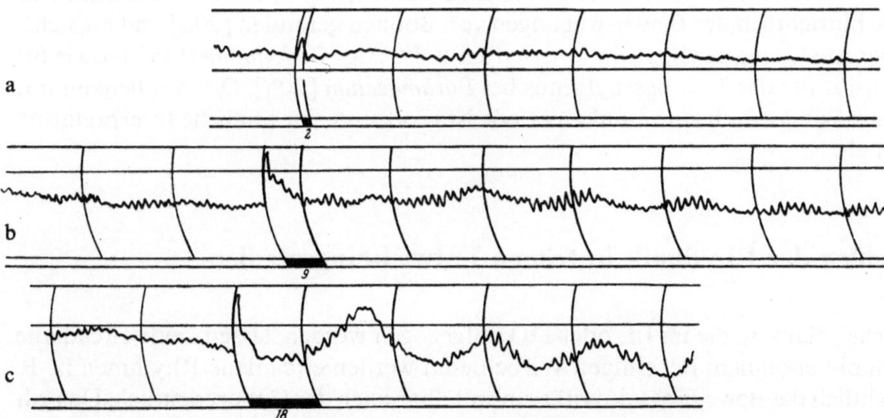

Abb. 30a–c. *Phaseolus coccineus*. Auslösung tagesperiodischer Blattbewegungen bei Pflanzen, die im LL aufgewachsen waren, durch einmalige Dunkelzeiten. (a) 2 h, (b) 9 h, (c) 18 h Dunkelheit. Kreisbögen in Abständen von 24 h. (Nach Wassermann [206])

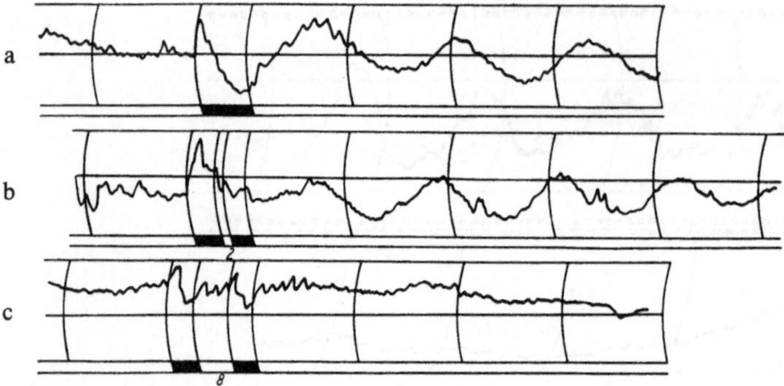

Abb. 31a–c. Ähnlich wie Abb. 30, jedoch Auslösung durch 12stündige Dunkelheit. Die Dunkelzeit wurde bei (b) durch 2 h, bei (c) durch 8 h Licht unterbrochen. (Nach Wassermann [206])

worden ist [190]. Wenn die Dunkelperiode kürzer ist als das erforderliche Minimum (von manchmal 9–10 h), so wird sie auch nicht durch Ergänzung mit einer zweiten, etwas später folgenden Dunkelperiode wirksam (Abb. 31). Der in der ersten Dunkelperiode begonnene Vorgang wird also offensichtlich in der nachfolgenden Lichtperiode wieder rückgängig gemacht. Das erweckt den Eindruck, als würde der Oscillator in einer nicht ausreichend langen Dunkelperiode nur partiell bis zu dem erforderlichen Niveau „gespannt" und als ginge diese Spannung in der anschließenden Lichtperiode wieder zurück. Nur wenn der Vorgang durch eine Dunkelperiode von 9–10 h bis zu dem kritischen Niveau fortgesetzt wird, erreicht er den zur Auslösung der Oscillation erforderlichen Schwellenwert (vgl. Abschnitt 6).

e) Auslösung durch niedrige Temperatur

Einige Stunden Einwirkung niedriger Temperatur (z. B. 5° C) können einen ähnlichen Effekt ausüben wie einige Stunden Dunkelheit, die LL unterbrechen. Das wurde hinsichtlich der Blattbewegungen von Bohnen gefunden [206] und hinsichtlich der Auslösung des Sporulationsrhythmus der Alge *Oedogonium* [197] sowie für die Auslösung des Teilungsrhythmus bei *Paramaecium* [205]. Die Ähnlichkeit mit der Auslösung durch eine Dunkelperiode ist groß, und eine ähnliche Interpretation liegt nahe.

f) Fehlen der Rhythmik in frühen Entwicklungsstadien

Manche Pflanzen, die im LL oder DD aufgezogen werden, lassen keine circadiane Rhythmik erkennen. Bei einigen Wirbeltieren werden circadiane Rhythmen (z. B. hinsichtlich der Bewegungsaktivität) unmittelbar nach der Geburt deutlich. Das gilt auch für Küken unmittelbar nach dem Schlüpfen aus dem Ei [175]. Dabei mag es möglich erscheinen, daß die Geburt selber den auslösenden Reiz darstellt. Bei Säugern können natürlich schon die Bedingungen, denen der Embryo im Mutter-

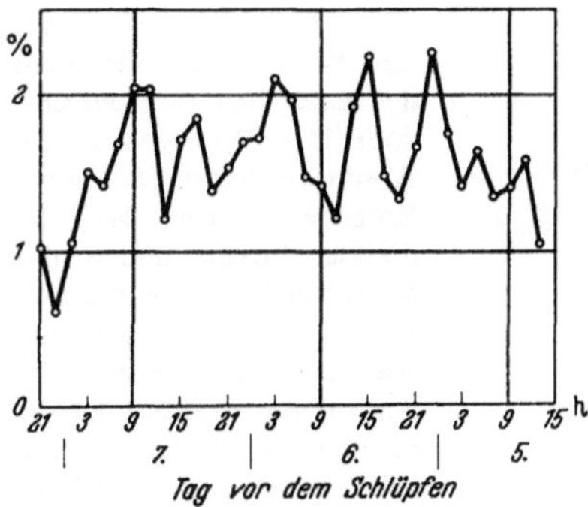

Abb. 32. Glykogengehalt (%) der Leber im Hühner-
embryo vom 7.–5. Tage vor dem Schlüpfen aus dem
Ei (Mittelwerte von je 12–16 Tieren). (Nach Petrén,
vereinfacht [193])

leib ausgesetzt ist, vor der Geburt einen synchronisierenden Effekt ausüben. Bei
Ratten-Embryonen z. B. wird die Phasenlage der circadianen Oscillationen in der
Menge des Enzyms N-Acetyltransferase in der Epiphyse anscheinend von der
entsprechenden Phasenlage im Muttertier bestimmt [1884].

Jedoch scheinen manche physiologische Funktionen von Säugern während
des Embryonalstadiums arrhythmisch zu sein, andere Funktionen bereits rhythmisch [167, 173]. Bei manchen Vögeln sind bestimmte Funktionen, die späterhin
rhythmisch verlaufen, im Embryonalstadium noch nicht tagesrhythmisch. Das gilt
z. B. für die Glykogenschwankungen in der Leber; aber gleich nach dem Schlüpfen
aus dem Ei werden diese Funktionen tagesrhythmisch. Das Schlüpfen gibt hier also
offenbar den Anstoß (Abb. 32 und 33).

Auch wenn der Organismus nicht LD oder anderen 24 h-Cyclen ausgesetzt ist,
fehlt in Frühstadien der Entwicklung, auch in der nachembryonalen Entwicklung,
oftmals eine deutliche Tagesrhythmik mancher physiologischer Funktionen. Die
allmähliche Entwicklung des Rhythmus von Schlafen und Wachen beim Menschen
kann als Beispiel dienen [168, 185, 188]. Erst etwa nach der sechsten Woche wird
dieser Rhythmus deutlich tagesperiodisch (Abb. 34). Auch die Pulsfrequenz, die
Wasserausscheidung und andere Funktionen werden erst mehrere Wochen nach
der Geburt deutlich tagesperiodisch, während z. B. die Körpertemperatur schon in
der zweiten Lebenswoche des Menschen den Tagesgang erkennen lassen kann
[169].

Auch bei niederen Tieren sind mindestens einige Funktionen in jungen Stadien
der Entwicklung nicht circadian rhythmisch. Das gilt z. B. für die Seefeder
Cavernularia obesa, bei der die Aktivitätsrhythmik erst 6–7 Tage nach der
Befruchtung deutlich wird [192]. Bei manchen Insekten zeigt die Freßaktivität erst
in relativ späten Larvenstadien einen Tagesrhythmus [178].

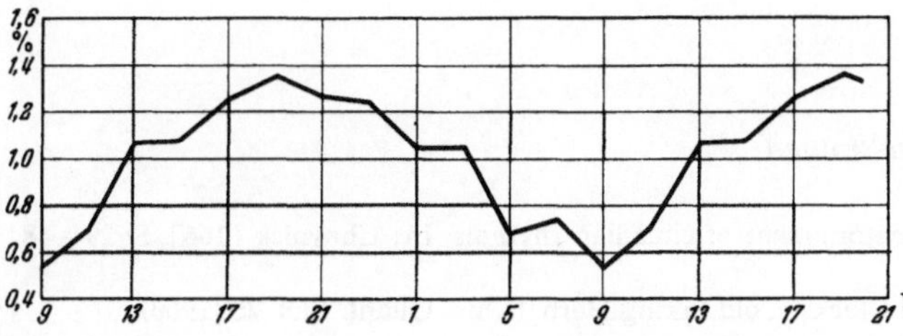

Abb. 33. Wie Abbildung
32, jedoch von 5 Tage alten
Küken im LL. (Nach
Petrén, vereinfacht [193])

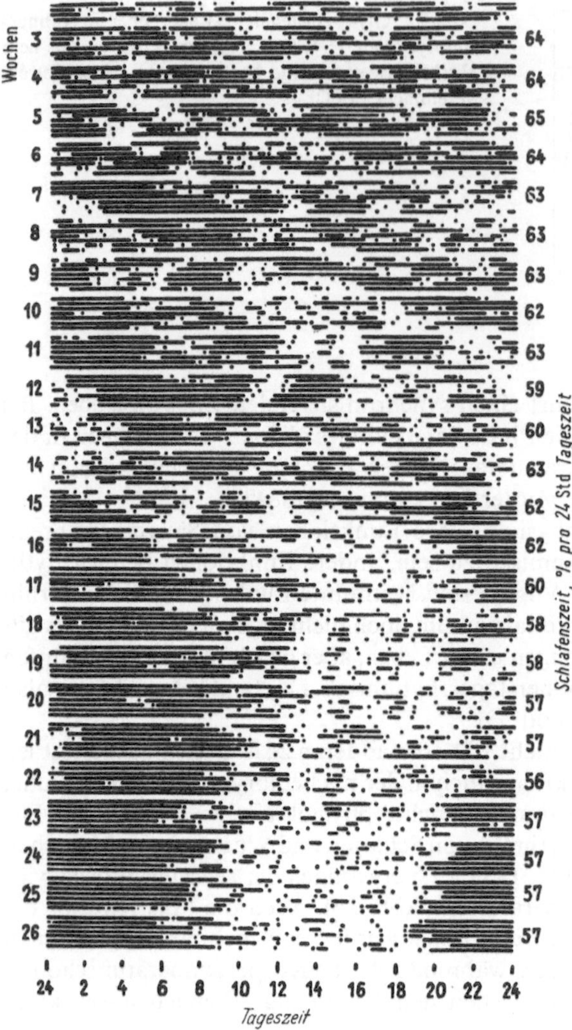

Abb. 34. Häufigkeit von Schlafen, Wachen und Verteilung der Mahlzeiten bei einem Kind vom 11.–182. Lebenstag. Die Abscisse bedeutet jeweils einen Kalendertag von 24 h, die dunklen Striche sind Schlaf, die freien Intervalle Wachperioden, die Punkte Mahlzeiten. Auf der linken Seite ist die Anzahl der Wochen, auf der rechten Seite die durchschnittliche Schlafzeit während der laufenden Wochen in % von 24 h angegeben. Das Überwiegen der weißen Felder ab der 16. Lebenswoche zu den Tagesstunden von 8–20 Uhr ist auffällig. (Nach Kleitman u. Engelmann [188])

Nochmals betont werden sollte, daß mindestens nicht generell entschieden werden kann, wieweit es sich in solchen Fällen um das allmähliche Ingangkommen der Uhr handelt oder aber (was häufiger zutreffend sein dürfte) um die allmähliche Kopplung der einzelnen Funktionen an die Uhr.

Literatur

a) Zusammenfassende Darstellungen

165. Bruce, V.G.: Environmental entrainment of circadian rhythms. In: Chovnick [166], S. 29—48 (1960)
166. Chovnick, A. (ed.): Biological Clocks. Cold Spring Harb. Symp. Quant. Biol. **25** (1960)

167. Harker,J.E.: The Physiology of Diurnal Rhythms. Cambridge: Univ. Press 1964
168. Hellbrügge,Th.: The development of circadian rhythms in infants. In: Chovnick [166], S. 311—323 (1960)
169. Mills,J.N.: Development of circadian rhythms in infancy. Chronobiologia 2, 363—371 (1975)
170. Pittendrigh,C.S.: Circadian rhythms and the circadian organization of living systems. In: Chovnick [166], S. 159—184 (1960)
171. Pittendrigh,C.S., Bruce,V.G.: An oscillator model for biological clocks. In: Rhythmic and Synthetic Processes in Growth (D. Rudnick, ed.), S. 75—109. Princeton: Univ. Press 1957
172. Pittendrigh,C.S.: Daily rhythms as coupled oscillator systems and their relation to thermoperiodism and photoperiodism. In: Photoperiodism and Related Phenomena in Plants and Animals (R. B. Withrow, ed.), S. 475—505. Washington: Amer. Ass. Adv. Sci. 1959
173. Rensing,L.: Circadian rhythms in the course of ontogeny. In: Aschoff [1], S. 399—404 (1965)
174. Wilkins,M.B.: The effect of light upon plant rhythms. In: Chovnick [166], S. 115—129 (1960)

b) Originalarbeiten

175. Aschoff,J., Meyer-Lohmann,J.: Pflügers Arch. ges. Physiol. **260**, 170—176 (1954)
176. Ball,N.G., Dyke,I.J.: J. exp. Bot. **5**, 421—433 (1954)
177. Ball,N.G., Dyke,I.J.: J. exp. Bot. **7**, 25—41 (1956)
178. Börnert,D., Kämmerer,D., Schuh,J., Hüsing,J.O.: Biol. Zbl. **94**, 155—166 (1975)
179. Brett,W.J.: Ann. Entomol. Soc. Amer. **48**, 119—131 (1955)
180. Brown,F.A., Webb,H.M.: Physiol. Zool. **21**, 371—381 (1948)
181. Bünning,E.: Jahrb. wiss. Bot. **75**, 439—480 (1931)
182. Bünning,E.: Ber. dtsch. Bot. Ges. **53**, 594—623 (1935)
183. Bünning,E.: Jahrb. wiss. Bot. **81**, 411—418 (1935)
184. Deguchi,T.: Proc. Nat. Acad. Sci. USA **72**, 2814—2818 (1975)
185. Hellbrügge,Th., Lange,J., Rutenfranz,J.: Beihefte Arch. Kinderheilk. Nr. 39. Stuttgart: Enke 1959
186. Isaac,I., Abraham,G.H.: Canad. J. Bot. **37**, 801—814 (1959)
187. Kayser,Ch.: Arch. Sci. physiol. **19**, 369—413 (1965)
188. Kleitman,N., Engelmann,Th.G.: J. appl. Physiol. **6**, 269—282 (1953)
189. Lörcher,L.: Z. Bot. **46**, 209—241 (1958)
190. Millet,B.: Thèse Fac. Sc. de l'Univ. de Besançon 1970
191. Minis,D.H., Pittendrigh,C.S.: Science **159**, 534—536 (1968)
192. Mori,S., Tanase,H.: Publ. Seto Marine Biol. Labor. **20**, 455—467 (1973)
193. Petrén,T.: Acta med. scand. Suppl. **307**, 42—47 (1955)
194. Pittendrigh,C.S., Skopic,S.D.: Proc. Nat. Acad. Sci. USA **65**, 500—507 (1970)
195. Pohl,H.: Z. vergl. Physiol. **45**, 109—153 (1961)
196. Pohl,H.: Naturwissenschaften **52**, 269 (1965)
197. Ruddat,M.: Z. Bot. **49**, 23—46 (1960)
198. Saint Girons,M.C.: In: Aschoff[1],S.321—323 (1965)
199. Satter, R., Applewhite,P., Chaudhri,J.: Photochem. Photobiol. **23**, 107—121 (1967)
200. Scherer,L.E.: Florida Entomol. **47**, 227—233 (1965)
201. Sweeney,B.: In: Chovnick [166], pp. 145—148
202. Takimoto,A., Hamner,K.C.: Plant Physiol. **40**, 855—858 (1965)
203. Todt,D.: Z. Bot. **50**, 1—21 (1962)
204. Vanden Driessche,Th.: Exp. Cell. Res. **42**, 18—30 (1960)
205. Volm,M.: Z. vergl. Physiol. **48**, 157—180 (1964)
206. Wassermann,L.: Planta (Berl.) **53**, 647—669 (1959)
207. Winfree,A.T.: J. theor. Biol. **28**, 327—374 (1970)

4. Celluläre Autonomie; Steuerungen und Wechselwirkungen zwischen Einzellern und in Vielzellern

a) Einzeller, isolierte Organe, Gewebe und Zellen

Einzeller. Die circadiane Uhr beruht nicht auf einem Zusammenwirken verschiedener Organe und Gewebe. Die älteren Untersuchungen an höheren Organismen haben das Gegenteil oft noch vermuten lassen. Aber das Vorkommen circadianer Rhythmen bei Einzellern zeigt, daß schon innerhalb einer Zelle alle Voraussetzungen für ein solches Uhrwerk gegeben sein können.

Für *Euglena gracilis* ist der Rhythmus in der phototaktischen Empfindlichkeit schon 1948 beschrieben worden (Abb. 35). Bei diesem Flagellaten werden außer der Phototaxis [245, 248, 320] auch z. B. die Bewegungsaktivität [245], die Zellteilung [260] und der Aminosäureneinbau [266] von der circadianen Uhr gesteuert. Auch bei der einzelligen Alge *Gonyaulax* werden außer der Bioluminescenz (Abb. 12) noch mehrere andere Vorgänge circadian, z. B. die Zellteilung und die photosynthetische Kapazität [225]. Von *Paramaecium* [261, 297, 339] und von der einzelligen Alge *Chlamydomonas* [285] sind circadiane Schwankungen in der Kopulationsbereitschaft bekannt.

Innerhalb einer Art eines Einzellers können nach den bisherigen Versuchsergebnissen mindestens acht verschiedenartige physiologische Vorgänge von der circadianen Rhythmik gesteuert werden [61].

Soweit die bisherigen Untersuchungen ein Urteil zulassen, laufen innerhalb einer Zelle die verschiedenen circadianen Vorgänge immer in fester

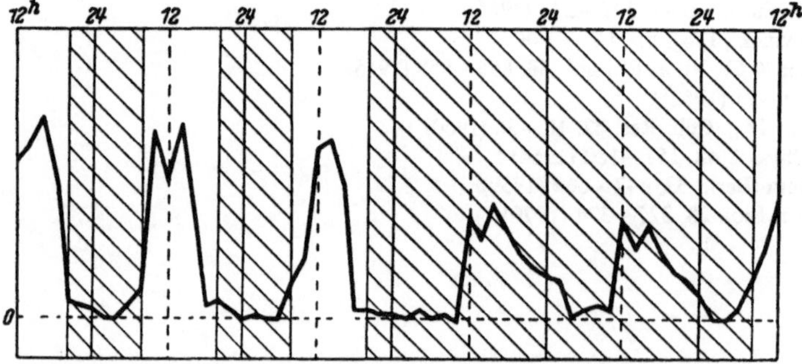

Abb. 35. Verlauf der phototaktischen Sensibilität von *Euglena gracilis* bei 12:12stündigem LD und anschließendem DD. (Nach Pohl [320])

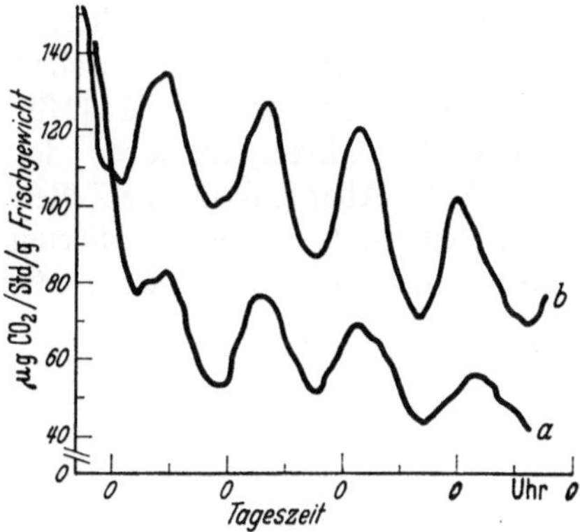

Abb. 36. Rhythmus der CO_2-Abgabe von Blättern bei *Bryophyllum fedtschenkoi* im DD; *a* in Blättern ohne unterseitige Epidermis; *b* in Mesophyllstücken von 1 cm² Größe, von denen die Epidermis entfernt worden ist. (Nach Wilkins [352])

Phasenbeziehung zueinander; d. h. wenn durch äußere Faktoren z. B. die Phasenlage der Bioluminescenz verschoben wird, wird die Phasenlage der photosynthetischen Kapazität um die gleiche Anzahl Stunden verschoben. Solche Beobachtungen sprechen sehr dafür, daß innerhalb einer Zelle alle erkennbaren circadianen Oscillationen von ein und demselben zentralen Oscillator getrieben werden.

Für diese Deutung spricht auch, daß bei einer Änderung der Periodenlängen infolge Mutation alle an dem betreffenden Objekt untersuchten circadianen Funktionen in gleicher Weise betroffen waren [61].

Isolierte Organe, Gewebe und Gewebekulturen. Es ist lange bekannt, daß bei Pflanzen auch isolierte Blätter, Blatteile, halbierte Blattgelenke, isolierte Bruchteile von Blütenblättern [250] usw. noch circadiane Turgor- oder Wachstumsschwankungen zeigen können. Auch wenn dabei einzelne Gewebearten entfernt werden, lassen sich z. B. noch Rhythmen der CO_2-Abgabe feststellen (Abb. 36). Sogar in pflanzlichen Gewebekulturen läuft die Rhythmik im LD, DD oder LL weiter [263, 354].

Entsprechendes gilt für tierische Organe und Gewebe. In isolierten Teilen des Dünndarms von Säugern läuft die peristaltische Bewegung weiter (Abb. 37). Das Reagieren isolierter Nebennieren von Nagern auf das adrenocorticotrope Hormon (ACTH) bleibt circadian [348–350], ebenso deren Atmung und Sekretionsleistung [334, 335].

Weitere Untersuchungen über circadiane Funktionen isolierter Organe von Tieren betreffen verschiedenartige Drüsen, Ganglien, Augen usw. [265, 272, 291, 292, 327, 342].

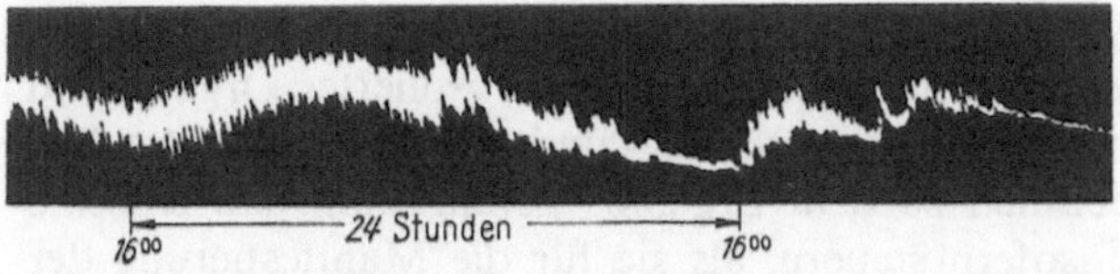

Abb. 37. Tagesperiodischer Verlauf der Motorik in einem etwa 7 mm langen isolierten Darmstück des Goldhamsters *(Mesocricetus auratus)*. (Nach Bünning [251])

Daß sich die circadiane Rhythmik von Vielzellern nicht nur in isolierten Organen und Geweben, sondern auch in ganz voneinander getrennten Zellen fortsetzen kann, ist für Zellkulturen von Pflanzen nachgewiesen worden [251a]; für tierische Zellen ist diese Möglichkeit hinsichtlich der Chromatophoren des Anneliden *Platynereis dumerilii* angedeutet worden [334]. Aber z. B. für die Zellen der Nebennierenrinde der Ratte trifft das nicht zu. Jedenfalls ist die in isolierten Organen fortlaufende Rhythmik der Corticosteron-Sekretion offenbar an die Erhaltung der Gewebestruktur gebunden [316].

b) Steuerungen und Wechselwirkungen bei Einzellern und bei Pflanzen

In Kulturen von Einzellern, die im LD gehalten werden, verläuft die Rhythmik normalerweise wegen der Synchronisation durch die Außenrhythmen in allen Zellen synchron. Werden Zellen zusammengebracht, die in unterschiedlichem LD gehalten waren, bei denen also die Rhythmen phasenverschoben liefen, so können sie sich offenbar nicht wechselseitig synchronisieren [310].

Vielzellige Pflanzen verfügen nicht über ein Steuerungszentrum, das für synchrone circadiane Oscillationen in den einzelnen Organen sorgt. Hierfür dient vielmehr in erster Linie der LD. Relativ leicht kommt es durch äußere Faktoren, etwa im Zusammenhang mit Experimenten (z. B. plötzliche Änderung der LD-Verhältnisse), zu einer Störung dieser Synchronie derart, daß die einzelnen Organe nicht mehr synchron oscillieren, manchmal sogar innerhalb eines Gewebes ein Aufspalten *(Splitting)* eintritt (Abb. 27). So können schon beim Studium von Blattbewegungen Überlagerungen verschiedener Schwingungen beobachtet werden [290, 307] (Abb. 73). Solche Störungen vermag die Pflanze auch ohne Neusynchronisation mittels eines LD zu beheben, nämlich durch wechselseitige Synchronisation. Nach bisher vorliegenden Untersuchungen [278, 302] erfolgt diese Synchronisation basalwärts leichter als apicalwärts. Ein Transport dieser Information nach Trennung des unmittelbaren Kontaktes lebender Protoplasten konnte bisher nicht gefunden werden.

c) Steuerung bei niederen Tieren

Immer wieder ist bei Tieren nach Zentren gesucht worden, die als aktive Oscillatoren alle beobachteten peripheren Oscillationen erst möglich machen. Dieses Suchen ging von der Annahme aus, die circadiane Uhr sei ein so hoch spezialisiertes Phänomen, daß nur ein besonderes Organ sie habe entwickeln können. Nach dem, was über die circadianen Leistungen isolierter Organe und Gewebe gesagt worden ist, braucht es uns nicht zu wundern, wenn dieses Suchen immer mehr oder weniger deutlich zu dem Ergebnis geführt hat, daß einzelne Organe mindestens oft nur insofern steuern, als sie für die Manifestierung der Rhythmik oder für die Synchronisierung zwischen den einzelnen Teilen des Vielzellers sorgen. An Beispielen sei das demonstriert.

Anneliden. Für die Fortsetzung der circadianen Rhythmik von Kontraktion und Expansion der Chromatophoren von *Platynereis dumerilii* in LL oder DD sind, wie Decapitationsversuche zeigen, weder das Cerebralganglion noch die Augen notwendig [271].

Crustaceen. Schon 1911 wurde vermutet, daß der tagesperiodische Farbwechsel bei Arthropoden von periodischen Vorgängen im Nervensystem gesteuert wird [257]. Früh wurde auch schon die vermittelnde Rolle von Hormonen vermutet und vor allem eine steuernde Wirkung von Augenstiel-Hormonen angenommen. Jedoch blieb die Suche nach rhythmischen Schwankungen der Hormone vergeblich [231, 298], und auch beim Fehlen der Augenstiele setzen sich circadiane Rhythmen bei Crustaceen fort [224, 241, 246, 269, 270, 314, 317]. Offensichtlich sind also hormonale Einflüsse und Nervenimpulse von den Augenstielen nur zur Manifestation oder zur Stärke der Rhythmik notwendig. Wichtig sind die Augenstiele für die Synchronisation durch LD [317]. Für diese Übertragung der LD-Information aber sind anscheinend nicht Hormone entscheidend, sondern der Nervenkontakt [317].

Insekten. Auch beim Studium circadianer Rhythmen von Insekten (zunächst vor allem die Laufaktivität betreffend) ist früh an periodische Hormon-ausschüttungen gedacht worden [259, 260, 284, 293]. Circadiane Rhythmen der neurosekretorischen Aktivitäten im Gehirn und in Ganglien sind bekannt [253, 254, 300, 326, 327] (Abb. 38). Sie äußern sich in Oscillationen der Kern- und Nucleolusvolumina, auch direkt in Schwankungen der Hormonproduktion. Diese Schwankungen stehen in enger zeitlicher Beziehung zu denen der locomotorischen Aktivität (Abb. 39). Allerdings sollte bemerkt werden, daß sich die meisten dieser Messungen auf Tiere beziehen, die tagesperiodischen LD ausgesetzt waren.

Bei der Suche nach den Steuerungszentren der circadianen Laufaktivität ist (für Schaben) zunächst an die Unterschlundganglien gedacht worden [217]. Die experimentellen Hinweise dafür fanden aber sowohl für Schaben als auch für andere Insekten keine Bestätigung. Mehrere Autoren haben auf mögliche Fehlerquellen bei der Interpretation entsprechender Versuche hingewiesen [242–244, 268, 331, 343]. Es ist vor allem zu beachten, daß die *Bewegungs*rhythmik leicht störbar ist. Nach experimentellen Eingriffen kann die Bewegungsaktivität völlig ausfallen oder auch ganz kontinuierlich werden. Stoffwechselrhythmen pflegen bei entsprechenden Operationen weniger leicht undeutlich zu werden.

Die experimentellen Befunde über von Gehirnregionen ausgehende steuernde Impulse nehmen zu. Sie widersprechen sich teilweise. Vielleicht läßt sich auch keine für alle Insektenarten zutreffende Aussage machen [211, 236, 254, 255, 258, 262,

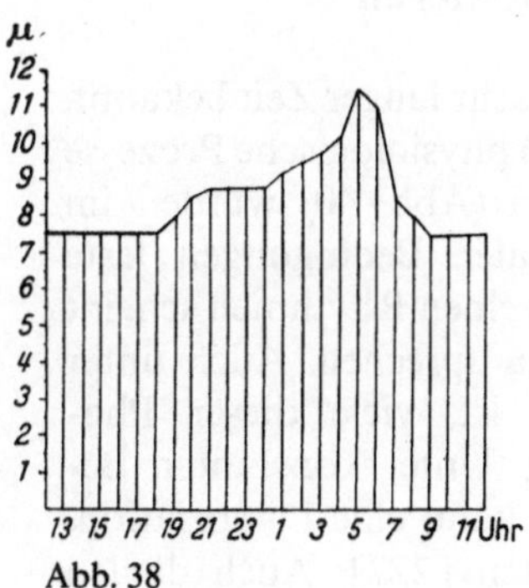

Abb. 38

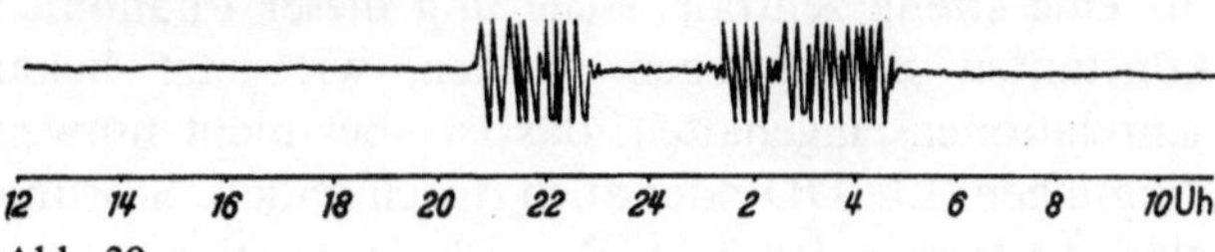

Abb. 38. Tagesperiodik der Zellkernvolumina der Corpora allata von *Carabus nemoralis*. Ordinate: Durchmesser der Kerne in μm. (Nach Klug [300])

Abb. 39. Subsumierung der tageszeitlichen (diaphasischen) Aktivitätskurven mehrerer Tiere *(Carabus nemoralis)* unter annähernd normalen Bedingungen. Kurvenaufnahmen im Mai. (Nach Klug [300])

Abb. 39

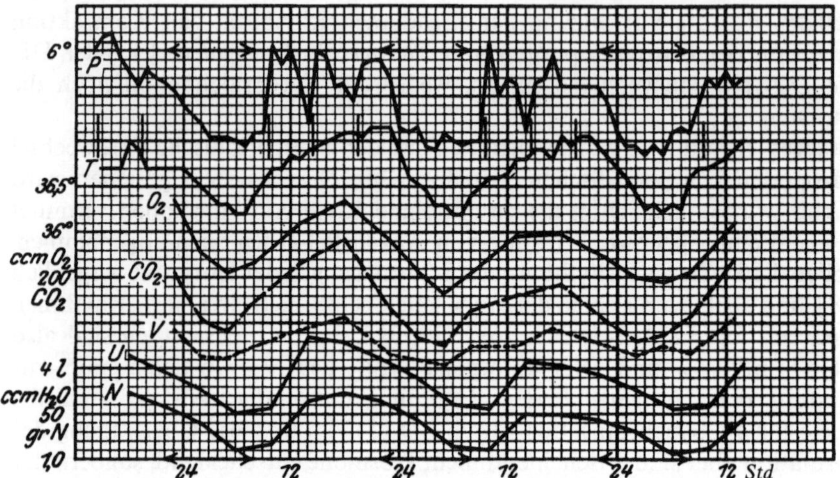

Abb. 40. Verlauf mehrerer diurnaler Funktionen beim Menschen. Doppelpfeil: Schlafenszeit der Versuchsperson; senkrechte Striche: Mahlzeiten; P Pulszahl (der Abstand zweier Hauptlinien = 10 Pulsschläge); T Temperatur (der Abstand zweier Hauptlinien = 0,5° C); O₂ Sauerstoffverbrauch; CO₂ Kohlensäureausscheidung (der Abstand zweier Hauptlinien = 25 ml O₂ bzw. CO₂); V Ventilation (der Abstand zweier Hauptlinien = 21 Ventilation); U Harnmenge (der Abstand zweier Hauptlinien = 50 ml Urin); N Harnstickstoff (der Abstand zweier Hauptlinien = 1,0 g N). (Nach Völker [351]; Wiedergabe nach dem Original — d. h. mit den veralteten Maßeinheiten)

305, 315, 332, 344, 345]. Mehrere Arbeiten sprechen aber für eine wichtige Rolle der Lobi optici als Schrittmacher in der circadianen Organisation der Insekten [244, 305, 315, 333], wobei die beiden Lobi sich offenbar wechselseitig synchronisieren können [316a].

Bei vorsichtiger Auswertung der Literaturangaben kann man den Eindruck gewinnen, daß die untersuchten Steuerungszentren im Bereich des Gehirns in vielen Fällen vorwiegend die Funktion haben, die Synchronisation mit dem tagesperiodischen LD zu vermitteln. Die Informationsübermittlung durch Hormone ist oft beteiligt; aber Übertragung auf dem Nervenweg ist häufig wichtiger als zunächst angenommen wurde.

d) Steuerungen und Wechselwirkungen bei Wirbeltieren

Allgemeines. Namentlich für den Menschen ist schon seit sehr langer Zeit bekannt, daß im Körper zahlreiche (mehr als 100 verschiedenartige) physiologische Prozesse eine Tagesrhtyhmik zeigen. Die älteren Beobachtungen (Abb. 40) wurden im tagesperiodischen LD durchgeführt. Das unter normalen Bedingungen feste Einhalten bestimmter Phasenrelationen zwischen den einzelnen Rhythmen scheint für eine streng zentrale Steuerung dieser Phänomene zu sprechen. Auch unter konstanten Bedingungen werden, wie jetzt bekannt ist, viele dieser Phasenrelationen eingehalten; das ist aber nicht notwendig. Unter konstanten Bedingungen (LL, DD oder auch durch andere Störungen) kann eine Dissoziation, also Änderung der normalen Phasenrelationen, auftreten [227]. Auch dürfen durchaus nicht alle tagesperiodischen Funktionen als Folge der inneren Rhythmik betrachtet werden. Einige sind anscheinend sogar rein oder doch dominierend exogen, werden also bei geänderten Außenbedingungen sofort entsprechend verschoben; z. B. sind nach Untersuchungen an Menschen, die nicht dem 24 h-LD ausgesetzt waren, die Tagesschwankungen der Pulsfrequenz und des Blutdruckes rein exogen [299]. Dagegen sind, wie namentlich Arbeiten unter abnormen Außenbedingungen ergeben haben, die Ausscheidung von Wasser, Cl^- und Na^+ sehr weitgehend, die K^+-Ausscheidung noch strenger von der endogenen Rhythmik beherrscht [303].

Hypophyse. Für eine steuernde Wirkung von Hormonen der Hypophyse sprechen schon ältere Untersuchungen [294, 357]. Die früheren Autoren (namentlich Jores) haben dabei vor allem an das Melanophorenhormon gedacht. Auch über tagesperiodische Schwankungen des Melanophorengehaltes ist berichtet worden [219], allerdings ebenso über negative Befunde.

Zweifellos spielt die Hypophyse schon durch die circadiane Rhythmik der Sekretion des adrenocorticotropen Hormons (ACTH) bei der Steuerung circadianer Funktionen im Körper höherer Tiere eine erhebliche Rolle. Die tagesperiodischen Schwankungen im ACTH-Gehalt der Hypophyse sind nachgewiesen [275]; sie setzen sich auch in der isolierten Hypophyse fort [282]. Diese ACTH-Cyclen sind wiederum für die Steuerung der weiter unten zu erwähnenden rhythmischen Tätigkeiten der Nebenniere wichtig. Auch tagesperiodische Schwankungen anderer Hypophysenhormone wurden gefunden [237, 252]. Tagesperiodische Cyclen der Ausschüttung von gonadotropen Hormonen sind ebenfalls bekannt [229, 247, 341]. Diese Hormoncyclen sind für manche Ovulationscyclen wichtig [212, 231].

Ein Fehlen der Hypophyse bedingt aber nicht notwendig einen Ausfall der von ihr beeinflußten circadianen Prozesse. Beim Axolotl [296] und ebenso bei Ratten und Mäusen [313] kann sich die circadiane Rhythmik der Bewegungsaktivität ohne Hypophyse fortsetzen. Entsprechendes gilt für mehrere andere circadiane Prozesse [222, 224, 267].

Schließlich ist für die Aufrechterhaltung mit Hypophysenhormonen im Zusammenhang stehender Vorgänge die wiederholt nachgewiesene circadiane Rhythmik des Ansprechens auf diese Hormone [238, 309] ebenso wichtig wie die circadiane Hormonproduktion.

Hypothalamus. Die Hypophysencyclen kontrollieren andere Cyclen (wie namentlich den noch zu erwähnenden Adrenalcyclus), andererseits stehen sie unter der Kontrolle des zentralen Nervensystems. Unterbrechungen der Verbindung zum Gehirn, wie z. B. Entfernung des Hypothalamus, beeinflussen die Hypophysenrhythmik [221, 275]. Am Hypothalamus wurde (bei Nagern) vor allem der circadiane Rhythmus des Corticotropin-auslösenden Faktors untersucht [256, 287, 348].

Besondere Bedeutung scheint nach Untersuchungen an Nagern dem Nucleus suprachiasmaticus innerhalb des Hypothalamus zuzukommen. Dessen Zerstörung oder die Unterbrechung des Kontaktes zu ihm unterdrückt die erkennbaren circadianen Rhythmen, z. B. den Corticosteron-Rhythmus [311] und den Rhythmus der Bewegungsaktivität sowie der photoperiodischen Empfindlichkeit [340].

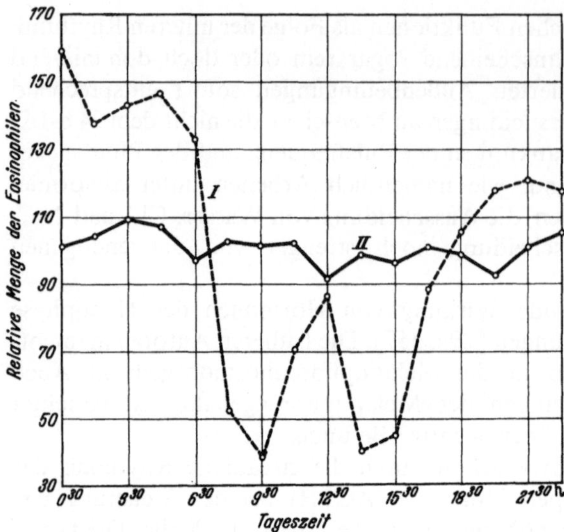

Abb. 41. Diurnale Schwankungen der Eosinophilenzahl im menschlichen Blut beim normalen Arbeiten (*I*) und bei Insuffizienz der Nebenniere (*II*). (Nach Halberg [280])

Nebenniere. Die Nebenniere, ihrerseits von der Hypophyse beeinflußt, kontrolliert eine Reihe circadianer Vorgänge im Körper der Vertebraten einschließlich des Menschen (Adrenalcyclen); z. B. spiegelt die Anzahl der Eosinophilen im Blut diese Cyclen. Die Hormone der Nebenniere kontrollieren die Anzahl der Eosinophilen im Blut. Ein Ausfall der Nebenniere verhindert den Eosinophilenrhythmus (Abb. 41). Hieraus kann auf eine Rhythmik der Hormonsekretion geschlossen werden [215, 216, 280]. Auch z. B. der Glykogenrhythmus in der Leber (Abb. 4) wird durch Ausfall der Nebenniere verhindert [232].

Ein tagesperiodischer Rhythmus der Exkretion von 17-Ketosteroiden aus der Nebennierenrinde wurde schon 1943 gefunden [318] und danach namentlich von Halberg et al. näher studiert (Abb. 42 und 43). Auch die circadianen Cyclen der Mitose und der Bewegungsaktivität werden vom Nebennierencyclus kontrolliert. Trotzdem muß betont werden, daß auch hier nicht etwa diese peripheren Vorgänge einfach als passive, getriebene Oscillationen angesehen werden dürfen. Beim

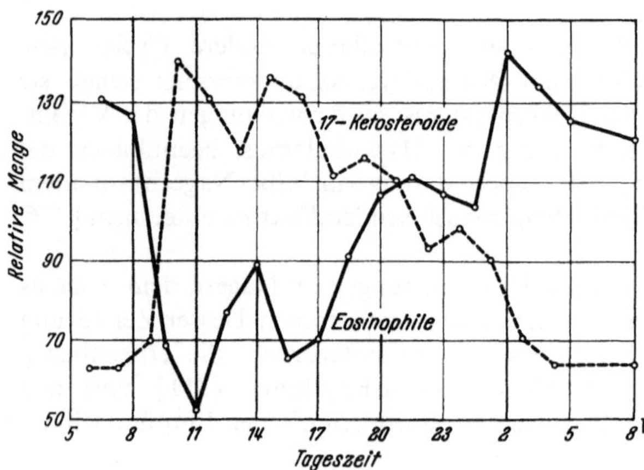

Abb. 42. Tagesrhythmus der im menschlichen Blut kreisenden Eosinophilen sowie der Exkretion von 17-Ketosteroiden. (Nach Halberg [280])

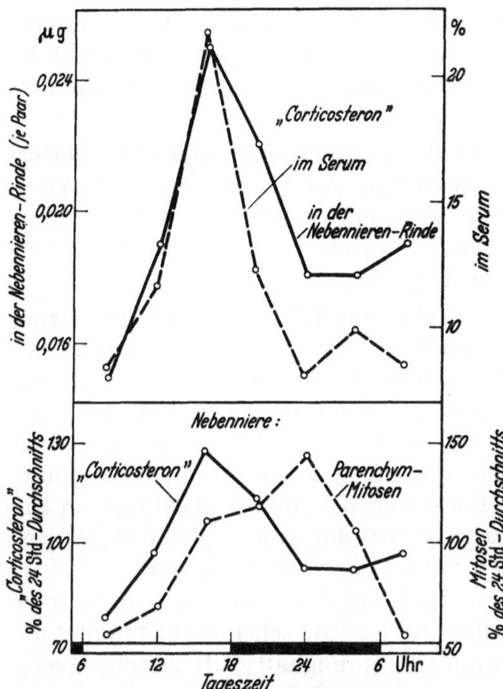

Abb. 43. Tagesrhythmus von Corticosteron im Blut und in der Nebenniere der Maus in Beziehung zu den Mitosen des Drüsenparenchyms. (Nach Halberg et al. [283])

Ausfall der Nebenniere können solche Cyclen sehr wohl circadian weiterlaufen [222, 235]. Ein Ausfall der Corticosteroidrhythmik durch Adrenalektomie verhindert nicht die circadiane Rhythmik der Bewegungsaktivität [310a].

Wiewohl die Aktivität der Nebenniere vom Zentralnervensystem und von der circadianen ACTH-Produktion der Hypophyse beeinflußt wird, zeigt auch die isolierte Nebenniere noch die circadiane Rhythmik (vgl. S. 35). Und ebenso wie bei der Hypophyse gibt es auch bei der Nebenniere circadiane Rhythmen des Ansprechens auf Hormone, in diesem Fall des Ansprechens auf ACTH [286].

Epiphyse (Zirbeldrüse, Pinealorgan). In neuerer Zeit sind circadiane Rhythmen im Pinealorgan (bzw. der Epiphyse) intensiv untersucht worden [209], z. B. Oscillationen im Gehalt an Serotonin und Melatonin [322–324, 337, 338]. Diese Rhythmen stehen offenbar unter der Kontrolle des Zentralnervensystems, spezieller: unter dem Einfluß von Rhythmen im Bereich des Hypothalamus [230]. Werden die visuellen Bahnen unterbrochen, so sind circadiane Rhythmen in der Rattenepiphyse noch nachweisbar, ihre Synchronisation durch den LD fehlt dann aber [312]. Die Zirbeldrüse ihrerseits hat auch Hormoneinflüsse auf den Hypothalamus [306]. Trotz der großen Rolle der Zirbeldrüsenrhythmen für die circadiane Organisation im Körper der Wirbeltiere muß auch hier wieder festgestellt werden, daß der Ausschluß eines Einflusses von dieser Drüse zwar in manchen Fällen, namentlich (oder nur?) bei Vögeln auch periphere circadiane Rhythmen (z. B. die Bewegungsrhythmik) verhindern kann, in anderen Fällen (insbesondere bei Säugern) die Entfernung der Zirbeldrüse aber nicht die circadiane Rhythmik der Bewegungsaktivität verhindert [222, 324, 347]; auch Hormonrhythmen von Ratten-Hypophysen können vom Pinealorgan unabhängig sein [342a].

Sehr wichtig ist die Zirbeldrüse aber bei manchen Tieren für die Aufnahme und Weiterleitung der Information über den tagesperiodischen LD (vgl. Abschnitt 6). Bei Eidechsen kann das Fehlen des Pinealorgans zu Desynchronisationen *(Splitting)* im Bewegungsrhythmus führen [347a].

Circadiane Organisation. Noch weitere Drüsen und Organe sind als möglicher „Sitz" der Uhr geprüft worden, z. B. die Schilddrüse. Auch deren Entfernung kann die Deutlichkeit peripherer circadianer Vorgänge mehr oder weniger stark mindern; aber die Rhythmik (etwa die der Körpertemperatur oder der Bewegungsaktivität) läuft deutlich weiter [296, 321, 329].

Unsere allgemeine Schlußfolgerung muß also sein, daß auch bei höheren Tieren kein Steuerungszentrum in dem Sinne besteht, daß ein Organ die Funktion der Hauptuhr übernommen hat, und alle peripheren Oscillationen nur passive, getriebene sind. Trotzdem spielen die genannten Organe innerhalb der circadianen Organisation des Körpers eine große Rolle. Sie sind für die physiologisch „sinnvolle" Abstimmung der Einzeloscillationen aufeinander wichtig. Dazu gehört auch ihre vermittelnde Rolle bei der Einfügung der inneren Rhythmik in die Außenrhythmik, also z. B. für die Aufrechterhaltung einer optimalen Phasenrelation zwischen dem tagesperiodischen LD und der Innenrhythmik.

Die Komplexheit der circadianen Organisation niederer und besonders höherer Tiere wurde hier nur angedeutet. Vor allem auf medizinischem Gebiet nimmt die Forschung hierüber und damit die Literatur jetzt sprunghaft zu. In umfangreichen Kongreßberichten kommt das zum Ausdruck [17, 208, 218]. Jetzt sind aufgrund von Blut- und Urinuntersuchungen verschiedenartige circadiane Hormonrhythmen bekannt. Diese Rhythmen sind also einerseits Folgen anderer, vom LD oder sonstigen Zeitgebern gesteuerter Rhythmen, andererseits haben sie selber auch wieder steuernde Funktionen. Im einzelnen ist dieses Wechselspiel noch nicht ausreichend bekannt.

Störung der circadianen Organisation. Grenzen in der Aufrechterhaltung der circadianen Normalorganisation zeigen sich bei höheren Tieren ebenso, wie wir sie für Pflanzen erwähnt haben; nur eben aufgrund der genannten Wechselwirkungen nicht so schnell [220, 227, 228, 319]. Eine plötzliche Änderung der Außenbedingungen, z. B. Phasenverschiebung des tagesperiodischen LD oder Übergang zu LL, kann zu Dissoziationen, zu einem *Splitting* führen, wie wir es schon für Pflanzen erwähnt haben (S. 26). Wird der tagesperiodische LD, dem der Mensch ausgesetzt ist, abrupt um mehrere Stunden verschoben (wie z. B. bei Ost-West- bzw. West-Ost-Flügen), so können sich etwa der Rhythmus der Exkretion von K^+ und Na^+ und der Schlaf-Wach-Rhythmus viel langsamer der neuen Phasenlage des LD anpassen als etwa der Lymphocyten- und Eosinophilenrhythmus [336].

Auch eine pathologische Störung der circadianen Organisation, etwa durch Ausfall oder Schädigung von Drüsen, kann zu Dissoziationen führen. Das genannte *Splitting* braucht übrigens nicht nur die Änderung der Phasenbeziehung zwischen zwei oder mehr verschiedenartigen Oscillationen zu betreffen, sondern oftmals auch ein und denselben registrierten Vorgang. Die Bewegungsaktivität etwa kann auf diese Weise gespalten werden, wobei sogar unterschiedliche Periodenlängen der beiden Rhythmen deutlich werden können [288, 289, 318a]

(Abb. 134). Durch experimentelle Eingriffe in den Hormonhaushalt kann ein *Splitting* relativ leicht erreicht werden [279].

Für Menschen liegt jetzt umfangreiches Versuchsmaterial vor, das klar die Möglichkeit innerer Desynchronisation und damit das Vorliegen eines Multioscillatorsystems im Körper erweist. Wohl jeder dieser Oscillatoren trägt zur normalen Wechselwirkung innerhalb des Körpers bei. Keiner allein ist der „treibende Oscillator" [227, 228].

Literatur

a) Zusammenfassende Darstellungen

208. Aschoff,J., Ceresa,F.I., Halberg,F. (ed.): Chronobiological Aspects of Endocrinology. Stuttgart-New York: Schattauer 1975
209. Axelrod,J.: The pineal gland: a neurochemical transducer. Science **184**, 1341–1348 (1974)
210. Benoit,J., Assenmacher,I. (ed.): La Photorégulation de la Reproduction chez les Oiseaux et les Mammifères. Paris: Centr. Nat. Rech. Scientif. 1970
211. Brady,J.: How are insect circadian rhythms controlled? Nature **223**,781–784 (1969)
212. Fraps,R.M.: Photoperiodism in the female domestic fowl. In: Photoperiodism and Related Phenomena in Plants and Animals. R.B.Withrow (ed.), S. 767–785. Washington: Amer. Ass. Adv. Sci. 1959
213. Fraps,R.M.: Ovulation in the domestic fowl. In: Control of Ovulation (Claude A. Villee, Ed.), S. 133–162. Oxford: Pergamon 1961
214. Hague,E.B. (ed.):Photo-Neuro-Endocrine Effects in Circadian Systems, with Particular Reference to the Eye. Ann. N. Y. Acad. Sci. **117**, 1–645 (1964)
215. Halberg,F.: Temporal organization of physiologic function. Cold Spring Harbor Symp. quant. Biol. **25**, 289–310 (1960)
216. Halberg,F., Halberg,E., Barnum,C.P., Bittner,J.J.: Physiologic 24-hour periodicity in human beings and mice, the lighting regimen and daily routine. In: Photoperiodism and Related Phenomena in Plants and Animals. R.B.Withrow (ed.), S. 803–878. Washington: Amer. Ass. Adv. Sci. 1959
217. Harker,J.: Endocrine and nervous factors in insect circadian rhythms. Cold Spring Harbor Symp. quant. Biol. **25**, 279–287 (1960)
218. Hedlund,L.W., Franz,J.M., Kenny,A.D. (ed.): Biological Rhythms and Endocrine Function. New York-London: Plenum 1975
219. Menzel,W.: Über den heutigen Stand der Rhythmuslehre in bezug auf die Medizin. Z. Alternsforsch. **6**, 26–121 (1952)
220. Pittendrigh,C.S.: Circadian oscillations in cells and the circadian organization of multicellular systems. In: The Neurosciences. F.O.Schmitt and F.G.Warden, (ed.), S. 437–458. Cambridge/Mass.: MIT 1974
221. Retiene,K.: Control of circadian periodicities in pituitary function. In: The Hypothalamus. L.Martini, M.Motta and F.Fraschini (eds.), S. 551–568. New York-London: Academic Press 1970
222. Richter,C.P.: Biological Clocks in Medicine and Psychiatry. Springfield, Ill.: Thomas 1965
223. Richter,C.P.: Sleep and activity: their relation to the 24-hour clock. In: Sleep and Altered States of Consciousness, S. 8–29. Ass. Res. Nerve and Mental Disease XLV. Baltimore: Williams & Wilkins 1967
224. Roberts,S.K.: Significance of endocrines and central nervous system in circadian rhythms. In: Aschoff [1], S. 198–213 (1965)
225. Sweeney,B.: Circadian rhythms in unicellular organisms. In: Circadian Rhythmicity. Proc. Int. Symp. on Circadian Rhythmicity. Bierhuisen et al. (ed.). Wageningen: Centre Agricult. Publ. Docum. 1972
226. Truman,J.W.: Circadian rhythms and physiology with special reference to neuroendocrine processes in insects. In: Circadian Rhythmicity. J.F.Bierhuisen et al. (ed.), S. 111–135. Proc. Int. Symp. on Circadian Rhythmicity. Wageningen: Centre Agricult. Publ. Docum. (1972)

227. Wever, R.: Internal phase-angle differences in human circadian rhythms: causes for changes and problems of determinations. Int. J. Chronobiol. **1**, 371–390 (1973)
228. Wever, R.: The circadian multi-oscillator system of man. Int. J. Chronobiol. **3**, 19–55 (1975)
229. Wilson, W.O.: Photocontrol of oviposition in gallinaceous birds. Ann. N. Y. Acad. Sci. **117**, 194–203 (1964)
230. Wurtman, R., Axelrod, J.: The pineal gland. Sci. American **213**, 50–60 (1965)

b) Originalarbeiten

231. Abramowitz, A. A.: Biol. Bull. **72**, 344–365 (1937)
232. Agren, G., Wilander, O., Jorpes, E.: Biochem. J. **25**, 777–785 (1931)
233. Andrews, R. V.: Comp. Bioch. Physiol. **26**, 179–193 (1968)
234. Andrews, R. V., Folk, G. E.: Comp. Bioch. Physiol. **11**, 393–409 (1964)
235. Andrews, R. V., Keil, L. C., Keil, N. N.: Acta Endocr. **59**, 36–40 (1968)
236. Azarjan, A. G., Tyshenko, V. G.: Rev. d'Entomol. de l'URSS **49**, 72–82 (1970)
237. Bakke, J. L., Lawrence, N.: Metabolism **14**, 841–843 (1965)
238. Bindon, B. M., Lamond, D. R.: J. reprod. Fert. **12**, 249–261 (1966)
239. Binkley, S., Kluth, E., Menaker, M.: Science **174**, 311–314 (1971)
240. Binkley, S.: J. comp. Physiol. **77**, 163–169 (1972)
241. Bliss, D. E.: Science **132**, 145–147 (1960)
242. Brady, J.: J. exp. Biol. **47**, 153–163, 165–178 (1967)
243. Brady, J.: J. exp. Biol. **49**, 39–47 (1968)
244. Brady, J.: In: Biochronometry (M. Menaker, Ed.), S. 517–526. Washington/D.C.: Nat. Acad. Sci. 1971
245. Brinkmann, K.: Planta (Berl.) **70**, 344–389 (1966)
246. Brown, F. A., Bennett, F., Webb, H. M.: J. cell. comp. Physiol. **44**, 477–505 (1954)
247. Brown, H. E.: Ann. N. Y. Acad. Sci. **98**, 995–1006 (1962)
248. Bruce, V. G., Pittendrigh, C. S.: Nat. Acad. Sci. USA **42**, 676–682 (1956)
249. Bruce, V. G.: Amer. Naturalist **91**, 179–195 (1957)
250. Bünning, E.: Z. Bot. **37**, 433–486 (1942)
251. Bünning, E.: Naturwissenschaften **45**, 68 (1958)
251a. Chia-Looi, A.: Ph. D. Thesis. New Brunswick, Canada 1973
252. Clark, R. H., Baker, B. L.: Science **143**, 375–376 (1964)
253. Cymborowski, B.: Zool. pol. **20**, 127–149 (1970)
254. Cymborowski, B.: J. Insect Physiol. **19**, 1423–1440 (1973)
255. Cymborowski, B., Brady, J.: Nature, New Biology **236**, 221–222 (1972)
256. David-Nelson, M. A., Brodish, A.: Endocrinology **85**, 861–866 (1969)
257. Demoll, R.: Zool. Jahrb. Physiol. **30**, 159–180 (1911)
258. Dumortier, B.: J. comp. Physiol. **77**, 80–112 (1972)
259. Edmunds, L. N.: J. cell. comp. Physiol. **66**, 147–158 (1965)
260. Edmunds, L. N., Sulzman, F. M., Walther, W. G.: In: Chronobiology. Scheving, L. E., Halberg, F., Pauly, J. E. (Ed.), S. 61–66. Tokyo: Igaku Shoin 1974
261. Ehret, Ch.: Cold Spring Harbor Symp. Quant. Biol. **25**, 149–158 (1960)
262. Eidmann, H.: Z. vergl. Physiol. **28**, 370–390 (1956)
263. Enderle, W.: Planta (Berl.) **39**, 530–588 (1951)
264. Engel, R., Halberg, F., Dassanayake, W. L., De Silva, J.: Amer. J. Trop. Med. Hyg. **11**, 653–663 (1962)
265. Eskin, A.: Z. vergl. Physiol. **74**, 353–371 (1971)
266. Feldman, J. F.: Science **160**, 1454–1456 (1968)
267. Ferguson, D. D., Visscher, M. B., Halberg, F., Levy, L. M.: Amer. J. Physiol. **190**, 235–238 (1957)
268. Fingerman, M., Lago, A. D., Lowe, M. F.: Amer. Midland Naturalist **59**, 58–66 (1958)
269. Fingerman, M., Oguro, Ch.: Biol. Bull. **124**, 24–30 (1963)
270. Fingerman, M., Yamamoto, Y.: Amer. Zool. **4**, 334 (1964); zitiert nach Roberts [331] (1964)
271. Fischer, A.: Z. Zellforsch. **65**, 290–312 (1965)
272. Fowler, D. J., Goodnight, C. J.: Science **152**, 1078–1080 (1966)
273. Fraps, R. M.: Proc. Nat. Acad. Sci. USA **40**, 348–356 (1954)
274. Fraps, R. M.: Endocrinology **77**, 5–18 (1965)

275. Galicich,J.H., Halberg,F., French,L.A., Ungar,F.: Endocrinology **76**, 895–901 (1965)
276. Gaston,S.: In: Biochronometry. M. Menaker (ed.), S. 541–548. Washington/D.C.: Nat. Acad. Sci. 1971
277. Gaston,S., Menaker,M.: Science **160**, 1125–1127 (1968)
278. Gurevitch,B.Kh., Ioffe,A.A.: Bot. J. (russ.) **55**, 77–81(1970)
279. Gwinner,E.: Science **185**, 72–74 (1975)
280. Halberg,F.: Lancet **73**, 20–32 (1953)
281. Halberg,F., Franck,G., Harner,R., Matthews,J., Aaker,H., Graven,H., Melby,J.: Experientia (Basel) **17**, 282–284 (1961)
282. Halberg,F., Galicich,J.H., Ungar,F., French,L.A.: Proc. Soc. Exp. Biol. Med. **118**, 414–419 (1965)
283. Halberg,F., Halberg,E., Barnum,C.P., Bittner,J.J.: In: Photoperiodism and Related Phenomena in Plants and Animals. R. B. Withrow (ed.), S. 803–878. Washington, D.C.: Amer. Ass. Adv. Sci. 1959
284. Hanström,B.: Sv. Vetensk. Akad. Handl. III, **16**, 3 (1937)
285. Hartmann,K.M.: Diss. Tübingen 1962
286. Haus,E., Halberg,F., Kühl,J.F.W., Lakatua,D.J.: In: Aschoff et al. [208], S. 269–304 (1975)
287. Hiroshige,T., Abe,K., Wada,S., Kaneko,M.: Neuroendocrinology **11**, 306–320 (1973)
288. Hoffmann,K.: Zool. Anz. Suppl. **33**, 171–177 (1969)
289. Hoffmann,K.: In: Biochronometry. M. Menaker (ed.), S. 134–151. Nat. Acad. Sci. US (1971)
290. Hoshizaki,T., Brest,D.E., Hamner,K.C.: Plant Physiol. **53**, 176–179 (1974)
291. Jacklett,J.W.: Science **164**, 562–563 (1969)
292. Jacklett,J.W.: In: Biochronometry. M. Menaker (ed.), S. 351–362. Washington, D.C.: Nat. Acad. Sci. (1971)
293. Janda,V.: Vestu Kral. Cos. Spol. nauk. Praha II, tr. 44 (1934)
294. Jores,A.: Dtsch. med. Wschr. **64**, 989–990 (1938)
295. Kalmus,H.: Biol. Gen. **11**, 93–114 (1935)
296. Kalmus,H.: Nature **145**, 42 (1940)
297. Karakashian,M.W.: J. cell. Physiol. **71**, 197–209 (1968)
298. Kleinholz,L.H.: Biol. Bull. **72**, 24–36 (1937)
299. Kleitman,N., Kleitman,E.: J. appl. Physiol. **6**, 283–291 (1953)
300. Klug,H.: Wiss. Z. Humboldt-Univ. Berlin **8**, 405–434 (1958/59)
301. Koller,G.: Z. vergl. Physiol. **8**, 601–612 (1928)
302. Kübler,F.: Z. Pflanzenphysiol. **61**, 310–313 (1969)
303. Lewis,P.R., Lobban,M.C.: J. Physiol. **133**, 670–680 (1956)
304. Lewis,P.R.: J. exp. Physiol. **42**, 356–371 (1957)
305. Loher,W.: J. comp. Physiol. **79**, 173–190 (1972)
306. Martini,L.: In: Aschoff et al. [208], S. 385–395 (1975)
307. Mayer,W., Sadleder,D.: Planta (Berl.) **108**, 173–178 (1972)
308. McMillan,J.P.: J. comp. Physiol. **79**, 105–112 (1972)
309. Meier,A.H., Davis,K.B., Lee,R.: Gen. comp. Endocr. **8**, 110–114 (1967)
310. Mergenhagen,D., Schweiger,H.G.: Plant Science Letters **3**, 387–389 (1974)
310a.Moberg,G.P., Clark,C.R.: Pharm. Bioch. Behav. **4**, 617–619 (1976)
311. Moore,R.Y., Eichler,V.B.: Brain Res. **42**, 201–206 (1972)
312. Moore,R.Y., Klein,C.C.: Brain Res. **71**, 17–33 (1974)
313. Müller,H., Giersberg,H.: Z. vergl. Physiol. **40**, 454–472 (1957)
314. Naylor,E., Williams,B.G.: J. exp. Biol. **49**, 107–116 (1968)
315. Niskiitsutsuji-Uwo,J., Pittendrigh,C.S.: Z. vergl. Physiol. **58**, 1–13; 14–46 (1968)
316. O'Hare,M.J., Hornsby,P.J.: Experientia (Basel) **31**, 378–380 (1975)
316a.Page,T.L., Caldarola,P.C., Pittendrigh,C.S.: Proc. Nat. Acad. Sci. USA **74**, 1277–1281 (1977)
317. Page,T.L., Larimer,J.L.: J. comp. Physiol. **97**, 59–80 u. 81–96 (1975)
318. Pincus,G.: J. clin. Endocr. **3**, 195–199 (1943)
318a.Pittendrigh,C.S., Daan,S.: J. comp. Physiol. **106**, 333–355 (1976)
319. Pohl,H.: J. comp. Physiol. **78**, 60–74 (1972)
320. Pohl,R.: Z. Naturforsch. **3b**, 367–374 (1948)
321. Popovic,P., Petrovic,V.: R. R. Soc. Biol. (Paris) **150**, 1249 (1956)
322. Quay,W.B.: Gen. comp. Endocr. **3**, 473–479 (1963)
323. Quay,W.B.: Gen. comp. Endocr. **6**, 371–377 (1966)
324. Quay,W.B.: Physiol. Behav. **3**, 109–118 (1968)

325. Rensing,L.: Science **144**, 1586–1587 (1964)
326. Rensing,L.: Z. Zellforsch. **74**, 539–558 (1966)
327. Rensing,L.: J. Insect Physiol. **15**, 2285–2303 (1969)
328. Rensing,L.: Nachr. Akad. Wiss. Göttingen II. Jahrg. 1969, 57–70
329. Richter,C.P.: Endocrinology **17**, 73–87 (1933)
330. Rinne,U.K., Kytömäki,O.: Experientia (Basel) **17**, 513 (1961)
331. Roberts,S.K.: J. Cell. Physiol. **67**, 473–486 (1966)
332. Roberts,S.K.: J. comp. Physiol. **88**, 21–30 (1974)
333. Roberts,S.K., Skopik,S.D., Driskill,R.J.: In: Biorhythms.H.V. M. Menaker (ed.), S. 505–516. Washington/D.C.: Nat. Acad. Sci. (1971)
334. Röseler,I.: Z. vergl. Physiol. **70**, 144–174 (1970)
335. Scheving,L.E., Pauly,J.E.: In: The Cellular Aspects of Biorhythms. H. V. Mayersbach (ed.), S. 167–174. Berlin-Heidelberg-New York: Springer 1967
336. Sharp,G.W.G.: Atti VII Conf. Soc. Ritmi Biol. Siena, S. 133–138. Torino: Panminerva Medica 1962
337. Snyder,S.H., Axelrod,J.: Science **149**, 542–544 (1965)
338. Snyder,S.H., Zweig,M., Axelrod,J., Fischer,J.E.: Proc. Nat. Acad. Sci. USA **53**, 301–305 (1965)
339. Sonneborn,R.M.: Proc. Amer. Phil. Soc. **79**, 411–434 (1938)
340. Stetson,M.H., Watson-Whitmyre,M.: Science **191**, 197–199 (1976)
341. Strauss,W.F., Meyer,R.K.: Science **137**, 860–861 (1962)
342. Strumwasser,F.: In: J. Aschoff [1], S. 44–62 (1965)
342a.Tilders,F.J.H., Smelik,P.G.: Neuroendocrinology **17**, 296–308 (1975)
343. Thomas,R., Finlayson,L.H.: Nature **228**, 577–578 (1970)
344. Truman,J.W.: J. comp. Physiol. **81**, 99–114 (1972)
345. Truman,J.W., Riddiford,L.M.: Science **167**, 1624–1626 (1970)
346. Truman,J.W., Riddiford,L.M.: J. exp. Biol. **60**, 371–382 (1974)
347. Underwood,H., Menaker,M.: Science **170**, 190–193 (1970)
347a.Underwood,H.: Science **195**, 587–589 (1977)
348. Ungar,F.: Ann. N. Y. Acad. Sci. **117**, 374–385 (1964)
349. Ungar,F., Halberg,F.: Science **137**, 1058–1060 (1962)
350. Ungar,F., Halberg,F.: Experientia (Basel) **19**, 158–160 (1963)
351. Völker,H.: Pflügers Arch. ges. Physiol. **215**, 43–77 (1927)
352. Wilkins,M.B.: J. exp. Bot. **10**, 377—390 (1959)
353. Wilkins,M.B.: Cold Spring Harbor Symp. quant. Biol. **25**, 115—129 (1960)
354. Wilkins,M.B., Holowinsky,A.W.: Plant Physiol. **40**, 907—909 (1965)
355. Wurtman,R.J., Axelrod,J., Chu,E.W., Fischer,J.E.: Endocrinology **75**, 266—272 (1964)
356. Wurtman,R.J., Chou,Ch., Rose,Ch.M.: Science **158**, 669—662 (1967)
357. Young,J.Z.: J. exp. Biol. **12**, 254—270 (1935)

5. Wirkung der Temperatur

a) Temperatur und Periodenlänge

Frühere Versuche. Nach einem Einfluß der Temperatur auf die Periodenlänge wurde sowohl bei Pflanzen (Blattbewegungen von *Phaseolus*) [363] als auch bei Insekten [364, 385] früh gesucht, um so einen ersten Anhaltspunkt hinsichtlich der Natur der zugrunde liegenden Vorgänge zu gewinnen. Für die erwartete Teilnahme chemischer Prozesse sprach die damals gefundene Periodenverkürzung der im DD freilaufenden Rhythmik bei relativ hoher, Periodenverlängerung bei relativ niedriger Temperatur. Allerdings, fiel damals schon auf, daß die Q_{10}-Werte nur um ungefähr 1,2 lagen, während bei chemischen Prozessen im allgemeinen Q_{10}-Werte von 2–3 gefunden werden.

Diese frühen Versuchsergebnisse müssen aufgrund unserer jetzigen Kenntnisse als unzureichend gelten, weil die Objekte nur für relativ kurze Zeit (wenige Tage) der geänderten Temperatur ausgesetzt waren und dann in die Berechnung der Periodenlängen auch die ersten Perioden nach Beginn der Übertragung einbezogen worden waren. Diese Übergangscyclen *(Transients)* aber haben, wie wir jetzt wissen, andere Periodenlängen als die nach 2–3 Tagen im neuen *Steady State* erreichten.

Schon in jenen Jahren wurde für das Zeitgedächtnis der Bienen gefunden, daß es durch die Temperatur nicht merklich gestört wird, also die Bienen auch nach einer Temperaturerniedrigung innerhalb des normalen Temperaturbereichs ihrer Aktivität zur Dressurzeit am Futterplatz erscheinen [404].

Q_{10}**-Werte im Steady State.** Neuere Versuche, bei denen die genannte Fehlerquelle ausgeschlossen wird, führen zu dem erstaunlichen Ergebnis, daß die Q_{10}-Werte für die Periodenlängen der (im DD oder LL) freilaufenden Rhythmik oft nahezu 1,0 sind. Selbst für Diffusionsvorgänge aber betragen die Q_{10}-Werte meist zwischen 1,2 und 1,4. Abbildung 44 zeigt ein Beispiel für diesen geringen Temperatureinfluß. Weitere Beispiele bringen die Tabellen 1–4. Umfangreiche Listen mit vielen ähnlichen Ergebnissen für Einzeller, Pflanzen und höhere Tiere wurden veröffentlicht [359, 360]. Danach sind die Q_{10}-Werte selten größer als 1,1–1,2, meist liegen sie zwischen 1,0 und 1,1.

Diese relativ geringen Einflüsse der Temperatur auf die Periodenlängen haben zu vielen Spekulationen geführt, oft haben sie auch dazu beigetragen, über mögliche Synchronisationen durch vernachlässigte Außenrhythmen Hypothesen aufzustellen. Jedoch ist deutlich geworden, daß es falsch war, aus der geringen Temperaturabhängigkeit der Periodenlängen irgendwelche Schlüsse hinsichtlich der Natur der

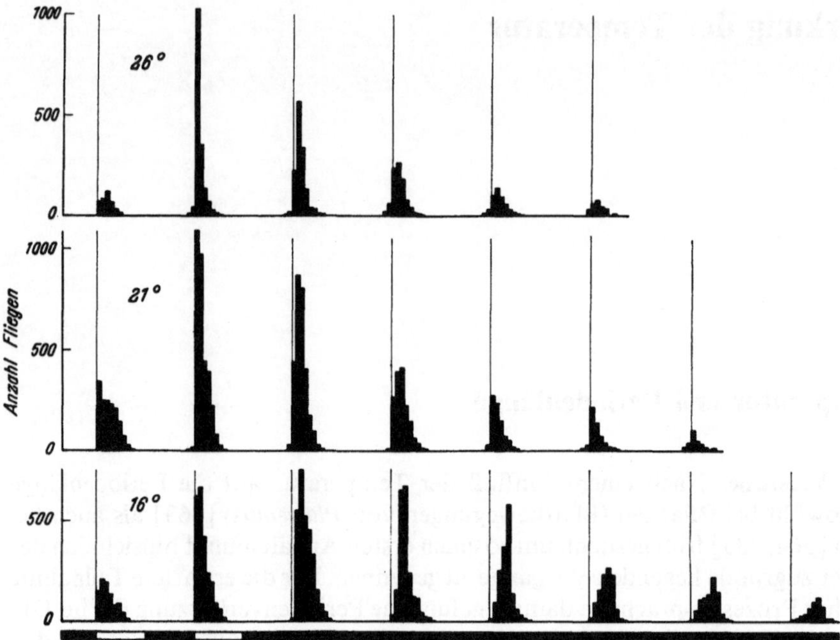

Abb. 44. *Drosophila*. Rhythmik des Schlüpfens bei 26, 21 und 16° C. Die vertikalen dünnen Striche geben Abstände von 24 h an. Es ist nur ein geringer Einfluß der Temperatur auf die Periodenlänge erkennbar. Die Lichtbedingungen sind unten angegeben (erst LD, dann DD). (Nach Pittendrigh u. Bruce [395])

Tabelle 1. *Periplaneta americana* (Schabe). Laufaktivität. (Nach Bünning [365])

Temperatur (° C)	Periodenlänge (h)
18	24–25
19–20	24,4±0,1
22–23	24,5±0,1
27–28	25,0±0,3
29	25,8±0,7
31	24–27

Tabelle 2. *Gonyaulax polyedra* (Alge). Leuchtrhythmus. (Nach Hastings und Sweeney [377, 378])

Temperatur (° C)	Periodenlänge (h)
15,9	22,5
19	23,0
22	25,3
26,6	26,8
32	25,5

Tabelle 3. *Phaseolus coccineus* (Bohne). Tagesperiodische Blattbewegungen. (Nach Leinweber [386])

Temperatur (° C)	Periodenlänge (h)
15	28,3±0,4
20	28,0±0,4
25	28,0±1,0

Tabelle 4. Eidechsen *(Lacerta sicula)*. Laufaktivität. (Nach Hoffmann [380])

Temperatur (° C)	Periodenlänge (h)
16	25,20
25	24,34
35	24,19

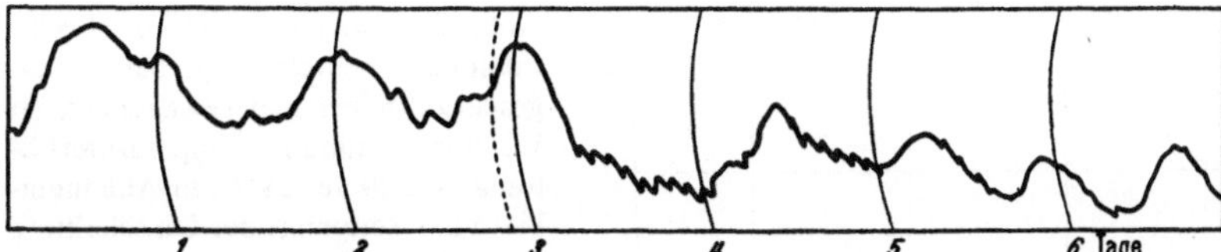

Abb. 45. *Phaseolus coccineus*. Tagesperiodische Blattbewegungen im DD bei 10° C. Gestrichelte Linie: Zeit der Übertragung in diese niedrige Temperatur (vorher etwa 21° C). Es ist deutlich eine anfängliche Verzögerung erkennbar, der aber später Periodenlängen folgen, die um mehrere Stunden gegenüber den Normalenwerten verkürzt sind. (Nach Bünning u. Tazawa [370])

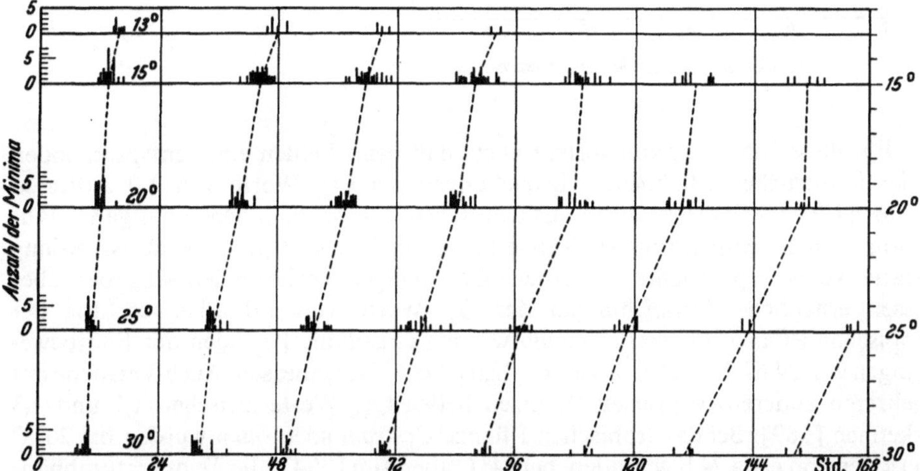

Abb. 46. *Kalanchoe blossfeldiana*. Zeitliche Lage der Blütenöffnungsminima im DD in Abhängigkeit von der Temperatur. Ordinate: Anzahl der Einzelwerte zu den angegebenen Zeiten. Abscisse: Stunden nach Beginn der vorhergehenden 6stündigen Lichtperiode. Die gestrichelten Linien verbinden die Mittelwerte der einander entsprechenden Minima. Vorhergegangene Temperatur 17° C, zuletzt 23° C. (Nach Oltmanns [393])

zugrunde liegenden Vorgänge zu ziehen. Die Perioden der circadianen Rhythmik bestehen eindeutig aus einer Sequenz von mindestens zwei verschiedenartigen Prozessen. Diese unterscheiden sich in ihren Energieansprüchen (vgl. S. 56). Die Temperatur hat einen nicht unerheblichen Einfluß auf die *Dauer* der einzelnen Prozesse. Das wird auch schon durch die Beobachtung der Übergangscyclen *(Transients)* beim Übergang von einer Temperatur in eine andere deutlich (vgl. S. 51 und Abb. 45ff.). Über den Einfluß der Temperatur auf die *Geschwindigkeit* der beiden Prozesse ist wenig bekannt. Wenn aber eine Periode der Rhythmik aus einer Sequenz von qualitativ verschiedenartigen Vorgängen besteht, so wäre das eine gute phylogenetische Ausgangssituation, um auf dem Wege der Selektion diese beiden Vorgänge quantitativ so aufeinander abzustimmen, daß die für eine Zuverlässigkeit der Uhr beim Zeitmessen erforderliche geringe Tempearaturabhängigkeit resultiert.

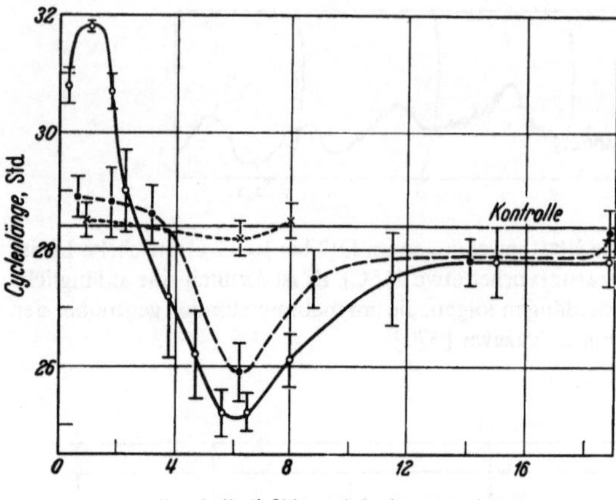

Abb. 47. *Phaseolus coccineus*. Beeinflussung der Cyclenlänge bei den tagesperiodischen Blattbewegungen im LL durch 4stündige Temperaturerhöhung von 20 auf 28° C, in Abhängigkeit vom Zeitpunkt der Umschaltung zur höheren Temperatur. ○—○ Umschaltcyclus; ●---● 1. nachfolgender Cyclus; ×---× 2. nachfolgender Cyclus. (Nach Moser [391])

Für diese Interpretation spricht auch, daß beim Fehlen eines entsprechenden Selektionsdruckes erhebliche Abweichungen der Q_{10}-Werte von 1,0 auftreten können [369]. Mit Organismen aus tropischen Regionen, in denen das ganze Jahr hindurch die Temperaturverhältnisse an jedem Tag fast gleich sind, ist bislang relativ wenig experimentiert worden. Die wenigen vorliegenden Angaben aber lassen erhebliche Abweichungen der Q_{10}-Werte von 1,0 erkennen. Bei der tropischen Pflanze *Phaseolus mungo* wurden circadiane Perioden der Blattbewegungen von 24,6 h bei 32° C, aber von 32,0 h bei 17° C gemessen. Auch Versuche mit mehreren anderen tropischen Pflanzen ließen Q_{10}-Werte zwischen 1,1 und 1,3 erkennen [389]. Bei der tropischen Pflanze *Cestrum nocturnum* wurden bei 20° C Perioden von etwa 24 h gefunden, bei 14° C aber 31 h [394]; die Temperaturabhän-

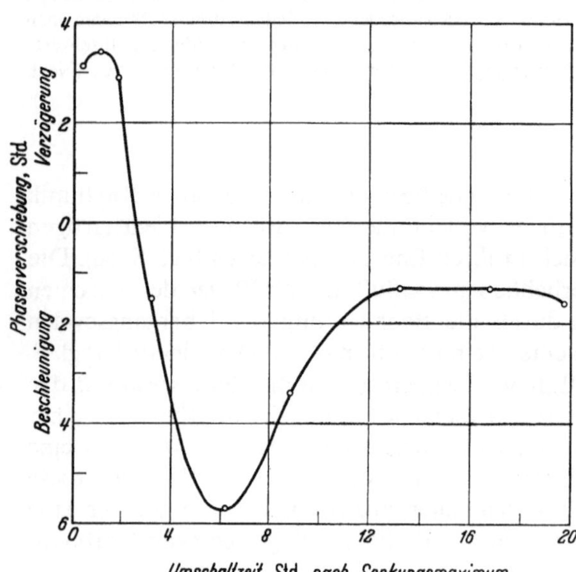

Abb. 48. *Phaseolus*. Gesamtphasenverschiebung (Summe der Verschiebung im Umschaltcyclus und derjenigen im 1. nachfolgenden Cyclus), hervorgerufen durch einmalige 4stündige Temperaturerhöhung von 20 auf 28° C, in Abhängigkeit vom Zeitpunkt der Umschaltung zur höheren Temperatur. (Nach Moser [391])

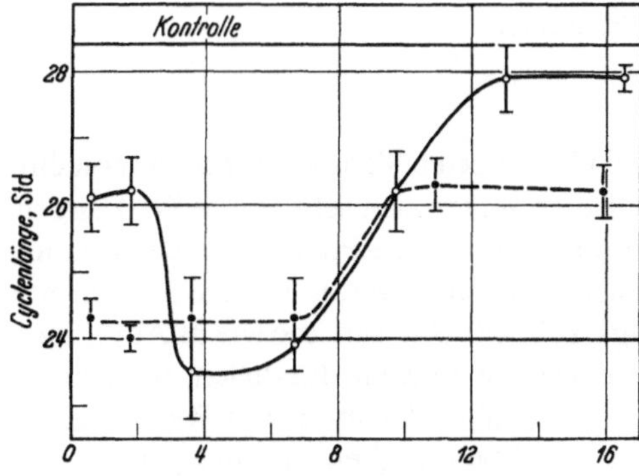

Abb. 49. *Phaseolus*. Beeinflussung der Cyclenlänge durch Temperaturerhöhung von 20 auf 28° C für dauernd, in Abhängigkeit vom Zeitpunkt der Umschaltung. O—O Umschaltcyclus; ●---● 1. nachfolgender Cyclus. (Nach Moser [391])

gigkeit war hier also noch größer. Für die tropische Alge *Gonyaulax* wurden Q_{10}-Werte zwischen 0,85 und 0,9 ermittelt [359]. Auch für Warmblüter könnte man entsprechende Folgen eines fehlenden Selektionsdruckes vermuten. Leider gibt es nur wenige entsprechende Beobachtungen. Für eine Maus wurden Q_{10}-Werte zwischen 1,06 und 1,35 errechnet [397]. Aber eine allgemeine Regel ist das sicher nicht. Bei Fledermäusen [390] und Erdhörnchen [375] wurde gefunden, daß Abkühlung auf Temperaturen um $+10°$ C (oder niedriger) die Periodenlänge nicht stark beeinflußt. Es würde sich lohnen, systematisch zu untersuchen, ob bei Warmblütern die relative Temperaturunabhängigkeit der Periodenlänge um so größer ist, je mehr im normalen Lebensgang der betreffenden Art Temperaturerniedrigungen des Körpers (z. B. im Winterschlaf) vorkommen.

Jedenfalls ist es falsch, aus Q_{10}-Werten für Vorgänge, die sich auf eine Sequenz qualitativ verschiedenartiger Prozesse beziehen, Schlüsse hinsichtlich der Natur der zugrunde liegenden Vorgänge zu ziehen. Hinzu kommt, daß es sich, wie später gezeigt werden soll, bei Einflüssen von Licht, Temperatur usw. auf die Periodenlängen zum großen oder größten Teil gar nicht um Einflüsse auf die *Geschwindigkeit* der Teilprozesse, sondern um Einflüsse auf deren *Dauer* handelt.

Übergangscyclen (*Transients*). Beim Übergang von einer konstanten Temperatur zu einer anderen, dann ebenfalls konstant bleibenden, d. h. bei Darbietung einer Temperatur*stufe*, treten oft 1–3 Übergangscyclen auf, deren Perioden größer oder kleiner als die für den *Steady State* charakteristischen sind.

Die Abbildungen 45 bis 50 zeigen dafür Beispiele. Diese Abbildungen deuten gleichzeitig schon an, worauf die Übergangscyclen beruhen können: Der Wechsel von der höheren zur niedrigeren Temperatur bedingt, daß (in diesem Fall) der Prozeß der Blatthebung (Kurvensenkung) länger andauert, bevor eine neue Senkung beginnen kann. Wie wir später sehen werden, handelt es sich um ein längeres Andauern der nicht Energie fordernden Entspannung, also das Senken des Oscillators auf ein niedrigeres Niveau, bevor eine neue Spannung beginnen kann. (Auf die Kürzung der anschließenden Perioden in diesem Beispiel wird später eingegangen.) Beim Übergang von einer niedrigen zu einer höheren Temperatur kann umgekehrt der Vorgang der Energie fordernden Spannung länger andauern und dadurch ein vergrößerter Übergangscyclus entstehen. (Näheres hierzu in Abschnitt 7.)

b) Temperaturwirkungen auf verschiedene Phasen des circadianen Cyclus

Wird nicht das Verhalten bei verschiedenen konstanten Temperaturen untersucht, sondern das Reagieren auf Temperaturpulse, so zeigen sich sehr starke Wirkungen. Sowohl bei Pflanzen als auch bei Tieren reagieren einige Phasen des circadianen Cyclus auf Pulse erhöhter Temperatur nicht oder nur wenig, andere Phasen mit starker Verzögerung oder Beschleunigung (Abb. 47). Kurven, die wie in Abbildung 47 das unterschiedliche Ansprechen der einzelnen Phasen darstellen, werden als Phasen-*Response*-Kurven bezeichnet. Sie geben also Ausmaß und Richtung der Phasenverschiebung durch einen Einzelreiz in Abhängigkeit von der getroffenen Phase des Cyclus an. Die definitive Phasenverschiebung durch einen einzelnen Temperaturpuls wird ebenfalls oft erst nach einigen Übergangscyclen *(Transients)* erreicht (Abb. 46–49).

Sehr wohl können Übergangscyclen bei der Darbietung von Temperaturstufen oder Temperaturpulsen aber auch fehlen, so z. B. bei *Drosophila* (Schlüpfrhythmik). Pulse erhöhter Temperatur (4 min 40° C, während sonst konstant 20° C) verursachen hier sofort die endgültige Phasenverschiebung [388].

Es liegt nahe, die weitgehende Temperaturunabhängigkeit der Periodenlängen aus dem antagonistischen Ansprechen der einzelnen Phasen auf die Temperatur zu erklären. Ein Zusammenhang besteht hier zweifellos. Jedoch sind die Beziehungen komplizierter, schon weil beim Einfluß von Temperaturpulsen noch besondere Effekte des Ein- und Ausschaltens der höheren (bzw. niedrigeren) Temperatur hinzukommen.

c) Synchronisation durch Temperaturcyclen

Wirksame Cyclen. Die circadiane Rhythmik kann, jedenfalls bei Kaltblütern und Pflanzen, immer durch tagesperiodische Cyclen hoher und niederer Temperatur synchronisiert werden. Jedoch ist der LD meist ein wichtigerer und stärker wirksamer „Zeitgeber". Bei Bohnen *(Phaseolus)* kann ein 12:12stündiger Temperaturwechsel zwischen 25 und 30° C die Rhythmik im LL zur 24 h-Rhythmik synchronisieren [401]. Bei der Alge *Oedogonium* läßt sich die Sporulationsrhythmik durch tagesperiodischen Temperaturwechsel zwischen 15 und 25° C synchronisieren; aber das gelingt auch schon dann, wenn die beiden Temperaturen sich nur um 2,5° C unterscheiden [362]. Für die Blütenblattbewegungen von *Kalanchoe* genügen sogar Differenzen von 1° C [393]. Die Rhythmik der Bewegungsaktivität der Schabe *Leucophaea maderae* kann durch Temperaturcyclen mit einem Maximum von 27° C und einem Minimum von 22° C synchronisiert werden [399]. Bei Eidechsen erwiesen sich schon Differenzen von 1° C als ausreichend [383a, b]. Bei der Schnecke *Agrolimax reticulatum* wurden sogar Differenzen von 0,1° C als ausreichend bezeichnet [372].

Weniger weit verbreitet ist die Synchronisation durch Temperaturcyclen bei Warmblütern, Bei zwei Arten von Fledermäusen wurde keine klare Synchronisation durch Temperaturcyclen von 15:26° C gefunden [382]. Jedoch gibt es auch für Warmblüter Angaben über Synchronisation durch Temperaturcyclen, z. B. für

Ratten [371] und Mäuse [387]. Daraus ist zu schließen, daß hier die Temperatur nicht direkt auf die Uhr einwirkt, diese vielmehr auf dem Umwege über periphere Receptoren beeinflußt wird [374].

Phasenbeziehung zwischen Temperaturcyclus und physiologischem Cyclus. In allen untersuchten Fällen wird der physiologische Rhythmus durch Temperaturcyclen so reguliert, daß die physiologischen Phasen, die normalerweise in die Nachtzeit fallen, mit den Phasen der niedrigeren Temperatur zusammenfallen. Das gilt z. B. für die tagesperiodischen Blattbewegungen von *Phaseolus* [401], für die Sporulationsrhythmen der Alge *Oedogonium* [362], für die Rhythmik der Laufaktivität von Ratten [371] und verschiedenen Arten von Insekten [358, 361]. Jedoch muß das Maximum des physiologischen Cyclus nicht mit dem Maximum der Temperaturcyclen, das physiologische Minimum nicht mit dem Temperaturminimum zusammenfallen. Die Phasenwinkeldifferenz zwischen Temperaturcyclus und physiologischem Cyclus hängt u. a. von der Amplitude des Temperaturcyclus ab [383a, b, 396].

Grenzen der Synchronisierbarkeit. Nur Cyclen hoher und niedriger Temperatur, die nicht zu stark von der 24 h-Periodik abweichen, wirken synchronisierend. Ähnlich wie beim LD (vgl. Abschnitt 6) kann oft schon ein 8:8stündiger oder ein 15:15stündiger Temperaturwechsel nicht mehr synchronisierend wirken. Die Grenzen der Synchronisierbarkeit sind auch mit von der Amplitude des Temperaturwechsels abhängig.

d) Verhalten bei niedrigen Temperaturen

Temperaturminima für normales Verhalten. Die unter 4a–c beschriebenen Eigentümlichkeiten gelten für einen „normalen" Temperaturbereich. Das Minimum dieses normalen Bereichs liegt je nach den Bedingungen, an die die betreffenden Organismen angepaßt sind, verschieden hoch. Die an relativ warmes Wasser angepaßte Alge *Gonyaulax* kann zwar bei 11,5° C noch leben, aber der Biolumineszenzrhythmus besteht nicht mehr [377, 378]. Auch bei Bohnen *(Phaseolus coccineus)* arbeitet die Rhythmik (der Blattbewegungen) schon bei Temperaturen um + 10° C mindestens nicht mehr einwandfrei. Ähnliches gilt für einige Schaben aus warmen Regionen [399]. Bei Pflanzen und Tieren, die an niedrigere Temperaturen angepaßt sind, kann die circadiane Rhythmik auch noch bei Temperaturen zwischen 0 und + 1° C einwandfrei arbeiten, so z. B. bei der Alge *Oedogonium* [400] und beim Wasserläufer *Velia currens* [373].

Unterkühlung. Werden die Temperaturen unter die genannten Minima gesenkt, so erfolgt nicht etwa einfach eine Arretierung des Oscillators in der Phase, die bei Beginn der Unterkühlung gerade erreicht worden war. Die ersten Versuche hatten eine so einfache Deutung noch zugelassen. Wurden Bienen, die auf eine bestimmte Fütterungszeit dressiert worden waren, für einige Stunden auf + 4–5° C abgekühlt, so kamen sie nicht mehr zur Dressurzeit zum Futterplatz, sondern um etwa so viele Stunden später wie die Unterkühlung dauerte (Abb. 50). Das Ergebnis von Unterkühlungsversuchen kann jedoch so nur sein, wenn die Abkühlung zu bestimmten Phasen des Cyclus erfolgt.

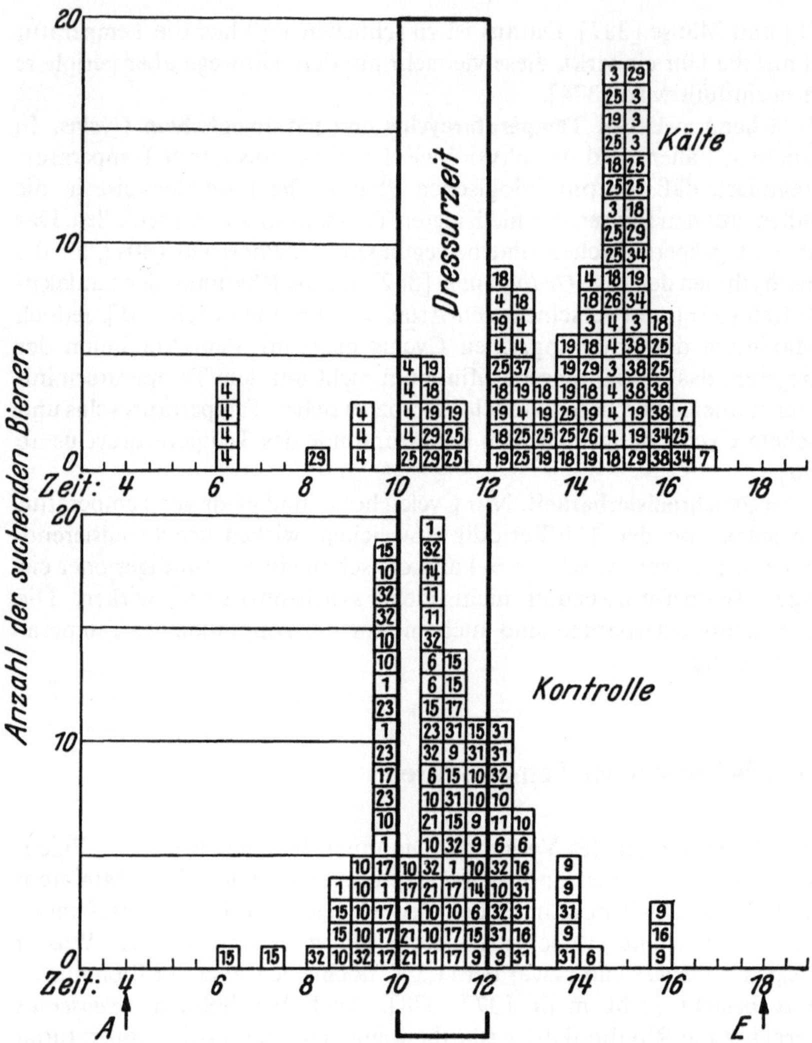

Abb. 50. „Arretierung der Uhr" bei Bienen durch $5^3/_4$ h lange Abkühlung auf 4–5° C. Während die Bienen des Kontrollversuchs zur Dressurzeit zum Futterplatz kamen, war bei den vorübergehend abgekühlten eine Verzögerung um mehrere Stunden feststellbar. Abscisse: Tageszeit — A und E: Anfang bzw. Ende der Beobachtung (zur Erläuterung vgl. Abb. 5). (Nach Renner [398])

Ansprechen verschiedener Phasen. Beim Testen der einzelnen Phasen auf ihr Verhalten nach Unterkühlung zeigt sich, daß einige Abschnitte des Cyclus durch die Temperaturerniedrigung überhaupt nicht verzögert werden. Andere Phasen dagegen reagieren mit sehr starken Verzögerungen, d. h. mit Phasenverschiebungen, die nach Wiederherstellung normaler Temperatur deutlich werden. Das gilt für Pflanzen ebenso wie für Insekten (Abb. 51 und 52). Außer den in diesen Abbildungen gegebenen Beispielen liegen entsprechende Angaben für die einzellige Alge *Chlorella* [379] und für die Blütenpflanze *Bryophyllum* [405] vor. Die möglichen Verzögerungen lassen nochmals erkennen, daß nicht etwa der Oscillator

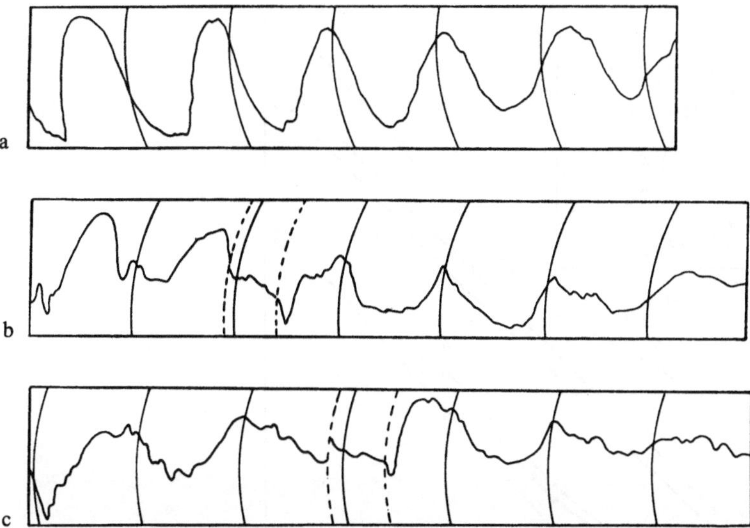

Abb. 51a–c. *Phaseolus coccineus.* Tagesperiodische Blattbewegungen. Wirkung einer vorübergehenden Abkühlung auf 5°C zu verschiedenen Zeiten innerhalb des Cyclus. Nur in einem Fall bedingt die Abkühlung eine starke Verschiebung der Phasen, und zwar dann, wenn die niedrige Temperatur während des Übergangs von der Tag- zur Nachtstellung erfolgt (c), aber nicht, wenn die Abkühlung während des Übergangs von der Nacht- zur Tagstellung vorgenommen wird (b). Tagstellung: Kurvenminima; Nachtstellung: Kurvenmaxima; (a) Kontrolle. (a–c) im LL. Kreisbögen in Abständen von 24 h. (Nach Bünning u. Tazawa [370])

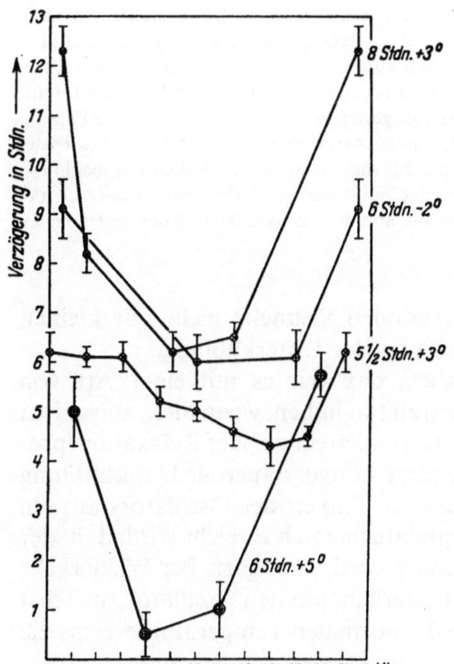

Abb. 52. *Periplaneta americana.* Laufaktivität in schwachem LL. Hemmung der Uhr durch die Kältestarre. Abscisse: Tageszeit des Beginns der Kältewirkung. Zu jeder Kurve sind die Dauer der Kälteeinwirkung und die benutzten Temperaturen angegeben. Die Werte sind Mittelwerte aus je 10–15 Einzelbestimmungen. Die senkrechten Striche geben die mittleren Fehler der Mittelwerte an. Die Werte ganz rechts (24–1 Uhr) beziehen sich auf die gleichen Messungen wie die ganz links eingetragenen. (Nach Bünning [367])

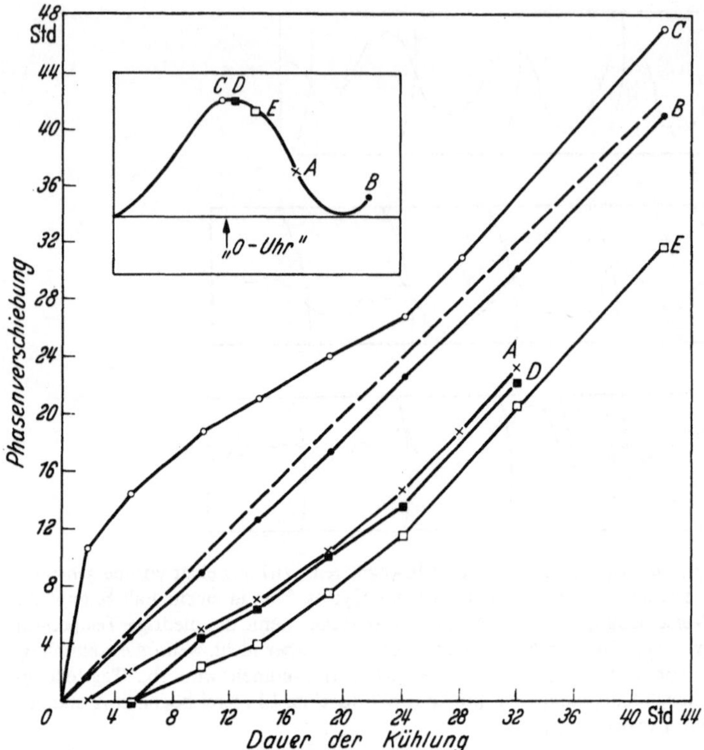

Abb. 53. *Phaseolus coccineus*. Tagesperiodische Blattbewegungen im LL. Phasenverschiebungen durch unterschiedlich lange Abkühlung auf + 5° C in Abhängigkeit vom Beginn der Kälteperiode. Abscisse: Dauer der Abkühlung, Ordinate: Phasenverschiebung, d. h. Verzögerung im Gang der Uhr. Die Teilfigur links oben markiert die Punkte, bei denen die Abkühlung begann. In dieser Teilfigur bezeichnet 0-*Uhr* das Senkungsmaximum. Die Lage der übrigen Punkte ist: *A* 8 h nach 0-Uhr; *B* 16 h nach 0-Uhr; *C* ½ h vor 0-Uhr; *D* ½ h nach 0-Uhr; *E* 3 h nach 0-Uhr. Die gestrichelte Linie gibt an, wie die Phasenverschiebung sein müßte, wenn die Abkühlung einfach zu einer Arretierung der Uhr für die Dauer der Abkühlung führen würde. Tatsächlich trifft das aber nur für die Versuche mit Abkühlungsbeginn in der Phase *B* annähernd zu. Sonst kann die Phasenverschiebung anfangs größer (bei *C*) oder kleiner (bei *A*, *D* und *E*) sein. Später aber werden die Kurven alle annähernd parallel zu jener gestrichelten Linie. Nach Wagner [403])

einfach gestoppt wird; die Verzögerungen können vielmehr nicht nur kleiner. sondern auch erheblich größer sein als die Dauer der Unterkühlung.

Solche Versuchsergebnisse zeigen deutlich, daß wir es mit einer Art von Kippschwingungen (Relaxationsoscillationen) zu tun haben, wenn diese auch nicht den einfachen Modellen von Kippschwingungen entsprechen. Der Relaxationsprozeß wird durch die Unterkühlung nicht verhindert. Länger dauernde Unterkühlung bedingt offensichtlich mangels Energiezufuhr ein Sinken des Oscillators auf ein niedrigeres Niveau, als es im normalen Temperaturbereich erreicht wird, d. h. der Eintritt erneuter (energiebedürftiger) Spannung wird verzögert. Bei Wiederkehr normaler Temperatur ist zusätzliche Zeit erforderlich, um den Oscillator zunächst auf das Niveau zu heben, von dem innerhalb des normalen Temperaturbereichs die erneute Spannung ausgeht (Abb. 53).

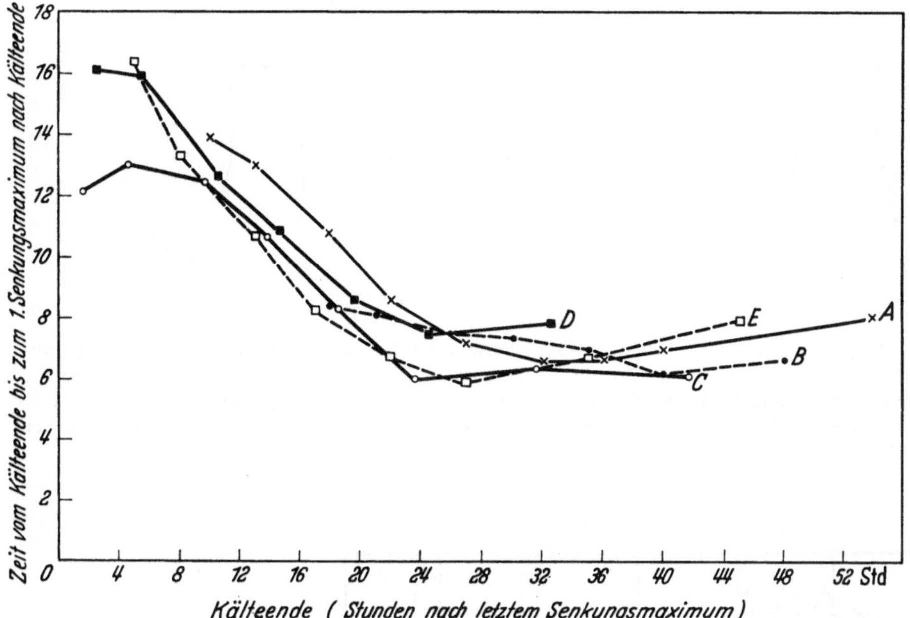

Abb. 54. Gleiche Versuche wie in Abbildung 53, jedoch ist nicht die Phasenverschiebung dargestellt, sondern die Anzahl h, die nach Beendigung der Kälte bis zur Erreichung des nächsten Blattsenkungsmaximums, d. h. der nächsten Phase 0-*Uhr* verstreicht. Außerdem ist in der Abscisse nicht der Beginn der Kälteperiode, sondern deren Ende als Bezugspunkt gewählt worden. Man sieht deutlich, daß der Oscillator in allen Fällen allmählich einer immer ungefähr gleichen Ruhelage zustrebt, von der aus dann bei erneutem Temperaturanstieg die Oscillation wieder zu beginnen hat. (Nach Wagner [403])

Bei sehr langer Unterkühlung erreicht der Oscillator, einerlei, in welcher Phase die Periode niedriger Temperatur beginnt, offenbar immer unter sonst gleichen Bedingungen die gleiche Tieflage (Abb. 54). Erneute Temperaturerhöhung bestimmt dann erneut die Phasenlage der wieder beginnenden Oscillation. Das ist an manchen Pflanzen und ebenso an Schaben [367, 399], an der Krabbe *Carcinus maenas* [392] und auch bei der einzelligen Alge *Gonyaulax* [376] gefunden worden.

Das Niveau dieser Tieflage ist bei lange dauernder niedriger Temperatur zwar – wie gesagt – unabhängig von der Phasenlage, in der die niedrige Temperatur beginnt, aber es ist doch abhängig davon, in welchem Ausmaß die Energiezufuhr eingeschränkt wird. Wird z. B. bei *Phaseolus coccineus* (Bohne) längere Zeit auf Temperaturen zwischen + 6 und + 10° C abgekühlt, so kann nach Wiederherstellung normaler Temperaturen das nächste Spannungsmaximum früher erreicht werden, als wenn auf + 2° C abgekühlt wird [368]. Abbildung 57 faßt diese Schlußfolgerungen zusammen, die übrigens weitgehend auch in den registrierten Kurven selber anschaulich werden (z. B. Abb. 55 und 56).

Es sei jedoch betont, daß die Abbildung 57 der Komplexheit der Vorgänge nicht voll gerecht wird (vgl. Abschnitt 7). In Versuchen wie in den Abbildung 56 dargelegten kommt übrigens auch ein charakteristisches Verhalten bei Temperaturen an der Untergrenze des Bereichs normaler Temperatur zum Ausdruck: Bei *Phaseolus* gelingen die Energie erfordernden Spannungsprozesse nur partiell und

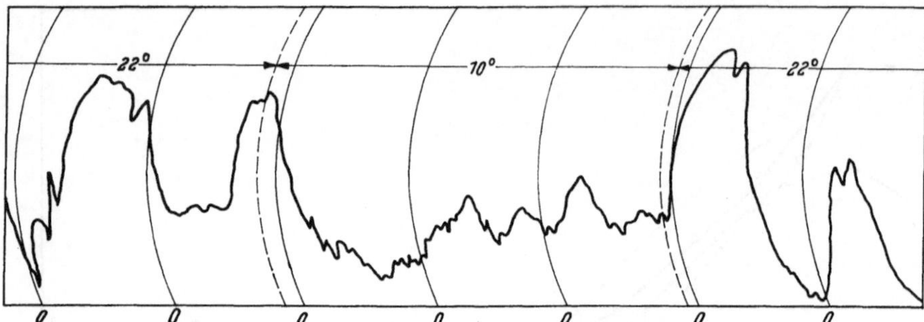

Abb. 55. *Phaseolus coccineus.* Unregelmäßiger Verlauf der Blattbewegungen bei niedriger Temperatur (10° C) und Wiederherstellung der normalen Periodik bei Übertragung in höhere Temperatur (Versuchsdurchführung in schwachem LL). Der Wiederanstieg der Temperatur wirkt deutlich als erneuter „Anstoß", d.h. er fixiert zugleich die Phasenlage der Rhythmik. Abscissenwerte 0 = Mitternacht. (Nach Bünning u. Tazawa [370])

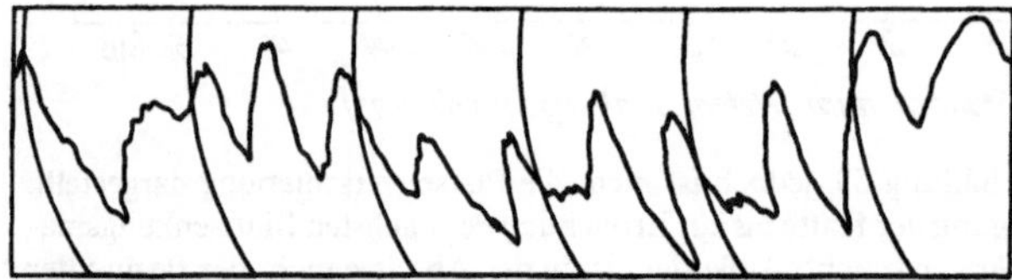

Abb. 56. *Phaseolus coccineus.* Kurzperiodische Bewegungen bei 10° C (schwaches LL). Die Kreisbögen geben Abstände von 24 h an. Die Periodenlängen betragen nur wenige Stunden (am häufigsten etwa 7–14 h). (Nach Bünning u. Tazawa [370])

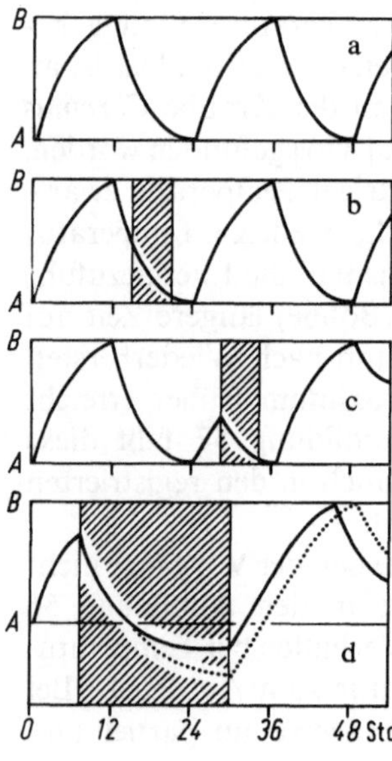

Abb. 57a–d. Schematische Darstellung der Schlußfolgerungen aus den Unterkühlungsversuchen. A gibt die Phase des Oscillators an, bei der normalerweise spontan eine neue Spannung beginnt; B die Phase, bei der normalerweise die Entspannung (Relaxation) einsetzt. Schraffiert: Abschnitte niedriger Temperatur (z. B. +5° C). (a) Verhalten bei normaler Temperatur; (b) Abkühlung während der Relaxation bedingt keine Phasenverschiebung; (c) Abkühlung während der Spannung bedingt verfrühte Relaxation und damit Verzögerung im Auftreten des nächsten Maximums nach wiederhergestellter Normaltemperatur; (d) Länger dauernde Unterkühlung bedingt wegen Energiemangels eine Fortsetzung der Entspannung unter das Niveau A. Bei Wiederherstellung der Normaltemperatur ist zusätzliche Zeit erforderlich, weil zunächst wieder das Niveau A erreicht werden muß. Punktierte Kurve: Wenn die Energiezufuhr durch noch niedrigere Temperatur oder zusätzlichen Lichtentzug stärker eingeschränkt wird, erfolgt ein Absinken auf ein noch niedrigeres Niveau, so daß die erforderliche Zeit bis zur Wiedererreichung der Niveaus A und B noch länger wird

werden schon nach wenigen Stunden von erneuter Relaxation abgelöst, so daß es zu Kurzperioden von wenigen Stunden kommt. In Fällen natürlich, wo die geprüften Funktionen (z. B. das Schlüpfen aus Puppen) an das Erreichen bestimmter Phasen, etwa an das Erreichen eines Maximums der circadianen Rhythmik gebunden sind, kann Entsprechendes nicht beobachtet werdeen. Ob eine Verallgemeinerung des für *Phaseolus* geschilderten Verhaltens berechtigt ist, muß daher offen bleiben.

Literatur

a) Zusammenfassende Darstellungen

358. Bruce,V.G.: Cold Spring Harbor Symp. Quant. Biol. **25,** 29–48 (1960)
359. Sweeney,B., Hastings,J.W.: Effects of temperature upon diurnal rhythms. Cold Spring Harbor Symp. Quant. Biol. **25**, 87–104 (1960)
360. Wilkins,M.B.: The influence of temperature and temperature changes on biological clocks. In: Aschoff,J. [1], S. 146–163 (1965)

b) Originalarbeiten

361. Bentley,E.W., Darin,D.L., Ewer,D.W.: J. exp. Biol. **18**, 182–195 (1942)
362. Bühnemann,F.: Z. Naturforsch. **10b**, 305–310 (1955)
363. Bünning,E.: Jahrb. wiss. Bot. **75**, 439–480 (1931)
364. Bünning,E.: Ber. dtsch. Bot. Ges. **53**, 594–623 (1935)
365. Bünning,E.: Biol. Zentralbl. **77**, 141–152 (1958)
366. Bünning,E.: Naturwissenschaften **45**, 68 (1958)
367. Bünning,E.: Z. Naturforsch. **14b**, 1–4 (1959)
368. Bünning,E.: Z. Bot. **51**, 174–178 (1963)
369. Bünning,E.: Int. J. Chronobiol. **2**, 343–346 (1974)
370. Bünning,E., Tazawa,M.: Planta (Berl.) **50**, 107–121 (1957)
371. Calhoun,J.B.: Ecology **26**, 250–273 (1945)
372. Dainton,B.H.: J. exp. Biol. **31**, 165–187 (1954)
373. Emeis,D.: Z. Tierpsychol. **16**, 129–154 (1959)
374. Enright,J.T.: Comp. Bioch. Physiol. **18**, 463–475 (1966)
375. Folk,G.E.: Amer. Naturalist **91**, 153–166 (1957)
376. Hastings,J.W.: Int. J. Chronobiol. **1**, 329 (1973)
377. Hastings,J.W., Sweeney,B.M.: Proc. Nat. Acad. Sci. USA **43**, 804–811 (1957)
378. Hastings,J.W., Sweeney,B.M.: Biol. Bull. **115**, 440–458 (1958)
379. Hesse,M.: Z. Pflanzenphysiol. **71**, 428–436 (1974)
380. Hoffmann,K.: Naturwissenschaften **44**, 358 (1957)
381. Hoffmann,K.: Z. Naturforsch. **18b**, 154–157 (1963)
382. Hoffmann,K.: Verh. dtsch. Zool. Ges. 265–274 (1968)
383a.Hoffmann,K.: Z. vergl. Physiol. **62**, 93–110 (1969)
383b.Hoffmann,K.: Oecologia 3, 184–206 (1969)
384. Kalmus,H.: Z. vergl. Physiol. **30**, 405–419 (1934)
385. Kalmus,H.: Biol. Gen. **11**, 93–114 (1935)
386. Leinweber,F.-J.: Z. Bot. **44**, 337–364 (1956)
387. Lindberg,R.G., Hayden,P.: Chronobiologia 1, 356–361 (1974)
388. Maier,R.W.: J. interdisc. Cycle Res. **4**, 125–135 (1973)
389. Mayer,W.: Planta (Berl.) **70**, 237–256 (1966)
390. Menaker,M.: J. cell. comp. Physiol. **57**, 81–86 (1961)
391. Moser,I.: Planta (Berl.) **58**, 199–219 (1962)
392. Naylor,E.: J. exp. Biol. **40**, 669–679 (1963)

393. Oltmanns,O.: Planta (Berl.) **54**, 233–264 (1960)
394. Overland,L.: Amer. J. Bot. **47**, 378–382 (1960)
395. Pittendrigh,C.S., Bruce,V.G.: In: Photoperiodism and Related Phenomena in Plants and Animals (R. B. Withrow, ed.), S. 475–505. Washington: Amer. Ass. Adv. Sci. 1959
396. Pohl,H.: Z. vergl. Physiol. **58**, 364–380 (1968)
397. Rawson,K.S.: Cold Spring Harbor Symp. Quant. Biol. **25**, 105–113 (1960)
398. Renner,M.: Z. vergl. Physiol. **40,** 85–118 (1957)
399. Roberts,S.K.: J. cell. comp. Physiol. **59**, 175–186 (1962)
400. Ruddat,M.: Z. Bot. **49**, 23–46 (1961)
401. Stern,K., Bünning,E.: Ber. dtsch. Bot. Ges. **47**, 565–584 (1929)
402. Sweeney,B.M., Hastings,J.W.: Cold Spring Harbor Symp. Quant. Biol. **25**, 87–104 (1960)
403. Wagner,R.: Z. Bot. **51**, 179–204 (1963)
404. Wahl,O.: Z. vergl. Physiol. **16**, 529–589 (1932)
405. Wilkins,M.B.: Proc. Roy. Soc. B **156**, 220–241 (1962)

6. Wirkungen des Lichts

> „Die periodische Bewegung an sich ist unabhängig von dem
> Wechsel der Beleuchtung, aber die periodische Bewegung in dem
> Zeitmaß, wie sie unter gewöhnlichen Verhältnissen auftritt, wird
> durch den Lichtreiz bestimmt..."
>
> J. Sachs: Flora Nr. 30, S. 469. Regensburg 1863.

a) Wirkung von LL und DD

Periodenlänge im LL und DD. Die Abhängigkeit der endogenen Rhythmik vom Licht kommt schon in einer Modifikation der Periodenlänge im LL zum Ausdruck. Dieser Effekt wurde seit 1939 [465] wiederholt beschrieben.

Beim Gimpel *(Pyrrhula pyrrhula)* beträgt die Periodenlänge im DD 24 h, im LL 22 h [418]. Bei Mäusen hingegen wird die Periodenlänge, die im Licht 25–26 h beträgt, im DD auf 23–23,5 h reduziert [420, 485]. Auch bei Ratten kann die Periodenlänge im LL etwa 2 h größer sein als im DD [463, 429]. Für eine Maus-Art *(Peromyscus maniculatus rufinus)* wurde Periodenverlängerung im DD mitgeteilt [498]. *Drosophila* wiederum (Rhythmus des Schlüpfens) zeigt im LL eine Verkürzung der Perioden [431]. Nach der Zusammenstellung von Aschoff [407] ändert sich die Frequenz linear mit dem Logarithmus der Lichtintensität (Abb. 58). Aschoff formulierte eine allgemeine Regel derart, daß bei lichtaktiven Tieren mit zunehmender Lichtintensität die Periodenlänge abnimmt, während sie bei dunkelaktiven Tieren mit zunehmender Lichtintensität zunimmt (Abb. 58) [499a]; jedoch bestehen von dieser Regel Ausnahmen. Auch kommt es vor, daß es bei mittleren Lichtintensitäten ein Maximum oder Minimum der Periodenlängen gibt.

Diese Angaben beziehen sich auf Versuche mit weißem Licht. Es ist sehr wohl denkbar, daß die Gegensätzlichkeit im Verhalten der einzelnen Tierarten auf einer

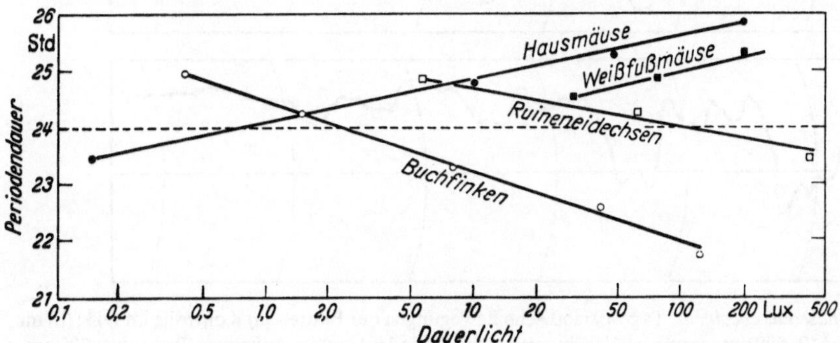

Abb. 58. Periodendauer licht- und dunkelaktiver Arten im LL verschiedener Intensität (Weißfußmäuse nach Johnson, Eidechsen nach Hoffmann). (Nach Aschoff [407])

Tabelle 5. *Phaseolus coccineus* (Bohne).
(Nach Lörcher [477])

Lichtqualität (nm)	Periodenlänge (h)
Dauerdunkel	26,5
340–450	26,5
450–610	26,5
610–690	28,0
690–850	24,3
über 850	26,5

unterschiedlichen Wirkungsweise der einzelnen Farben beruht. Bei Pflanzen
jedenfalls konnte eine antagonistische Wirkung von Hellrot und Dunkelrot
gefunden werden. Bohnen (*Phaseolus coccineus*, tagesperiodische Blattbewegungen) zeigten die in Tabelle 5 genannten Periodenlängen [477]. Auch für die
circadianen Blattbewegungen von *Coleus* wurde eine Abhängigkeit von der
Lichtqualität gefunden [457]. Bemerkenswert ist, daß bei *Phaseolus* im Dunkelroten nicht nur die Periodenlängen verkürzt sind, sondern außerdem die Rhythmik
viel schneller ausklingt als im DD oder im Hellroten (Abb. 59). Im Dunkelroten

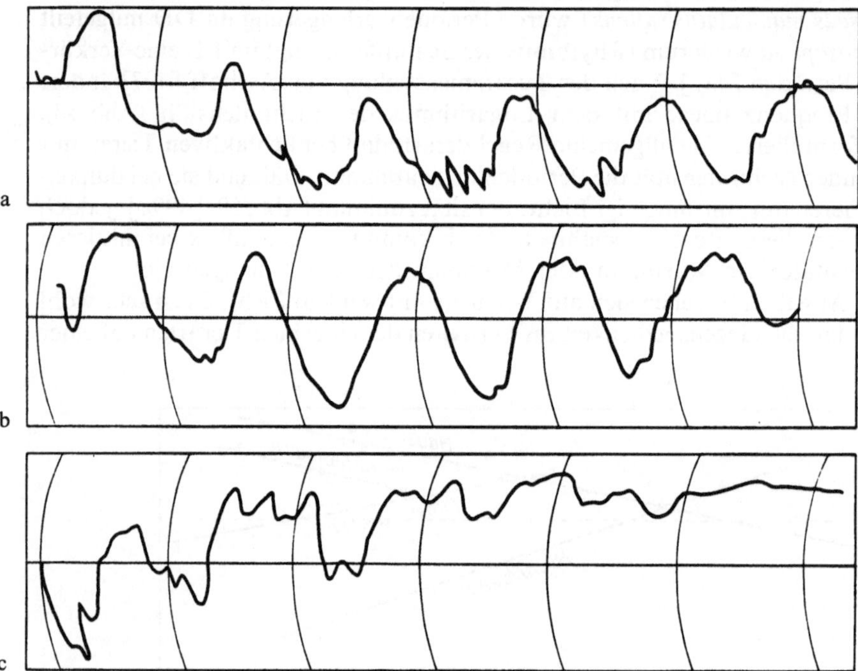

Abb. 59a–c. *Phaseolus coccineus.* Tagesperiodische Bewegungen der Blätter. (a) Kontrolle im DD; (b) im
Dauerorange (610–690 nm, deutliche Verlängerung der Perioden); (c) im äußersten Rot (über 700 nm,
schnelle Unterdrückung der regelmäßigen Bewegungen). Kreisbögen in Abständen von 24 h. (Nach
Lörcher [477])

treten unregelmäßige kurze Cyclen auf. Wir haben schon bei der Besprechung des Einflusses niedriger Temperaturen ein ähnliches Phänomen gesehen. Wenn ein Faktor gleichzeitig kurze Perioden verursacht und er außerdem die Rhythmik rasch ausklingen läßt, so folgt daraus, daß er einen Schwingungsabschnitt vor seiner sonst erreichbaren Phase abbrechen läßt. Der gegenläufige Schwingungsabschnitt ist dadurch zwangsläufig auch verkürzt.

Im ganzen sehen wir, daß die Unterschiede der Periodenlänge im DD und LL nur einige Stunden oder sogar noch weniger betragen. Dem steht analog wie bei den ungefähr gleichen Periodenlängen bei verschiedenen konstanten Temperaturen das Phänomen des starken Einflusses dieses Außenfaktors auf die Phasenlage der Rhythmik gegenüber. So wie sich dieser scheinbare Widerspruch bei der Besprechung des Temperaturfaktors auflösen ließ, werden wir auch hinsichtlich des Lichtes sehen, daß es Phasen antagonistischer Reaktionsweisen gibt, d. h. Phasen, die auf Licht so reagieren, daß die nächsten Schwingungsabschnitte stark verzögert werden und andere, die gegensätzlich reagieren. Die relative Stärke dieser beiden Effekte ist auch hier einer der Faktoren, die mitbeeinflussen, ob im ganzen im LL eine Verlängerung oder eine Verkürzung der Perioden eintritt.

Ausklingen im LL. Nachdem wir gesehen haben, daß eine Lichtqualität das Fortdauern der Rhythmik über viele Tage begünstigt, eine andere sie aber unterdrücken kann, wundert es uns nicht mehr, daß sehr unterschiedliche Angaben über die Eignung von DD und LL für die Fortsetzung der endogenen Tagesrhythmik vorliegen. Meist ist bei Pflanzen und Tieren DD oder sehr schwaches LL eine bessere Bedingung als LL, jedoch gibt es auch das umgekehrte Verhalten.

b) Licht als Zeitgeber

Zeiterfordernis für die Phasenverschiebung. Die steuernde Wirkung von LD auf die endogene Rhythmik ist so häufig beobachtet worden, daß man schlechterdings von einer allgemeinen Regel sprechen darf.

Die einfachste Versuchsanordnung, die schon vor Jahrzehnten oder sogar vor Jahrhunderten von Botanikern erprobt worden ist, besteht in der Darbietung eines inversen LD (Hill, 1757 [464]). Die Objekte werden in der Nacht künstlich belichtet, am Tage verdunkelt. Diesem inversen LD fügt sich die endogene Tagesrhythmik mehr oder weniger schnell an. In einigen Fällen genügen 1–2 Tage, in anderen sind mehrere Tage notwendig (Abb. 60), aber anscheinend nie mehr als etwa 8–14 Tage. Die relativ lange Zeit von 8–10 Tagen für die vollständige Inversion wurde bei Ratten gefunden [463]. Beim Mistkäfer *(Geotrupes silvaticus)* waren für die Inversion der Aktivitätsrhythmen 11–16 Tage erforderlich [455].

Eine Zeit von 6–10 Tagen benötigt auch der Mensch zur Umstellung seiner physiologischen Rhythmen (z. B. der Temperaturrhythmen), wenn er einem inversen LD (oder auch einer entsprechenden Phasenverschiebung anderer äußerer Zeitgeber) ausgesetzt wird. Das zeigt sich etwa bei Versuchen in der Arktis [507], ganz besonders aber bei Beobachtungen im Zusammenhang mit starker Zeitverschiebung bei schnellen Ost-West- bzw. West-Ost-Flügen [437, 467, 472]. Die Anpassung an die neue Rhythmik erfolgt übrigens bei Flügen von Ost nach West schneller als bei Flügen von West nach Ost [467].

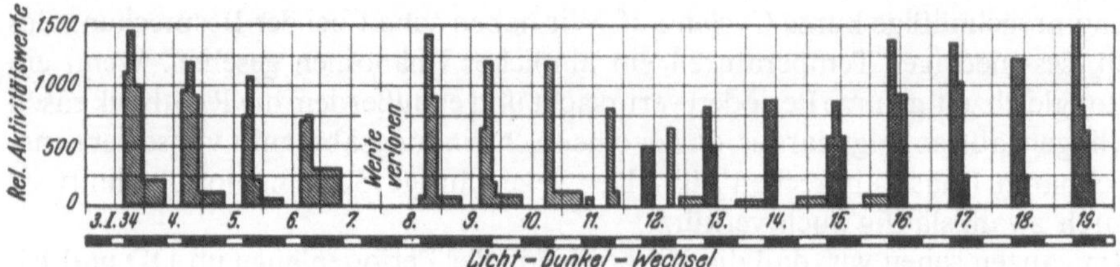

Abb. 60. Umkehr der Laufaktivität bei einer Ratte durch Inversion der LD-Cyclen. Die erste Nachtbeleuchtung erfolgte, wie aus dem Bild erkennbar ist, vom 9. zum 10.1.; am 17.1. ist die Umkehr des Aktivitätscyclus annähernd vollständig. Ordinate: Umdrehungen des Aktographenrades. (Nach Hemmingson u. Krarup [463])

Die für die Neusynchronisierung der circadianen Rhythmik erforderliche Zeit hängt begreiflicherweise auch von der Stärke der Phasenverschiebung des LD ab. Die eben gemachten Angaben über erforderliche Zeiten bis zu etwa 10 Tagen beziehen sich vor allem auf eine Inversion des LD, also auf Phasenverschiebungen von 12h (d. h. um 180°). Bei geringeren Phasenverschiebungen ist die erforderliche Zeit kürzer. Die Geschwindigkeit der Verschiebung circadianer Rhythmen durch eine Phasenverschiebung des LD hängt auch von der Lichtintensität ab [522]. LD-Cyclen sind in den meisten Fällen die wirksamsten Zeitgeber, wirksamer z. B. als Temperaturcyclen. Nur selten hat der LD keinen synchronisierenden Effekt [515] (vgl. aber die Bemerkungen über Gezeitenrhythmen in Abschnitt 11). Bei Menschen allerdings sind soziale Faktoren meist viel stärker synchronisierend als der LD [410a].

Phasenwinkeldifferenzen. Die Maxima und Minima der circadianen Rhythmen zeigen im Zustand vollendeter Synchronisation durch den LD unterschiedliche Phasenwinkeldifferenzen zu diesen, d. h. jene Maxima und Minima stimmen (meist) nicht mit den Maxima und Minima der Lichtintensität überein. Auch die Länge der Lichtperioden innerhalb des 24stündigen LD beeinflußt die Phasenwinkeldifferenz zwischen dem physiologischen Rhythmus und dem synchronisierenden Rhythmus (Abb. 61). Die genannten Phasenwinkeldifferenzen hängen noch von vielen weiteren Faktoren ab, auch z. B. von der Dauer des Dämmerungslichtes, so daß jahreszeitliche Änderungen resultieren können [410, 518].

Erforderliche Lichtintensitäten. Da die circadiane Rhythmik von den Organismen für Zeitmessungen benutzt wird, ist ihre präzise Synchronisation durch den LD und eine nicht von Tag zu Tag schwankende Phasenwinkeldifferenz zwischen dem Gang der Sonne und der circadianen Rhythmik erforderlich. Das ist nur erreichbar, wenn die Organismen bestimmte Phasen des täglichen LD als Bezugspunkte benutzen. Naheliegend ist der Gedanke, daß Sonnenaufgang und Sonnenuntergang als solche Bezugspunkte benutzt werden. Das würde aber keine hohe Präzision ermöglichen, weil die Schwankungen der Lichtintensität zu diesen Zeitpunkten stark von der Bewölkung und anderen Witterungsfaktoren abhängen. Abbildung 62 läßt das deutlich erkennen. Die Abbildungen 62 und 63 zeigen zugleich, daß die Zeitbereiche während der sog. bürgerlichen Dämmerung, in denen die Helligkeit vor Sonnenaufgang von ca. 1 auf ca. 10 Lux ansteigt, und nach Sonnenuntergang, wenn die Helligkeit wieder von etwa 10 auf etwa 1 Lux sinkt, die zuverlässigsten Bezugsphasen sind. Hier sind die Unterschiede von Tag zu Tag minimal und zudem

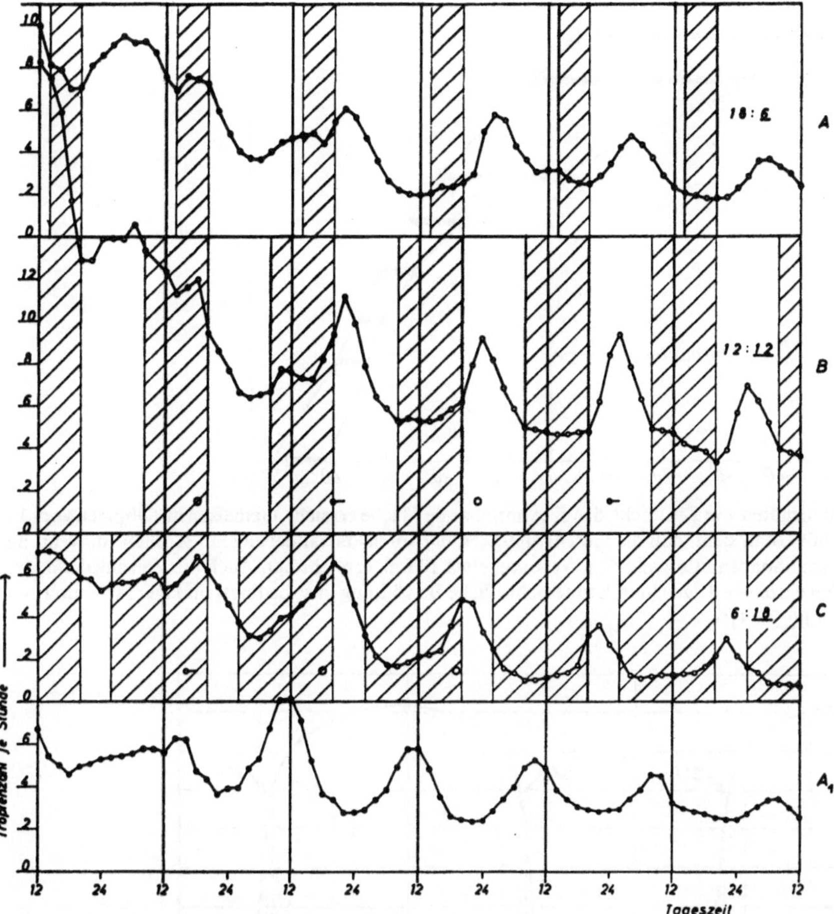

Abb. 61. *Amaranthus caudatus*. Blutungsrhythmik bei Belichtungscyclen von 24 h Länge mit Lichtzeiten von 18 h (Kurve *A*), 12 h (Kurve *B*) und 6 h (Kurve *C*). Lichtzeitbeginn immer um 20.00 Uhr. A_1 Dunkelkontrolle. (Nach Hassbargen [461])

die Intensitätsänderung am schnellsten. Diese Bezugspunkte werden tatsächlich von Pflanzen und Tieren benutzt (volles Sonnenlicht kann eine Helligkeit von ca. 100 000 Lux erreichen!). Schon Helligkeiten um 1 Lux haben einen deutlich synchronisierenden (phasenverschiebenden) Effekt (Abb. 64 und 65), bei manchen Tieren sogar Helligkeiten von 0,1 Lux [438, 447, 484]. Bei Helligkeiten um 10 Lux (oder wenig mehr) kann die Phasenwinkeldifferenz zwischen solarem und circadianem Cyclus schon unabhängig von der Lichthelligkeit sein (Abb. 64 und 65).

Die angegebenen Schwellen- und Sättigungswerte sind nicht konstant. Die Lichtempfindlichkeit erhöht sich oft nach längerem Aufenthalt im DD, z. B. bei *Drosophila* schon nach 3 Tagen DD [521].

Bei Tieren kommt das Wählen jener Bereiche von ca. 1–10 Lux als Bezugspunkte übrigens darin zum Ausdruck, daß die locomotorische Aktivität zu den diesen Intensitäten entsprechenden Zeiten vor Sonnenaufgang beginnt bzw. nach Sonnenuntergang aufhört [423, 474].

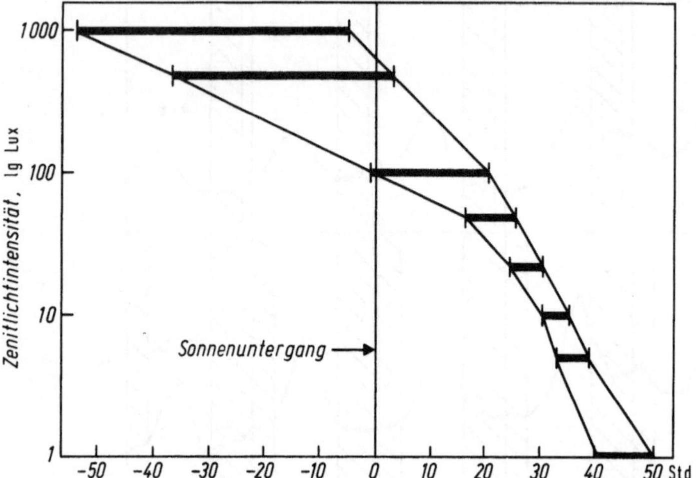

Abb. 62. Intensitäten von Zenitlicht, das eine horizontale Fläche erreicht. Gemessen in Tübingen vom 1.–12. März 1969. Man sieht, daß die Geschwindigkeit der Intensitätsänderung am größten ist, wenn die Intensität nach Sonnenuntergang den Wert von etwa 10 Lux erreicht hat. Auch die Verschiedenheiten zwischen den einzelnen Tagen (durch unterschiedliche Bewölkung usw. bedingt) sind hier am geringsten. (Nach Bünning [434])

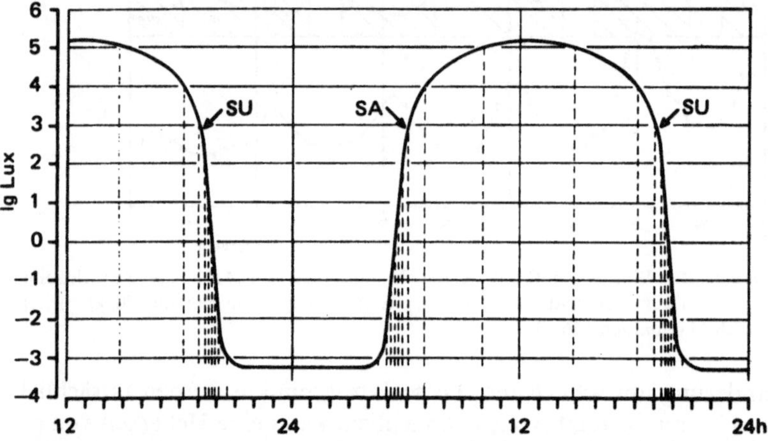

Abb. 63. Tagesgang der Lichtintensitäten in Tübingen am 2. April 1965. Abscisse: Tageszeit; Ordinate: Lichtintensität in lg Lux. *SU* Sonnenuntergang; *SA* Sonnenaufgang. Man sieht (ähnlich wie in Abb. 62), daß Helligkeiten zwischen ca. 1 und 10 Lux, wie sie $^1/_2$ h nach *SU* bzw. vor *SA* erreicht werden, die geeignetsten „Bezugspunkte" sind. (Nach Erkert [451])

Lichtaufnahme bei Pflanzen. Bei höheren Pflanzen kann sich eine deutliche Trennung zeigen zwischen den Zellen, die das zur Synchronisation dienende Licht absorbieren und denen, deren rhythmische Tätigkeit im Versuch registriert wird. Für mehrere Objekte wurde nachgewiesen, daß vor allem die Epidermis der Laubblätter für diese Lichtperception genutzt wird [435, 466, 479]. Vielleicht finden hierdurch manche lange bekannte, aber früher rätselhaft gebliebenen anatomischen Besonderheiten der Epidermis (besonders der oberseitigen) der

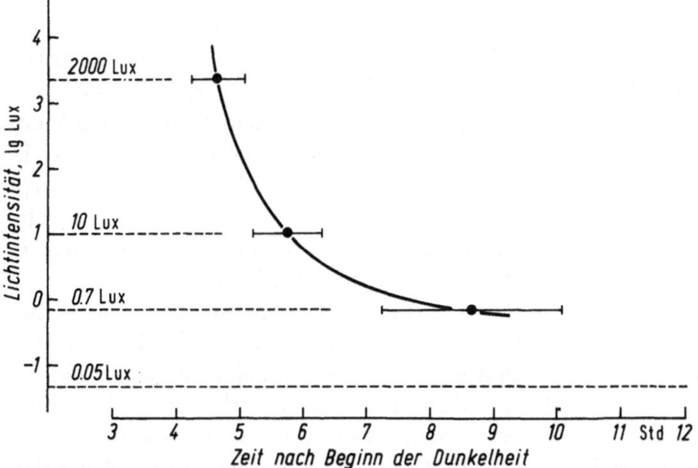

Abb. 64. *Glycine max* (Sojabohne). Blattbewegungen im 12:12stündigen LD. Abscisse: Zeitpunkt des Erreichens der Nachtmaxima (Stunden nach Beginn der D-Periode). Keine Synchronisation bei 0,05 Lux. (Hierbei vielmehr eine freilaufende Rhythmik mit Perioden von etwa mehr als 26 h, nicht in der Abbildung gezeigt) bei 0,7 Lux oder mehr: Synchronisation zu 24-h-Perioden. Die Abbildung zeigt, daß bei etwa 10 Lux die Phasenwinkeldifferenz zwischen LD und circadianem Cyclus schon fast dieselbe ist wie bei wesentlich höheren Intensitäten. (Nach Daten von Bünning [434])

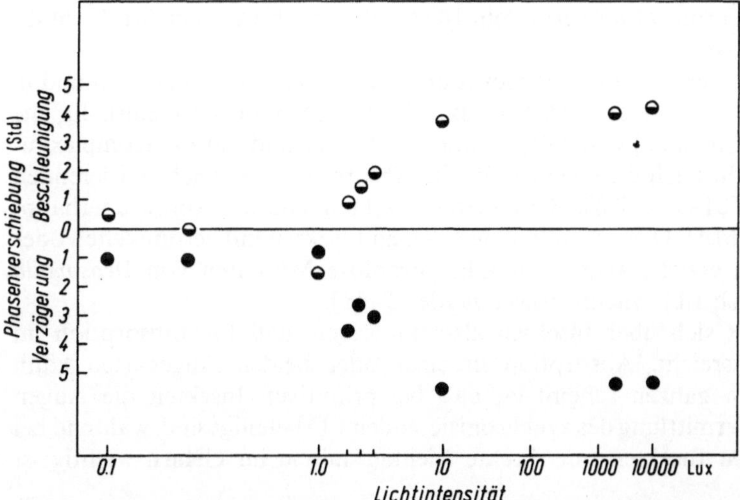

Abb. 65. *Drosophila*. Schlüpfrhythmik. Phasenverschiebungen durch Lichtpulse von 15 min Dauer, aber verschiedener Intensität. Die Mittellinie gibt die Werte für die Kontrollen (ohne Lichtpulse) an. (Nach Chandrashekaran u. Loher [438])

Laubblätter ihre Erklärung. Besonders ist hierbei an die mehr oder weniger ausgeprägte, oft sogar durch komplizierte Strukturen verstärkte Linsenwirkung der oberseitigen Blattepidermis zu denken (Abb. 120). Auf diese Linsenwirkung hat früher namentlich Haberlandt hingewiesen [456], alle Versuche, einen Anpassungswert zu finden, mißlangen aber. Das ebenfalls lange bekannte Fehlen von Chlorophyll in der oberseitigen Epidermis von Laubblättern bei Blütenpflanzen könnte so ebenfalls einen Anpassungswert haben: Das Chlorophyll wird als Konkurrenz in der Absorption von Licht ausgeschaltet, und das Ansprechen auf so geringe Helligkeiten, wie den bei ca. 1 Lux gegebenen, kann erreicht werden.

Aus diesen Feststellungen geht schon indirekt hervor, daß Chlorophyll nicht das für die Synchronisation durch LD entscheidende absorbierende Pigment ist. In vielen Fällen ist die langwellige Strahlung wirksamer als die kurzwellige. Absorption im Phytochrom scheint oft besonders (oder ausschließlich) wichtig zu sein. Aber eine allgemeine Regel ist hier bestimmt nicht gegeben. Bei vielen Pflanzen (z. B. Pilzen) ist Blaulicht stärker oder ausschließlich wirksam [504].

Sehr viele Untersuchungen zu dieser Frage gibt es nicht; aber die bisher vorliegenden Ergebnisse lassen die Vermutung zu, daß bei verschiedenen Arten unterschiedliche Pigmente bei der Lichtabsorption während eines synchronisierenden LD beteiligt sind. Das ist ein Hinweis darauf, daß die absorbierenden Pigmente nicht Bestandteil der Uhr sind, sondern gleichsam nur an die Uhr gekoppelt sind.

Lichtaufnahme bei Tieren. Die Absorption des Lichtes eines synchronisierenden LD muß durchaus nicht immer im Auge erfolgen. Zwar trifft es zu, daß (z. B. bei Säugern) Fehlen oder Verdunklung der Augen zu einem Freilaufen der Rhythmik (etwa aller vom Adrenal-Cyclus gesteuerten physiologischen Rhythmen) führen kann [458], aber bei sehr verschiedenen Gruppen von Tieren hat sich auch eine Absorption außerhalb der Augen als wirksam erwiesen.

Schon bei Coelenteraten (untersucht an *Aplysia*) kann zwar im Auge absorbiertes Licht die Synchronisation vermitteln [453], aber auch extraoculäre Lichtabsorption ist wirksam [426].

Bei manchen Insekten ist Lichtabsorption in den Ocellen (Punktaugen) und in den Komplexaugen sowie außerdem direkte Lichtabsorption im Gehirn für die Synchronisation wirksam [444, 490]. In anderen Fällen sind nur die Komplexaugen, jedenfalls nicht auch die Ocellen, für die Absorption des synchronisierenden Lichtes wichtig [501–503, 508]. Bei anderen Insekten sind die Augen überhaupt nicht notwendig [514]. Diese Resultate wurden an Insekten mit verdunkelten oder entfernten Augen erzielt; aber auch z. B. augenlose Mutanten von *Drosophila* können noch durch LD synchronisiert werden [448].

Allgemein läßt sich über Insekten also nur sagen, daß Lichtabsorption im Gehirn selber ausreicht. Absorption in einer oder beiden Augenarten kann hinzukommen. Im ganzen scheint es, daß bei primitiven Insekten die Augen erheblich an der Vermittlung des synchronisierenden LD beteiligt sind, während bei höher entwickelten Insekten nur direkte Lichtaufnahme im Gehirn wichtig ist [514].

Die bei der Absorption im Gehirn der Insekten beteiligten Pigmente sind nicht (jedenfalls nicht immer) dieselben wie die für das Sehen benutzten [524].

Auch bei Crustaceen ist eine Synchronisation durch LD ohne Vorhandensein von Augen möglich. Als Receptoren kommen dabei vielleicht die Oberschlundganglien in Betracht [492, 493].

In der Insektenforschung spielt gegenwärtig auch die Frage der Weitergabe der im Auge bzw. in Gehirnteilen aufgenommenen Informationen über den LD an die übrigen Teile des Körpers eine erhebliche Rolle [508] (vgl. hierzu auch S. 37). Sowohl hormonale als auch (vielleicht dominierend) neurale Übermittlung kann beteiligt sein.

Jedenfalls legen schon die Untersuchungen an Insekten wieder die schon für Pflanzen gezogene Vermutung nahe, daß die für die Synchronisation durch den LD entscheidenden lichtabsorbierenden Pigmente nicht Komponenten der Uhr selber sind. Unterstützt wird diese Vermutung durch Experimente an *Drosophila*, nach denen zwischen der Lichtabsorption und der Schlüpfrhythmik Vorgänge ablaufen, die temperaturempfindlich sind [460].

Auch bei Wirbeltieren sind die Augen durchaus nicht immer zur Lichtabsorption bei der Synchronisation durch den LD notwendig. Das ist z. B. erwiesen für Amphibien [406, 416, 417, 512] und für Eidechsen [516, 517]. Bei einigen Amphibien können das Frontalorgan (Stirnorgan, „drittes Auge") und das Pinealorgan (Epiphysis cerebri) an der Lichtaufnahme beteiligt sein [417]. Bei Eidechsen können die Lateralaugen zwar bei der Lichtaufnahme mitwirken, und von ihnen können Impulse zum Pinealorgan gehen [446], jedoch ist bei allen geprüften Arten die Synchronisation durch den LD auch ohne Augen durch direkte Lichtaufnahme im Gehirn möglich [517].

Noch erstaunlicher ist, daß dasselbe auch für Vögel und Säuger gelten kann. Bei blinden Sperlingen wurde gefunden, daß der LD noch wirksam ist, wenn die Helligkeit nur 0,1 Lux beträgt [482, 484]. Bei Säugern ist die Synchronisation durch LD ohne Vermittlung der Augen mindestens an jungen Individuen mancher Arten noch möglich, d. h. wenn die Schädeldecke noch genügend lichtdurchlässig ist [433, 525].

Oft ist hinsichtlich der Wirbeltiere an eine vermittelnde Rolle der Epiphyse gedacht worden. Die Epiphyse kann als Lichtreceptor dienen [491, 499]. Aber das ist nicht notwendig so. Es kann auch die Verbindung zwischen Epiphyse und Hypothalamus notwendig sein, um eine Synchronisation durch den LD zu ermöglichen [312]. Auch ist mindestens bei höheren Arten von Vögeln und Fischen die Synchronisation an Individuen ohne Epiphyse möglich [450, 482]. Welche Teile des Gehirns (evtl. zusätzlich zu Augen und Epiphyse) als Receptoren für die Synchronisation wirksam sind, ist noch unbekannt.

Nur wenige Angaben gibt es über wirksame Spektralbereiche, so daß auch Schlußfolgerungen hinsichtlich der beteiligten Pigmente nicht möglich sind. Bei Ratten hat sich ein auffallendes Maximum der Wirksamkeit von Grünlicht (um ca. 500 nm) gezeigt [481]. Bei Insekten ist vorwiegend das Blaulicht bis etwa 500 nm wirksam [430].

Störung der circadianen Organisation während der Neusynchronisation. Im Körper der Vielzeller haben die einzelnen circadianen Vorgänge normalerweise eine feste Phasenbeziehung zueinander. Da aber nicht ein bestimmtes Organ als „Sitz der Uhr" betrachtet werden darf (vgl. Abschnitt 4), können diese normalen Phasenbeziehungen gestört werden. Das kann z. B. während der Tage der Synchronisation durch einen neuen, gegenüber dem alten phasenverschobenen LD eintreten. Besonders für Säuger ist das wiederholt festgestellt worden. Einige physiologische Funktionen können (z. B. im menschlichen Körper) schon nach 2–3 Tagen dem neuen LD angepaßt sein, andere erst nach 8–10 Tagen [507]. So kommt es innerhalb des Körpers zu Desynchronisationen. Bei Staren kann eine Phasenverschiebung des LD um 6 h den Rhythmus der locomotorischen Aktivität innerhalb von 2 Tagen neu synchronisieren, aber für die entsprechende Synchronisation der

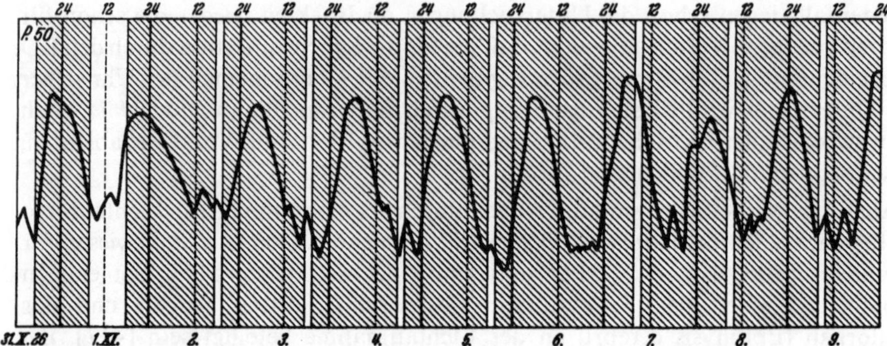

Abb. 66. *Canavalia ensiformis.* Tagesperiodische Blattbewegungen im DD, welches durch täglich 2 h Licht unterbrochen wird. Dieses Störlicht wurde zunächst abends von 17.30–19.30 Uhr geboten. Dabei verschieben sich die Senkungsmaxima (= Kurvenhochpunkte) solange auf spätere Zeiten (d. h. im Bild nach rechts), bis das Licht in die Tagstellung der Blätter (= Kurventiefpunkte) fällt. Ab 7. November wurde das Licht morgens von 8–10 Uhr gegeben, also während sich die Blätter hoben. Dabei wird das Senkungsmaximum nach früheren Stunden verschoben (d. h. im Bild nach links), bis das Licht wieder in die Tagstellung fällt. (Nach Kleinhoonte [468])

zur Sonnen-Kompaß-Orientierung benutzten Uhr sind 4 Tage erforderlich (weitere Beispiele: [421, 505]; vgl. auch Abschnitt 14).

Rückkehr zur alten Phasenlage. Wenn die Organismen nach Synchronisation durch einen phasenverschobenen LD in DD oder LL übertragen werden, so setzen sie, sofern die Neusynchronisation wirklich vollendet ist, die Rhythmik natürlich mit der neuen Phasenlage fort. Es sind aber für Tiere gelegentlich Ausnahmen gefunden worden (Beispiele: [419, 427]). Dafür mögen in einigen Fällen Fehlerquellen verantwortlich sein (z. B. vernachlässigte synchronisierend wirkende Außenfaktoren, wie etwa Tagesschwankungen der Geräuschstärke); in anderen Fällen kann dafür verantwortlich sein, daß zwar der im Versuch registrierte circadiane Vorgang schon neu synchronisiert war, aber im Zusammenhang mit der genannten Dissoziation andere circadiane Vorgänge innerhalb desselben Körpers noch nicht, und diese dann im DD oder LL die schon neu synchronisierten Prozesse im Zuge der wechselseitigen Synchronisation innerhalb des Körpers wieder mitgenommen haben.

Diese Erklärung würde auch verständlich machen, warum im Experiment bei einer Rückführung der Objekte von einem phasenverschobenen LD in den ursprünglichen die zweite Neusynchronisation, d. h. die Wiederangleichung an den alten LD schneller gelingt als die erste [455, 505]. Auch für den Menschen, wo dieses „Experiment" ja häufig durchgeführt wird (z. B. Flüge von Ost nach West und wieder zurück), ist entsprechendes gefunden worden [462].

Aus diesen Wechselwirkungen innerhalb des Körpers höherer Organismen mag sich auch erklären, daß bei ihnen die Neusynchronisation nach einer Phasenverschiebung des LD im allgemeinen eine längere Zeit erfordert als bei niederen Tieren und bei Pflanzen oder gar bei Einzellern.

Wirkung von Lichtpulsen, Phasen-*Response*-Kurven. Eine Neusynchronisation ist nicht nur durch eine Phasenverschiebung im LD möglich, sondern auch durch einzelne Lichtpulse. Besonders deutlich wird die Wirkung solcher Pulse bei

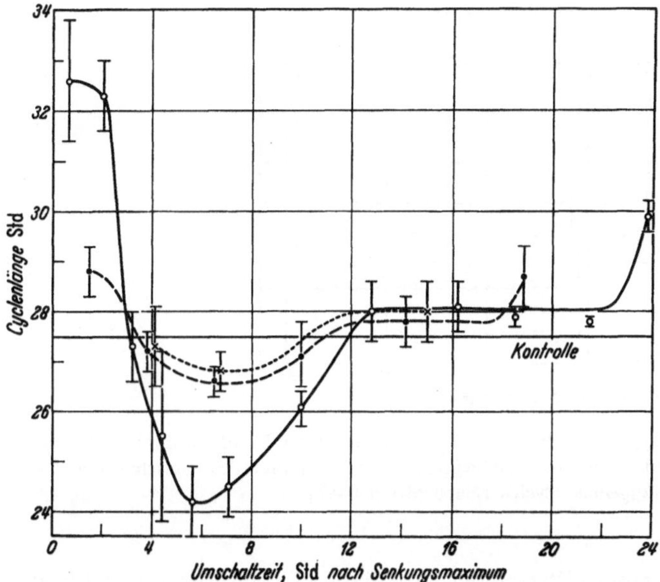

Abb. 67. *Phaseolus coccineus*. Tagesperiodische Blattbewegungen im LL. Beeinflussung der Cyclenlänge durch 3stündige Erhöhung der Lichtintensität von 150 auf 15000 Lux, in Abhängigkeit vom Zeitpunkt der Umschaltung zur höheren Intensität. O—O Umschaltcyclus; ●---● 1. nachfolgender Cyclus; ×--- × 2. nachfolgender Cyclus. (Nach Moser [487])

Pflanzen oder Tieren, die im DD gehalten werden. Das wurde schon 1929 von Kleinhoonte [468] beim Studium tagesperiodischer Blattbewegungen beobachtet (Abb. 66), später aber für alle daraufhin untersuchten Organismen bestätigt. Oft genügen dabei Lichtpulse von wenigen Minuten, Sekunden oder sogar von Bruchteilen einer Sekunde [432].

Durch solche Lichtpulse wird (ähnlich wie bei Temperaturpulsen, vgl. Abschnitt 5) meist nicht unmittelbar sofort die endgültig neue Phasenlage der circadianen Rhythmik determiniert, vielmehr pflegen einige Übergangscyclen *(Transients)* mit abweichenden (verkürzten oder verlängerten) Perioden aufzutreten. Nach etwa 3 Tagen ist dann im allgemeinen die neue Phasenlage (und die ursprüngliche Periodenlänge) determiniert.

Lichtpulse, die DD unterbrechen (oder Pulse hoher Lichtintensität innerhalb von schwachem LL), pflegen ähnlich, wenn auch nicht genauso zu wirken wie Pulse erhöhter Temperatur (vgl. Abschnitt 5), d. h. Phasen des circadianen Cyclus, die auf Pulse erhöhter Temperatur mit Verzögerung, also vorübergehender Periodenverlängerung reagieren, reagieren ebenso auf Lichtpulse, während Phasen, die auf Pulse erhöhter Temperatur mit Beschleunigung, also vorübergehenden Periodenverkürzungen reagieren, das entsprechende Verhalten bei der Darbietung von Lichtpulsen zeigen. Die Abbildungen 67–72 zeigen die genannten Eigentümlichkeiten der Phasen-*Response*-Kurven für Lichtpulse; der Vergleich mit den Abbildungen 47 und 48 zeigt die Ähnlichkeit mit der Wirkung von Temperaturpulsen. Auch beim Übergang von einer Lichtintensität zu einer anderen reagieren die untersuchten Objekte ähnlich wie beim Übergang von einer konstanten Temperatur zur anderen (vgl. Abb. 68 und 49).

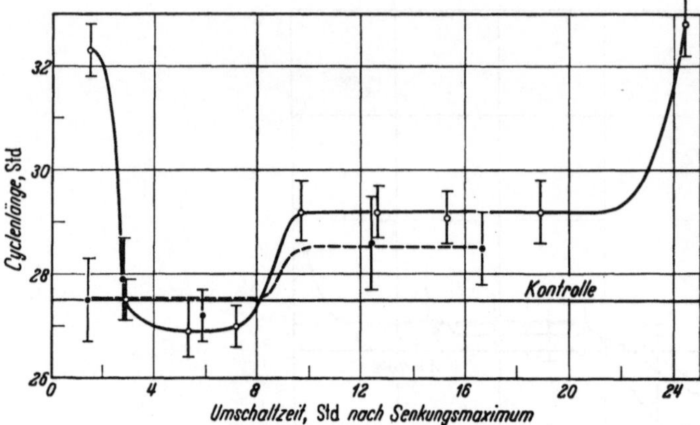

Abb. 68. Ähnlich wie Abbildung 67. Beeinflussung der Cyclenlänge durch Erhöhung der Lichtintensität von 150 auf 15000 Lux für dauernd, in Abhängigkeit vom Zeitpunkt der Umschaltung. ○—○ Umschaltcyclus; ●---● 1. nachfolgender Cyclus. (Nach Moser [487])

Bei einigen Objekten gibt es Phasen des circadianen Cyclus, die auf Lichtpulse nur sehr schwach oder überhaupt nicht reagieren (Abb. 69). In anderen Fällen folgt einer Phase, die mit starker Beschleunigung reagiert, unmittelbar eine Phase, die mit starker Verzögerung reagiert (Abb. 70). Jedoch darf dieser Unterschied nicht zu stark betont werden; die Form der Phasen-*Response*-Kurven hängt nämlich stark von der Intensität und Dauer des Lichtpulses ab [449]. Sogar die Lage der Maxima und Minima kann sich dabei verschieben [439] (Abb. 92).

Variabilität der *Response*-Kurven. *Response*-Kurven spielen eine erhebliche Rolle in den Diskussionen über die Natur des circadianen Oscillators. Dabei werden jene Abhängigkeiten von Intensität und Dauer der Lichtpulse oft übersehen. Auch muß beachtet werden, daß die Form der *Response*-Kurven von der Qualität des Lichtes abhängen kann; z. B. führen Pulse von Rotlicht (ungefähr 650 nm) bei *Phaseolus* (tagesperiodische Blattbewegungen) zu ganz anderen

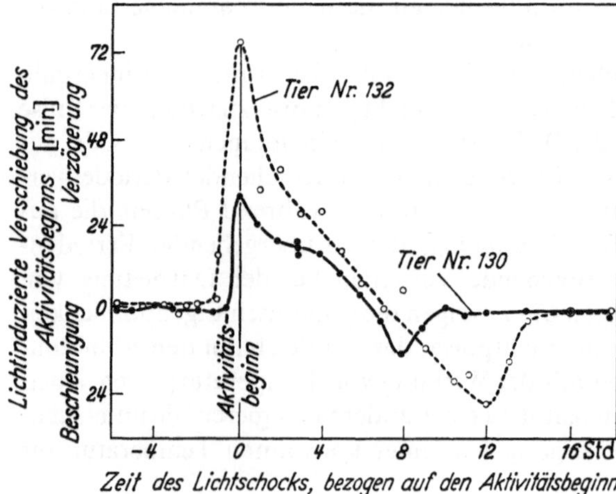

Abb. 69. Flughörnchen *(Glaucomys volans)*. Phasenverschiebung der Aktivitätsrhythmik bei zwei Individuen durch 10 min langes Störlicht. Unterschiedliche Verschiebung je nach der Lage dieses Störlichts in bezug auf die Zeit 0, welche definiert ist durch den Aktivitätsbeginn. (Nach DeCoursey [440])

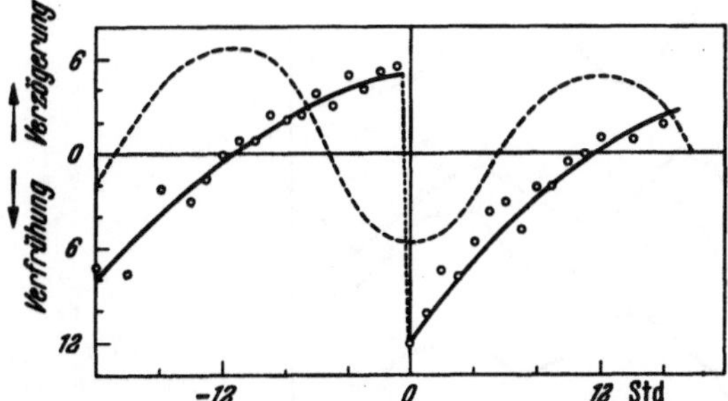

Abb. 70. *Kalanchoe blossfeldiana.* Phasenverschiebung der Blütenblattbewegung durch 2stündiges hellrotes Störlicht, in Abhängigkeit von seiner zeitlichen Lage (ausgezogene Kurve), bezogen auf die Phasenlage der Dunkelkontrolle. Abscisse: Störlichtbeginn in Stunden nach dem Zeitpunkt 0; unter diesem Zeitpunkt wird die Phase verstanden, in der Störlicht zum ersten Mal zu einer Verfrühung führt. Punktierte Kurve: Bewegungsverlauf der Blüten im DD; Kurvenhebung: Blütenöffnung; Kurvensenkung: Blütenschließung. (Nach Zimmer [523])

Response-Kurven als Pulse von Dunkelrot (über 700 nm, Abb. 71). Das hängt z. T. mit den unterschiedlichen Absorptionsgeweben zusammen. Das Dunkelrot wirkt bei jenem Objekt auf dem Wege über Absorptionen in der Blattspreite, das Hellrot dagegen über Absorptionen in den für die Bewegung verantwortlichen Blattgelenken. Bei *Coleus* (tagesperiodische Blattbewegungen) wurde eine Verschiedenheit der Aktionsspektren für Beschleunigungen und Verzögerungen gefunden; Rotlicht ist bei Beschleunigungen, Blaulicht bei Verzögerungen besonders wirksam [457]. Bei *Drosophila* hingegen wurde eine solche Verschiedenheit nicht gefunden [454].

In diesen Versuchen kommt wohl auch wieder zum Ausdruck, daß – wie schon erwähnt – die absorbierenden Pigmente offensichtlich nicht Komponenten der Uhr selber sind.

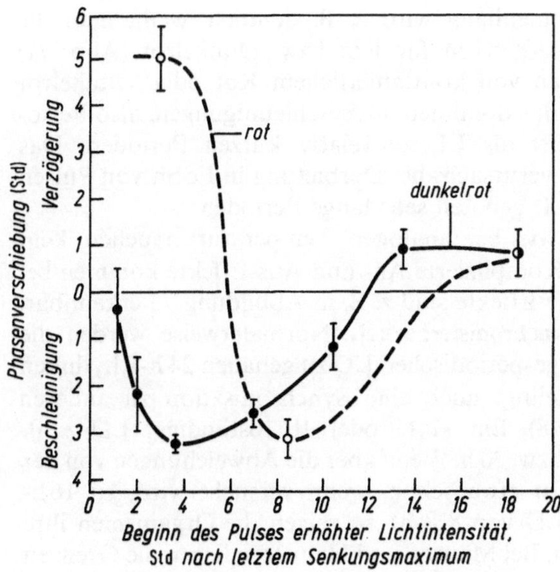

Abb. 71. *Phaseolus coccineus.* Ähnlich wie Abbildung 67. LL-Weißlicht wurde nicht durch 3 h-Pulse von höherer Intensität weißen Lichts unterbrochen, sondern durch einen 3 h-Puls von Rot- oder Dunkelrotlicht. Große Verschiedenheit der Phasen-*Response*-Kurven. (Nach Bünning u. Moser [436])

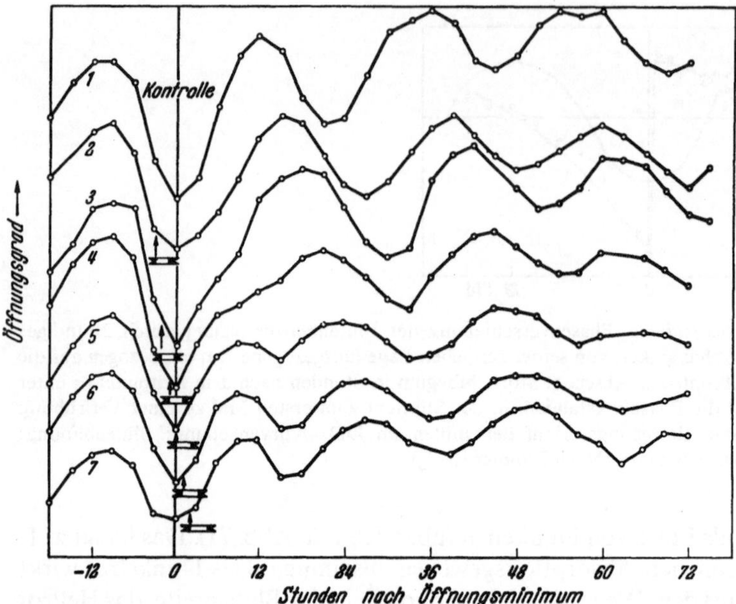

Abb. 72. *Kalanchoe blossfeldiana*. Tagesperiodische Blütenblattbewegungen im DD. Die Kurven zeigen den Verlauf der Bewegungen nach einmaligem Störlicht im Bereich des Öffnungsmaximums. Oberste Kurve: Dunkelkontrolle; Ordinate: relative Öffnungsweite der Blüten; Abscisse: Stunden nach dem ersten Öffnungsminimum im DD. Die Markierung unter jeder Störlichtkurve gibt die zeitliche Lage des Störlichts an. Pfeil: Beginn des Störlichts. (Nach Zimmer [523])

Beziehungen zwischen Phasen-*Response*-Kurven und LL-Wirkung. Im LL sind die Perioden meist deutlich größer oder kleiner als im DD (vgl. S.61). Ein wichtiger Faktor für diesen Lichteinfluß ist in dem unterschiedlichen Reagieren der einzelnen Phasen auf Licht zu suchen, wie er in den Phasen-*Response*-Kurven zum Ausdruck kommt. Dieser Zusammenhang wird z. B. deutlich, wenn man die unterschiedlichen Phasen-*Response*-Kurven für Rot bzw. Dunkelrot (Abb. 71) mit den entsprechenden Einflüssen von kontinuierlichem Rot oder Dunkelrot (Tabelle 5) vergleicht. Dunkelrot, das dominierend Beschleunigungen, also Periodenverkürzungen verursacht, führt als LL zu relativ kurzen Perioden. Das Gegenteil trifft für Hellrot zu: Es verursacht bei Darbietung in Form von Pulsen vorwiegend Verzögerungen, als LL geboten sehr lange Perioden.

Jedoch besteht hier ebenso wie bei analogen Temperaturversuchen kein einfacher Zusammenhang [494]. Komplizierte An- und Aus-Effekte kommen bei Lichtpulsen hinzu [447]. Derartige Effekte sind z. B. in Abbildung 73 erkennbar.

Periodenlängen-Grenzen der Synchronisierbarkeit. Normalerweise werden die circadianen Perioden durch den tagesperiodischen LD zu genauen 24h-Rhythmen synchronisiert. Im Experiment gelingt auch eine Synchronisation zu anderen Periodenlängen [411] (Abb. 73–78). Ein 11:11 oder 10:10stündiger LD z. B. synchronisiert zu Perioden von 22 bzw. 20 h. Wenn aber die Abweichungen von der 24h-Rhythmik zu groß sind, meist etwa schon, wenn versucht wird, zu 16h-Perioden zu synchronisieren (im LD von 8:8 h), so zeigen die Organismen ihre freilaufende Rhythmik von ca. 24 h. Bei Mäusen und Hamstern liegen die Grenzen

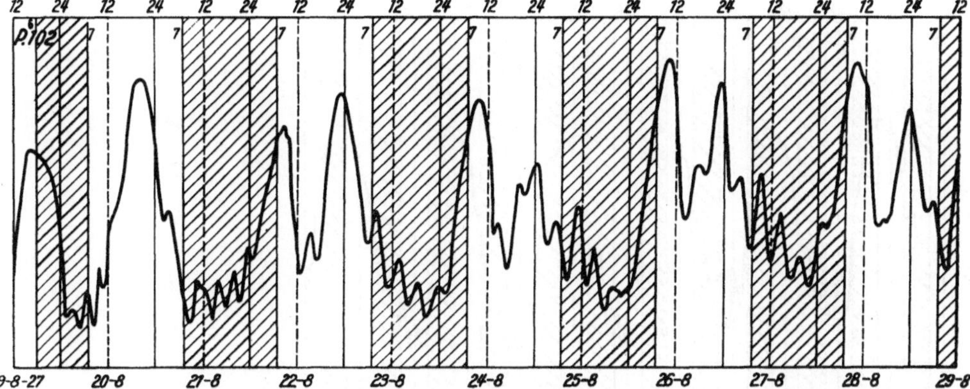

Abb. 73. *Canavalia ensiformis*. Tagesperiodische Blattbewegungen. In dem extrem langsamen LD von 24:24 h wird die vorzeitige Unterbrechung des Entspannungsvorganges (d. h. des Übergangs von der Nacht- zur Tagstellung, also der Kurvensenkung) durch Licht deutlich. Die Unterbrechung erfolgt so schnell, daß am 22. 8., 26. 8. und 28. 8. weniger als 18 h nach einem Senkungsmaximum (Kurvenhochpunkt) ein weiteres eingetreten ist. Dagegen verzögert Dunkelheit den Übergang in die Nachtstellung (Kurvenhebung) sehr stark. (Nach Kleinhoonte [468])

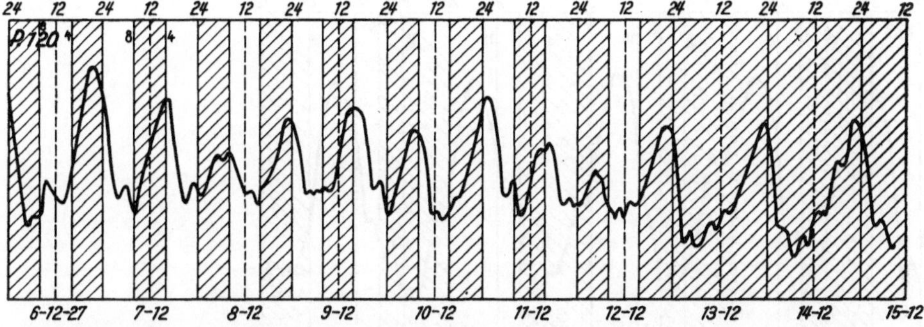

Abb. 74. *Canavalia ensiformis*. Tagesperiodische Blattbewegungen im 8:8stündigen LD. Hebungs- und Senkungsmaxima werden nicht so wie normalerweise in der Licht- bzw. Dunkelperiode erreicht, sondern etwa während der jeweiligen Übergangszeit. Im anschließenden DD erkennt man die sofortige Rückkehr zur normalen Periodenlänge. (Nach Kleinhoonte [468])

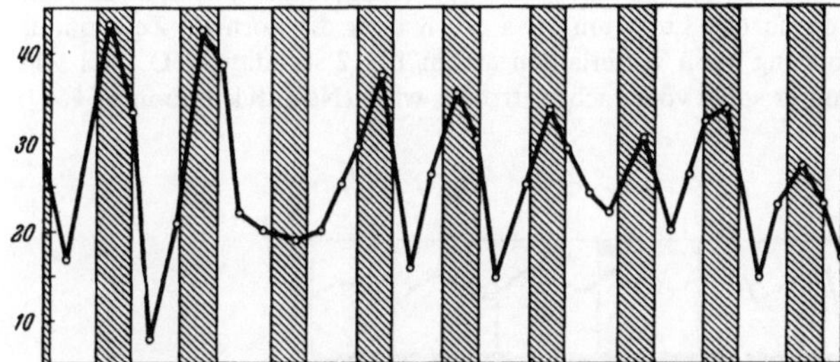

Abb. 75. Pigmentwanderung beim Isopoden *Ligia baudiniana* im 10:8stündigen LD. Die Periodik fügt sich diesem LD ein, jedoch wird die stärkste Färbung jetzt in der Dunkelheit erreicht, während sie normalerweise am Tage eintritt. Ordinate: Stärke der Färbung; willkürliche Einheiten. (Nach Kleitman [469])

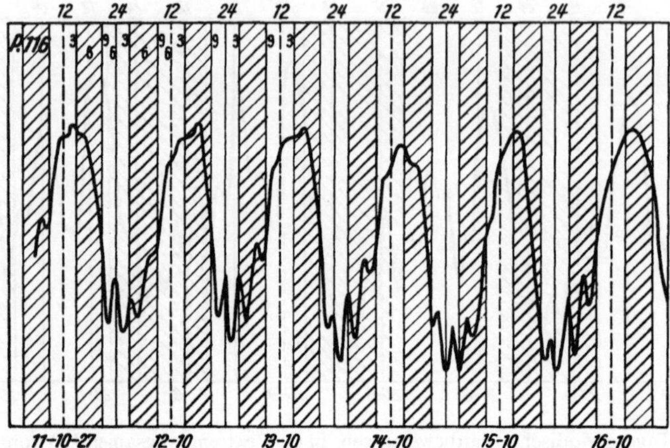

Abb. 76. *Canavalia ensiformis*. Tagesperiodische Blattbewegungen im 6:6stündigen LD. Die physiologische Rhythmik kann diesem schnellen Wechsel nicht folgen, sondern zeigt die Eigenfrequenz. (Nach Kleinhoonte [468])

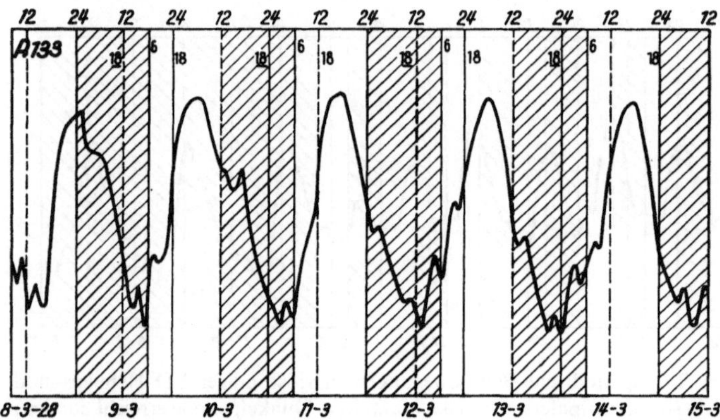

Abb. 77. *Canavalia ensiformis*. Tagesperiodische Blattbewegungen im 18:18stündigen LD. Die Tagstellung wird in der Dunkelheit erreicht, die Nachtstellung (Kurvenhochpunkte) im Licht. Diese abnorme Lage der Extremwerte erklärt sich folgendermaßen: Der Spannungsvorgang wird, da er nicht von der Dunkelheit getroffen wird, durch das Licht um etwa 5–6 h über die normale Zeit hinaus verlängert; auch der Entspannungsvorgang kann weiterlaufen als im 12:12 stündigen LD, weil sein Endteil in die Dunkelheit fällt, während er sonst vom Licht getroffen wird. (Nach Kleinhoonte [468])

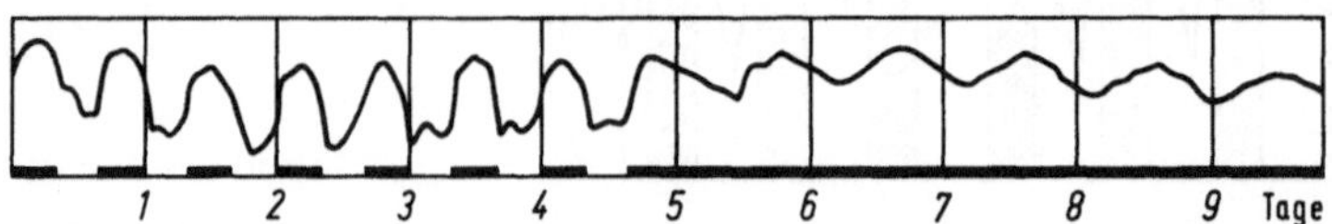

Abb. 78. *Euglena gracilis* (Flagellat). Rhythmus der phototaktischen Empfindlichkeit (vgl. auch Abb. 35). Synchronisation zu 15stündigen Perioden durch einen LD von 8:8 h. Im anschließenden DD sofort wieder ca. 24 h-Perioden. Dunkelzeiten an der Abscisse markiert. (Nach Schnabel [506])

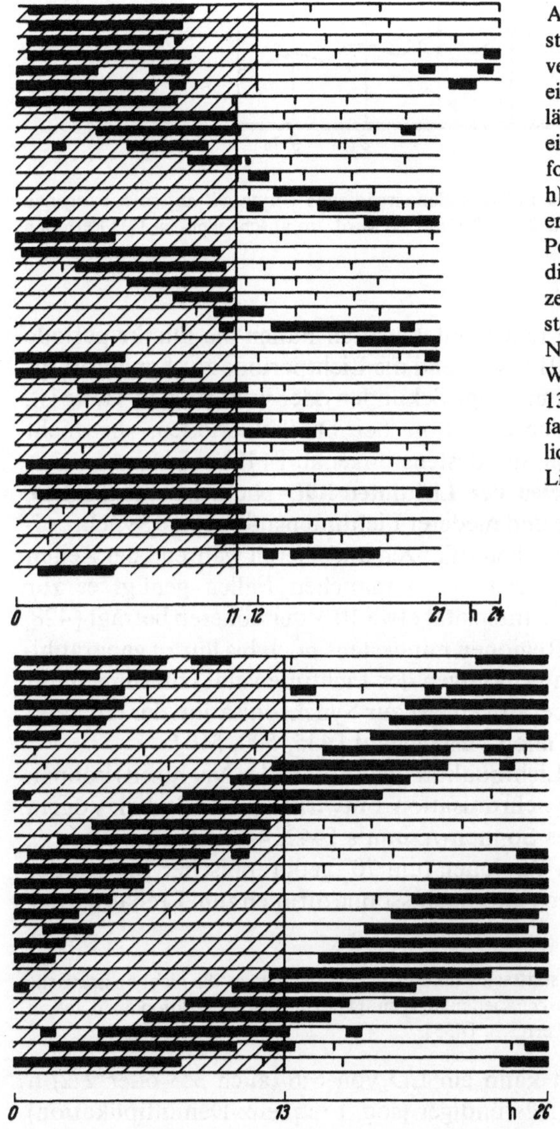

Abb. 79a und b. Laufaktivität eines Hamsters (*Mesocricetus auratus*, eine nachtaktive Art). Jede horizontale Linie markiert einen (normalen bzw. verkürzten oder verlängerten) Tag. (a) Synchronisation durch einen LD von 12:12 h (5 Tage). In den folgenden 32 verkürzten Tagen (LD 11:10 h) gelingt die Synchronisation nicht; es erscheint die freilaufende Rhythmik mit Perioden von 24,2 h. In den Tagen, in denen die subjektive Nacht des Tieres in die Lichtzeit fällt, wird die Aktivität durch das Licht stark unterdrückt. So hat das Tier eine „gute Nacht" nur in Zeitabständen von ca. 1 Woche. (b) In verlängerten Tagen (LD 13:13 h) versagt die Synchronisation ebenfalls; die freilaufende Rhythmik wird deutlich. Die Dunkelzeiten sind schraffiert. Lichtintensität: 100 Lux. (Original)

der Synchronisierbarkeit meist zwischen LD von 21–26 h (Abb. 79) [513]. Auch bei vielen anderen Tieren und bei Pflanzen treten im Versuch, zu 18 h-Perioden zu synchronisieren, neben partieller Synchronisation mindestens schon erhebliche Unregelmäßigkeiten im Gang der Rhythmik ein [473]. Die obere Grenze für die Synchronisierbarkeit liegt bei 28–30 h [469, 471]. Die genannten Grenzen werden um so früher erreicht, je niedriger die Lichtintensität ist [520].

Gelegentlich sind Synchronisationen durch noch stärker von der Tagesperiode abweichenden LD beschrieben worden. Jedoch handelt es sich dabei um Überlagerungen der jetzt freilaufenden Rhythmik mit einer exogenen Rhythmik. Abbildung 80 zeigt diese Überlagerung an einem Beispiel. Bemerkenswert ist, daß bei

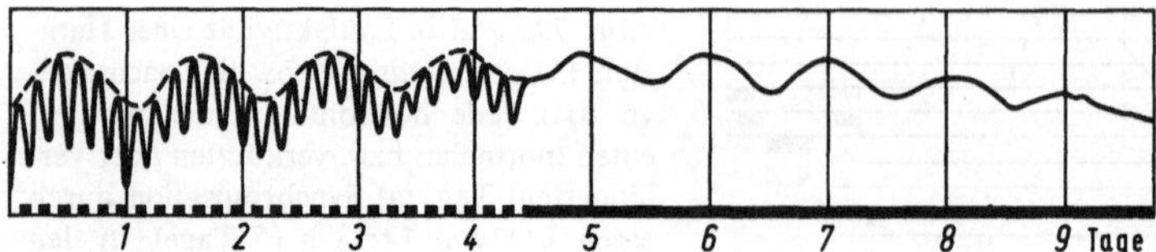

Abb. 80. *Euglena gracilis*. Überlagerung der freilaufenden circadianen Rhythmik mit einer exogenen Rhythmik (4 h-Perioden), die durch einen 2:2 h-LD induziert wird. Im anschließenden DD Perioden von ca. 24 h. (Nach Schnabel [506])

synchronisierendem LD in einigen näher untersuchten Fällen die Dunkelperiode mindestens 3–8 h betragen muß [501], während die Lichtperiode zur Synchronisation auch dann ausreicht, wenn sie nur einige Sekunden oder weniger als 1 s lang ist. In anderen Fällen wird die Synchronisation bei Dunkelperioden, die nicht wenigstens einige Stunden betragen, mindestens ungenau [441].

Synchronisierbarkeit durch Cyclen der Lichtintensität. Nicht nur durch LD, sondern auch durch Cyclen höherer und niederer Lichtintensität ist eine Synchronisation möglich. Das ist z. B. bei arktischen Pflanzen und Tieren während der Zeiten der Mitternachtssonne ökologisch wichtig. In manchen Fällen genügt es zur Synchronisation, wenn die niedrigere Intensität etwa 10 % der höheren beträgt [428, 486]. Jedenfalls sind in arktischen Regionen mindestens noch bis hin zu geographischen Breiten von 70° die Tagesschwankungen der Lichtintensität (zusammen mit den Tagesschwankungen der Temperatur) meist zur Synchronisation der circadianen Rhythmik bei Pflanzen und Tieren ausreichend [435, 500, 510].

Auch Tagesschwankungen der Lichtqualität (mehr rot in der Nachtzeit) können im arktischen Sommer bei der Synchronisation mitwirken [471b]; bei Vögeln zudem die Tagesschwankungen des Sonnen-Azimuts [442, 443, 471a].

Jedoch kommt es in arktischen Regionen (um 70° geographischer Breite oder noch extremer) während der Zeit der Mitternachtssonne oft auch zum Freilaufen der Rhythmik [452, 488, 509, 510].

Vielleicht sind die erforderlichen Intensitätsschwankungen bei Organismen, die nicht an arktische Bedingungen angepaßt sind, größer. Bei *Phaseolus* jedenfalls genügt er zur Synchronisation nicht, wenn die schwächere Intensität 10 % der höheren erreicht [435].

Frequenz-Demultiplikation. Oft kann ein LD von 6:6 (auch 3:3 oder 2:2) h ebenso synchronisieren wie ein 12:12stündiger (sog. Frequenz-Demultiplikation) [473, 495, 498, 502]. Das ist aufgrund des unterschiedlichen Ansprechens der einzelnen Phasen auf Licht nicht verwunderlich; z. B. wird bei einem 3:3stündigen LD eine dieser im 24 h-Cyclus wiederkehrenden 3stündigen Lichtperioden dem Maximum des Ansprechens auf Licht am nächsten sein. Diese hat den stärksten phasenverschiebenden und damit die Phasenlage bestimmenden Effekt, während die anderen 3stündigen Lichtperioden relativ unwirksam bleiben.

Kein „Lernen" neuer Perioden. Nach Übertragung aus einem von der 24 h-Periodik abweichenden LD in LL oder DD treten die für das Individuum spezifischen Periodenlängen sofort wieder auf; die aufgezwungenen bleiben also nicht. Die jetzt im DD oder LL beobachtete freilaufende Rhythmik kann jedoch gelegentlich Periodenlängen zeigen, die von der im ursprünglichen DD oder LL gemessenen abweichen [496, 499a]. Diese Abweichung beruht aber nicht auf einem „Lernen" der aufgezwungen gewesenen Perioden, sondern darauf, daß vielzellige Organismen aus den ihnen zur Verfügung stehenden Perioden andere „auswählen". Der Vorgang ist also zu vergleichen mit den früher (S. 13) erwähnten spontanen Frequenzänderungen.

Abnorme Phasenlagen in stark abnormen LD-Cyclen. Sowohl bei der Darbietung von LD-Cyclen, die stark von der 24 h-Periodik abweichen, als auch bei LD-Cyclen mit abnorm kurzen Dunkelperioden kann es zu Abweichungen von der normalen Phasenwinkeldifferenz zwischen LD und circadianen Cyclen kommen. Das kann soweit gehen, daß physiologische Phasen, die normalerweise in den Lichtabschnitt fallen, jetzt während der Dunkelheit erreicht werden, und umgekehrt (für den Isopoden *Ligia baudiniana* vgl. Abb. 75; für Pflanzen vgl. Abb. 74 und 77 mit Abb. 2).

Literatur

a) Zusammenfassende Darstellungen

406. Adler,K.: The role of extraoptic photoreceptors in amphibian rhythms and orientation: a review. J. Herpetology **4**, 99—112 (1970)
407. Aschoff,J.: Exogenous and endogenous components in circadian rhythms. Cold Spring Harbor Symp. quant. Biol. **25**, 11—28 (1960)
408. Aschoff,J. (ed.): Circadian Clocks. Amsterdam: North Holland 1965
409. Aschoff,J.: Response Curves in Circadian Periodicity. In: Aschoff,J. [408], S. 95—111 (1965)
410. Aschoff,J.: Phasenlage der Tagesperiodik in Abhängigkeit von Jahreszeit und Breitengrad. Oecologia **3**, 125—165 (1969)
410a. Aschoff,J., Hoffmann,K., Pohl,H., Wever,R.: Re-entrainment of circadian rhythms after phase-shifts of the zeitgeber. Chronobiologia **3**, 23—78 (1975)
411. Enright,J.E.: Synchronization and ranges of entrainment. In: Aschoff,J. [408], S. 112—124 (1965)
412. Hoffmann,K.: Overt circadian frequency and circadian rule. In: Aschoff,J. [408], S. 87—94 (1965)
413. Menaker,M. (ed.): Extraretinal Photoreception. Photochem. Photobiol. **23**, 213—306 (1976)
414. Pittendrigh,C.S.: On the mechanism of the entrainment of a cirdadian rhythm by light cycles. In: Aschoff,J. [408], S. 277—297 (1965)
415. Wilkins,M.B.: The effect of light upon plant rhythms. Cold Spring Harbor Symp. Quant. Biol. **25**, 115—129 (1960)

b) Originalarbeiten

416. Adler,K.: Science **164**, 1290–1292 (1969)
417. Adler,K.: Photochem. Photobiol. **23**, 275–298 (1976)
418. Aschoff,J.: Z. vergl. Physiol. **35**, 159–166 (1953)
419. Aschoff,J.: Naturwissenschaften **41**, 49–56 (1954)
420. Aschoff,J.: Naturwissenschaften **42**, 569–575 (1955)
421. Aschoff,J.: Z. Tierpsychol. **15**, 1–30 (1958)
422. Aschoff,J.: Pflügers Arch. ges. Physiol. **262**, 51–59 (1959)
423. Aschoff,J., Holst,D.v.: Proc. 12th Int. Orn. Congr. Helsinki 55–70 (1960)
424. Aschoff,J., Wever,R.: Z. vergl. Physiol. **46**, 115–128 (1962)
425. Aschoff,J.: Z. vergl. Physiol. **46**, 321–335 (1963)
426. Block,G.D., Hudson,D.J., Lickey,M.E.: J. comp. Physiol. **89**, 237–249 (1974)
427. Brehm,E., Hempel,G.: Naturwissenschaften **39**, 265–266 (1957)
428. Brown,F.A., Fingerman,M., Hines,M.N.: Biol. Bull. **106**, 308–317 (1954)

429. Brown,F.A., Shriner,J., Ralph,C.L.: Amer. J. Physiol. **184**, 491–496 (1956)
430. Bruce,V.G., Minis,D.H.: Science **163**, 583–585 (1969)
431. Bruce,V.G., Pittendrigh,C.S.: Proc. Nat. Acad. Sci. USA **42**, 676–682 (1956)
432. Bruce,V.G., Weight,F., Pittendrigh,C.S.: Science **131**, 728–730 (1960)
433. Brunt,E.E.V., Shepherd,M.D., Wall,J.R., Ganong,W.F., Clegg,M.T.: Ann. N. Y. Acad. Sci. **117**, 217–227 (1964)
434. Bünning,E.: Planta (Berl.) **86**, 209–217 (1969)
435. Bünning,E., Hailer,G., Mayer,W.: Ber. dtsch. Bot. Ges. **79**, 7–14 (1966)
436. Bünning,E., Moser,I.: Planta (Berl.) **69**, 101–110 (1966)
437. Burton,A.C.: Canad. med. Ass. J. **75**, 715 (1956)
438. Chandrashekaran,M.K., Loher,W.: J. exp. Zool. **172**, 147–152 (1969)
439. Christianson,R., Sweeney,B.M.: Int. J. Chronobiol. **1**, 95–100 (1973)
440. DeCoursey,P.J.: Z. vergl. Physiol. **44**, 331–354 (1961)
441. DeCoursey,P.J.: J. comp. Physiol. **78**, 221–235 (1972)
442. Demmelmeyer,H., Haarhaus,D.: J. comp. Physiol. **78**, 25–29 (1972)
443. Demmelmeyer,H., Haarhaus,D., Krüll,D., Remmert,H.: Chronobiologia Suppl. **1**, 16–17 (1975)
444. Dumortier,B.: J. comp. Physiol. **77**, 80–112 (1972)
445. Ehret,Ch.: Cold Spring Harbor Symp. Quant. Biol. **25**, 149–158 (1960)
446. Engbretson,G.A., Lent,Ch.M.: Proc. Nat. Acad. Sci. USA **73**, 654–657 (1976)
447. Engelmann,W.: Experientia (Basel) **22**, 606–608 (1966)
448. Engelmann,W., Honegger,W.: Naturwissenschaften **53**, 588 (1966)
449. Engelmann,W., Karlson,H.G., Johnson,A.: Int. J. Chronobiol. **1**, 147–156 (1973)
450. Erikson,L.-O.: Naturwissenschaften **95**, 219–220 (1972)
451. Erkert,H.G.: Z. vergl. Physiol. **64**, 37–70 (1969)
452. Erkinaro,E.: Z. vergl. Physiol. **64**, 407–410 (1969)
453. Eskin,A.: Z. vergl. Physiol. **74**, 353–371 (1971)
454. Frank,K.D., Zimmerman,F.: Science **163**, 688–689 (1969)
455. Geisler,M.: Z. Tierpsychol. **18**, 389–420 (1961)
456. Haberlandt,G.: Die Lichtsinnesorgane der Blätter. Leipzig: Engelmann 1905
457. Halaban,R.: Plant Physiol. **44**, 973–977 (1969)
458. Halberg,F., Halberg,E., Barnum,C.G., Bittner,J.J.: In: Photoperiodism and Related Phenomena in Plants and Animals. Withrow,R.B. (ed.). Washington, D.C.: Amer. Ass. Adv. Sci., S. 803–878 (1959)
459. Hamasaki,D.I., Dodt,E.: Pflügers Arch. ges. Physiol. **313**, 19–29 (1969)
460. Hamm,U., Chandrashekaran,M.K., Engelmann,W.: Z. Naturforsch. **30c**, 240–244 (1975)
461. Hassbargen,H.: Z. Bot. **48**, 1–31 (1960)
462. Hauty,G.T., Adams,T.: In: Aschoff,J. [408], S. 413–425 (1965)
463. Hemmingsen,A.M., Krarup,N.B.: Kgl. Vidensk. Selskab. Biol. Mdd. **13**(7), 1–61 (1937)
464. Hill,J.: The Sleep of Plants. London 1757
465. Johnson,M.: J. exp. Zool. **82**, 315–318 (1939)
466. Junker,G., Mayer,W.: Planta (Berl.) **121**, 27–37 (1974)
467. Klein,K.E., Brüner,H., Holtmann,H., Rehme,H., Stolze,J., Steinhoff,W.D., Wegmann,H.: Aerospace Med. **41**, 125–132 (1970)
468. Kleinhoonte,A.: Arch. Néerl. Sci. exp. et nat. IIIb **5**, 1–100 (1929)
469. Kleitman,N.: Sleep and Wakefulness. Chicago: Univ. Press 1939
470. Kleitman,N.: Biol. Bull. **78**, 403–411 (1940)
471. Kleitman,N.: Physiol. Rev. **29**, 1–30 (1949)
471a.Krüll,F.: Oecologia **24**, 141–148 (1976)
471b.Krüll,F.: Oecologia **24**, 149–157 (1976)
472. LaFontaine,E., Lavernhe,J., Courillon,J., Medvedeff,M., Ghata,J.: Aerospace Med. **39**, 944–947 (1967)
473. Lamprecht,G., Weber,F.: Z. vergl. Physiol. **72**, 226–259 (1971)
474. Lee Kavanau,J., Peters,C.R.: Science **191**, 83–85 (1976)
475. Loher,W.: J. comp. Physiol. **79**, 173–190 (1972)
476. Loher,W., Chandrashekaran,M.K.: J. Insect Physiol. **16**, 1677–1688 (1970)
477. Lörcher,L.: Z. Bot. **46**, 209–242 (1958)
478. Mayer,W.: Planta (Berl.) **70**, 237–256 (1966)

479. Mayer,W.: Z. Naturforsch. **28c**, 776 (1973)
480. Mayer,W., Moser,I., Bünning,E.: Z. Pflanzenphysiol. **70**, 66–73 (1973)
481. McGuire,R.A., Rand,W.M., Wurtmann,R.J.: Science **181**, 956–957 (1973)
482. McMillan,J.P.: J. comp. Physiol. **79**, 105–112 (1972)
483. McMillan,J.P., Elliot,J.A., Menaker,M.: J. comp. Physiol. **102**, 263–268 (1975)
484. Menaker,M.: Proc. Nat. Acad. Sci. USA **59**, 414–421 (1968)
485. Meyer-Lohmann,J.: Pflügers Arch. ges. Physiol. **260**, 292–305 (1955)
486. Mori,S.: Zool. Mag. Tokyo **56**, 1 (1944)
487. Moser,I.: Planta (Berl.) **58**, 199–219 (1962)
488. Müller,K.: Naturwissenschaften **55**, 140 (1968)
489. Müller,K.: Aquilo Ser. Zool. **14**, 1–18 (1973)
490. Nowosielski,W.v., Patton,R.L.: J. Insect Physiol. **9**, 401–410 (1963)
491. Oksche,A., Kirschstein,H.: Z. Zellforsch. **87**, 159 (1968)
492. Page,T.L., Larimer,J.L.: J. comp. Physiol. **78**, 107–120 (1972)
493. Page,T.L., Larimer,J.L.: Photochem. Photobiol. **23**, 245–251 (1976)
494. Pavlidis,T.: Amer. Naturalist **107**, 524–530 (1973)
495. Pfeffer,W.: Abh. kgl. Sächs. Ges. Wiss. Math.-physik. Kl. **34**, 1–154 (1915)
496. Pittendrigh,C.S.: Cold Spring Harbor Symp. Quant. Biol. **25**, 159–184 (1960)
497. Pittendrigh,C.S.: Harvey Lect. Ser. **56**, 93–125. New York: Academic Press 1961
498. Pittendrigh,C.S., Bruce,V.G.: In: Rhythmic and Synthetic Processes in Growth (D. Rudnick, ed.),
     S. 75–109. Princeton: Univ. Press 1957
499. Pittendrigh,C.S.: In: Photoperiodism and Related Phenomena in Plants and Animals.
     R.B.Withrow (ed.), S. 475–505. Washington: Amer. Ass. Adv. Sci. 1959
499a.Pittendrigh,C.S., Daan,S.: J. comp. Physiol. **106**, 291–331 (1976)
500. Remmert,H.: Morph. Ökol. Tiere **55**, 142–160 (1965)
501. Roberts,S.K.: Ph. D. Thesis. Princeton 1959
502. Roberts,S.K.: J. cell. comp. Physiol. **59**, 175–186 (1962)
503. Roberts,S.K.: Science **148**, 958–959 (1965)
504. Sargent,M.L., Briggs,W.R.: Plant Physiol. **42**, 1504–1510 (1967)
505. Schmidt-Koenig,K.: Z. Tierpsych. **15**, 301–331 (1958)
506. Schnabel,G.: Planta (Berl.) **81**, 49–63 (1968)
507. Sharp,G.W.G.: Nature (Lond.) **190**, 146–148 (1961)
508. Sokolove,P.G., Loher,W.: J. Insect. Physiol. **21**, 785–799 (1975)
509. Swade,R.H.: J. Theor. Biol. **24**, 227–239 (1969)
510. Swade,R.H., Pittendrigh,C.S.: Amer. Naturalist **101**, 431–464 (1967)
511. Sweeney,B.: Plant Physiol. **38**, 704–708 (1963)
512. Taylor,D.H., Ferguson,D.E.: Science **168**, 390–392 (1970)
513. Tribukait,B.: Z. vgl. Physiol. **38**, 479–490 (1956)
514. Truman,J.W.: Photochem. Photobiol. **23**, 215–225 (1976)
515. Tweedy,D.G., Stephen,W.P.: Experientia (Basel) **26**, 377–379 (1970)
516. Underwood,H.: J. comp. Physiol. **83**, 187–222 (1973)
517. Underwood,H., Menaker,M.: Photochem. Photobiol. **23**, 227–243 (1976)
518. Wever,R.: Z. vgl. Physiol. **55**, 255–277 (1967)
519. Wilkins,M.B.: J. exp. Bot. **11**, 269–288 (1960)
520. Wilkins,M.B.: Plant Physiol. **37**, 735–741 (1962)
521. Winfree,A.T.: J. comp. Physiol. **77**, 418–434 (1972)
522. Wobus,U.: Z. vgl. Physiol. **52**, 276–289 (1966)
523. Zimmer,R.: Planta (Berl.) **58**, 283–300 (1962)
524. Zimmerman,W., Ives,D.: In: Biochronometry (M.Menaker, Ed.), S. 381–391. Washington/D.C.:
     Nat. Acad. Sci. 1971
525. Zweig,M., Snyder,S.H., Axelrod,J.: Proc. Nat. Acad. Sci. USA **56**, 515–520 (1966)

7. Ansätze zur Analyse der Schwingungskinetik

„So hört die Bewegung nicht auf, wann das Blättchen die Mitte
seines Weges zurückgelegt hat, wo beyde Gegenursachen etwa ins
Gleichgewicht kommen, sondern geht noch in der angefangenen
Richtung fort, bis die Gegenkraft, die immer wächst, während die
andere abnimmt, völlig gesieget hat."

F.v.P.SCHRANK: Vom Pflanzenschlafe und von anver-
wandten Erscheinungen bey Pflanzen. Ingolstadt 1792.

a) Allgemeines

Eine so einfache Hypothese wie Schrank (vgl. obenstehendes Motto) hatte zunächst
auch Pfeffer vertreten, sich aber selber widerlegt (vgl. S. 11). Natürlich kann man
trotzdem für die den registrierten circadianen Vorgängen bei Pflanzen und Tieren
zugrunde liegenden Zellprozesse eine entsprechende *Overshoot*- und *Feedback*-
Hypothese aufstellen. Sie wird aber den schon aus den Temperatureinflüssen
gezogenen Schlußfolgerungen nicht gerecht.

Es hat nicht an Versuchen gefehlt, die circadianen Oscillationen mit den aus der
Physik und Technik bekannten Schwingungsarten zu vergleichen und auf dem
Wege mathematischer Behandlung die Natur der Schwingungen näher zu kenn-
zeichnen [526, 527, 531–534]. Für jeden, der bei der Erforschung der circadianen
Rhythmik Fortschritte erzielen will, sind diese mathematischen Ansätze wichtig.
Jedoch sollte vor der Vorstellung gewarnt werden, daß es sich bei den circadianen
Oscillationen um nicht komplexere Phänomene handelt als bei den aus der
Technik bekannten Oscillationen. Vor allem sollte beachtet werden, daß wir nie den
grundlegenden Oscillator registrieren, sondern nur von ihm gesteuerte Vorgänge.
Diese können in ihrem Verlauf schon bei ein und demselben Organismus sehr
unterschiedlich sein: Einige der von der circadianen Rhythmik gesteuerten
Prozesse oscillieren mehr oder weniger harmonisch, andere zeigen eine ausgeprägte
Asymmetrie des circadianen Cyclus.

Schon die Frage, ob es sich um Schwingungen vom Typ der Pendelschwingun-
gen oder um Relaxations-(Kipp-)Schwingungen handelt, ist zu einfach gestellt,
jedenfalls dann, wenn man bei Kippschwingungen an die Lehrbuchbeispiele für
Kippschwingungen denkt.

b) Wirkung reduzierter Energiezufuhr

Unterschiedliche Verzögerung der einzelnen Phasen. Die Versuche über die Wirkung
niedriger Temperatur (S. 54) haben schon einige Schlußfolgerungen ermöglicht.
Dabei wurde aber gesagt, daß das gezeichnete Schema (Abb. 57) nicht der
Komplexheit gerecht wird. Versuche, wie die in Abbildung 81 zusammengefaßten,

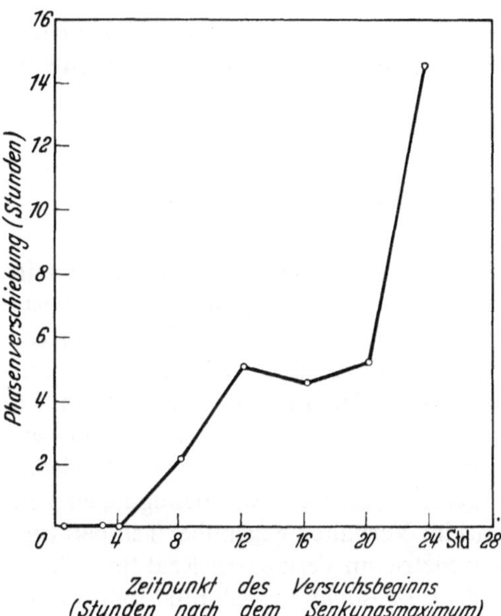

Abb. 81. *Phaseolus coccineus*. Tagesperiodische Blattbewegungen im LL. Phasenverschiebungen (Verzögerung im Gang der Uhr) durch 5 h lange Abkühlung auf + 5° C. Die Abkühlung begann zu verschiedenen Zeiten in bezug auf das Blattsenkungsmaximum (vgl. hierzu Abb. 53). Man sieht (wie schon aus Abb. 53), daß eine Abkühlung, die kurz nach dem Senkungsmaximum beginnt, keine Phasenverschiebung bedingt. Später beginnende Abkühlung führt jedoch zu sehr starker Verzögerung. Zu beachten ist die starke Asymmetrie des Reagierens. (Nach Wagner [403])

zeigen, daß der circadiane Cyclus hinsichtlich des Ansprechens auf kältebedingte Reduzierung der Energiezufuhr eine starke Asymmetrie zeigen kann. Anscheinend gibt es aber nur einen kleinen Abschnitt des Cyclus, in dem die niedrige Temperatur überhaupt zu keiner Verzögerung führt. Nach Lehrbuchbeispielen für Kippschwingungen würde man dieses Ergebnis nicht erwarten.

Jedenfalls aber zeigen der asymmetrische Verlauf der in Abbildung 81 dargestellten Kurve ebenso wie die in Abschnitt 5 besprochenen Versuche deutlich die Teilnahme von nicht oder kaum energiebedürftigen Vorgängen, die man als Relaxationsprozesse interpretieren könnte. Ausdrücklich betont sei, daß dies sich nicht nur aus Versuchen an Pflanzen ergibt, bei denen die energieliefernden Prozesse (also die Atmung) durch niedrige Temperatur unterdrückt werden. Das ähnliche Reagieren von Tieren wurde in Abschnitt 5 erwähnt (Abb. 52). Auch sei darauf hingewiesen, daß eine Reduktion der Atmung durch niedrige Temperatur, durch Atmungsgifte oder Anaerobiose zu ganz entsprechenden Resultaten führt, und zwar wieder bei Versuchen mit Pflanzen ebenso wie bei Versuchen mit Tieren [542, 550, 551].

Scheinbare Beschleunigung durch Atmungshemmung. Gelegentlich ist das zunächst erstaunliche Ergebnis berichtet worden, Reduktion der Atmung durch die genannten (oder einen der genannten) Faktoren könne beim Einwirken auf bestimmte Phasen des Cyclus nicht nur überhaupt keine Verzögerung, sondern sogar eine Beschleunigung bedingen, d. h. nach Wiederherstellung der Normaltemperatur tritt das nächste Maximum (z. B. bei *Drosophila* der nächste Zeitpunkt des Schlüpfens aus den Puppen) früher auf als bei den Kontrollen. Das erscheint nur rätselhaft, wenn man die Kinetik der circadianen Rhythmik mit der unserer Uhren vergleicht. Tatsächlich handelt es sich bei jener sog. Beschleunigung aber nur um das vorzeitige Abbrechen des Spannungsvorganges, d. h. es tritt Relaxation ein, bevor das Niveau B der Abbildung 57 erreicht ist. So erscheint also das nächstfol-

gende Maximum schneller als bei den Kontrollen, jedoch eben nur infolge einer
Verkürzung des Andauerns eines Prozesses, nicht durch Einfluß auf die Geschwindigkeit eines Prozesses.

c) Harmonische und asymmetrische circadiane Kurven

Wie schon erwähnt, zeigen circadian gesteuerte physiologische Funktionen in
manchen Fällen einen annähernd harmonischen Verlauf; andere so gesteuerte
Vorgänge jedoch zeigen eine starke Asymmetrie. Diese Asymmetrie kann aber vor
allem auch im Ansprechen auf äußere Faktoren zum Ausdruck kommen, nicht nur
im erwähnten Ansprechen auf Unterdrückung der Energiezufuhr. Auch im
Verhalten gegenüber Außenfaktoren, die den Oscillator nicht so tiefgreifend wie
Kälte beeinflussen, kann eine solche Asymmetrie deutlich werden. Das gilt wieder
etwa für die gut untersuchten endogen-tagesperiodischen Blattbewegungen von
Phaseolus. Werden die einzelnen Phasen auf ihr Verhalten gegenüber Temperatur-
und Lichtsignalen geprüft, so tritt eine Asymmetrie im Verlauf der Reaktionsfähigkeit in Erscheinung (vgl. Abschnitte 5 und 6). *Drosophila* (Schlüpfperiodik) zeigt
hinsichtlich des Reagierens auf Lichtsignale eine ähnliche Asymmetrie.

In noch einem Punkt äußert sich der nicht-harmonische Charakter der
Schwingungen oft: Mindestens vielfach, so z. B. wieder bei den tagesperiodischen
Blattbewegungen von *Phaseolus,* ist nur einer der beiden Wendepunkte des
ungefähr 24stündigen Cyclus scharf (und zwar der Punkt, der ungefähr in die Mitte
der Dunkelheit fällt, sofern die Rhythmik vom LD gesteuert wird). Der andere
Wendepunkt kann, sogar von Tag zu Tag schwankend, überaus verschieden liegen
(Abb. 82). Ein solcher Kurvenverlauf spricht eindringlich für die Überlagerung von
zwei Vorgängen.

d) Dämpfung, Ausklingen und Wiederauslösung

Dämpfung. Für das Vorliegen von Eigenschaften der Schwingungen des Pendeltyps
spricht scheinbar zwingend die Möglichkeit einer Dämpfung; denn Kippschwingungen folgen dem Alles-oder-Nichts-Typ. Dabei werden aber zwei Punkte
übersehen: (1) Aus der Dämpfung eines von der Schwingung gesteuerten peripheren physiologischen Vorgangs darf nicht auf eine Dämpfung der steuernden
Schwingung selber geschlossen werden. Die Aktivität eines Tieres oder die
Wachstumsgeschwindigkeit einer Pflanze z. B. können immer mehr sinken, so daß
die Rhythmik solcher Vorgänge immer schwächer werdende Amplituden zeigt und
schließlich ganz undeutlich werden mag. Die Uhr kann aber, was zudem aus dem
Studium anderer von ihr gesteuerter Vorgänge erkennbar bleibt, ungedämpft
weiter laufen. (2) Auch primäre biologische Kippschwingungen, d. h. nicht nur die
von ihnen gesteuerten Schwingungen, können sehr wohl mit Dämpfungserscheinungen verlaufen. Obwohl die Schwingungen auf Alles-oder-Nichts-Reaktionen
beruhen, zeigt doch je nach den allgemeinen Bedingungen ein und derselbe
Oscillator unterschiedliche Amplituden (bzw. Schwingungsweiten).

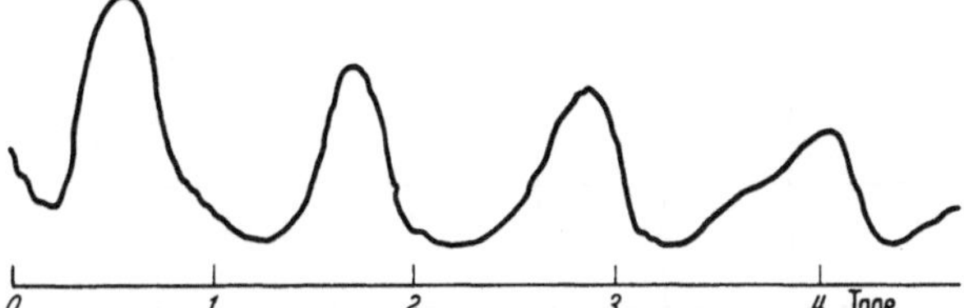

Abb. 82. Tagesperiodische Blattbewegungen von *Phaseolus coccineus* im LL. Nur aufgrund der Senkungsmaxima (Hochpunkte der Kurve) läßt sich die Periodenlänge genau bestimmen. Das sind die Phasen, die normalerweise in die Nacht fallen, bzw. die Phasen, welche offenbar dem Kipp-Punkt in den Schwingungen entsprechen. Die Hebungsmaxima der Blätter (Kurventiefpunkte) können von Periode zu Periode so unterschiedlich liegen wie in diesem Beispiel (Original)

Ein gutes Modell dafür kann aus einem biologischen Bereich selber genannt werden: Erregungsvorgänge, die streng nach dem Alles-oder-Nichts-Typ mit absoluten Refraktärstadien ablaufen, können doch je nach dem physiologischen Zustand zu unterschiedlich starken Erregungen führen. Der geläufigste Fall einer solchen Abhängigkeit der Schwingungsweite vom physiologischen Zustand ist die Verringerung der Erregungen (z. B. in Nerven) in den nach den absoluten Refraktärstadien regelmäßig folgenden relativen. Unter „Alles" wird bei den biologischen Alles-oder-Nichts-Reaktionen eben verstanden: das in dem betreffenden Augenblick überhaupt mögliche Maximum. Ein Beispiel der Dämpfung ist in Abbildung 83 wiedergegeben [539, 553].

Modell für Rhythmen in Alles-oder-Nichts-Systemen. Bei einer Dauerreizung von Objekten mit Alles-oder-Nichts-Erregungen (bzw. -Reaktionen) oder bei einem physiologischen Zustand, der spontan immer wieder zur Erregung führt, entstehen stark asymmetrische Schwingungen, bestehend aus je einer „Entladung", die zur Erregung (Aktion) führt, und einer Restitution (Erholung). Sobald die Restitution einen gewissen Grad des Ausgangszustandes wiederhergestellt hat, tritt eine neue Aktion ein. Frequenz und Schwingungsweite dieser so bedingten spontanen Schwingungen hängen vom physiologischen Zustand ab, obwohl es sich nur um eine Kette von Alles-oder-Nichts-Reaktionen handelt (Beispiele Abb. 83, 87 und 88). Die neue Aktion wird frühestens jeweils bei Beendigung des absoluten Refraktärstadiums möglich. Wieweit auch das relative Refraktärstadium abgeklungen sein muß, d.h. wie weit die in diesem Abschnitt allmählich abnehmende Reizschwelle gesunken sein muß, hängt natürlich von der Höhe der kontinuierlichen äußeren oder inneren Reizung ab. Wenn zur Auslösung solcher periodischer Reaktionen der Übergang von Dunkelheit zu Licht genügt, also die Herstellung der normalen Tagesbedingungen, so kann man natürlich genauso gut von einer endogenen Bewegungsrhythmik sprechen, die in Dunkelheit erlischt (Abb. 83).

Das eben an den sog. Erregungsvorgängen erörterte Verhalten findet seine Analogie bei schon erwähnten Phänomenen, welche an tagesperiodischen Blattbewegungen von *Phaseolus* im Bereich relativ niedriger Temperaturen beobachtbar sind: Es zeigen sich kurzperiodische Schwingungen mit Cyclen von z. B. 7–17 h (Abb. 56). Die nächstliegende Deutung wäre: Jetzt ist nur partielle Spannung möglich, weil die Energiezufuhr erniedrigt ist, und die Entspannung daher bei geringeren Spannungsgraden beginnt als normalerweise.

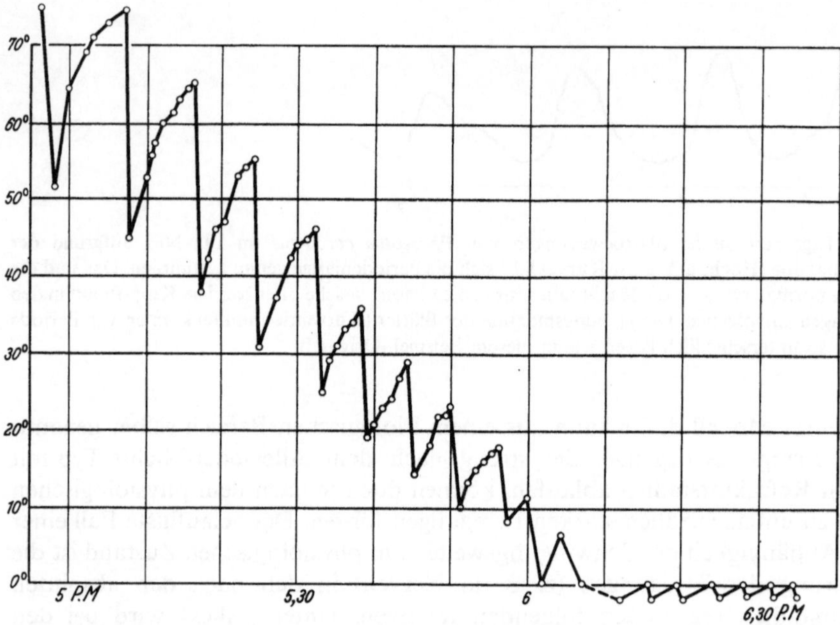

Abb. 83. *Averrhoa bilimbi*, die Dämpfung der Schwingungen während des Übergangs zur Nacht zeigend. (Nach Darwin [546])

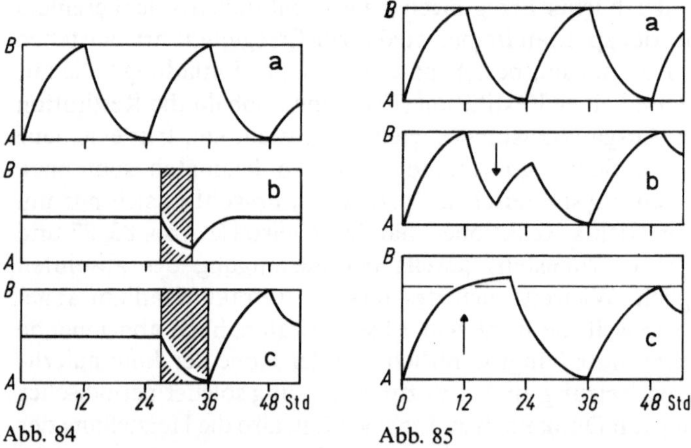

Abb. 84   Abb. 85

Abb. 84a–c. Interpretation der Auslösung einer im LL ausgeklungenen tagesperiodischen Schwingung durch einmalige Dunkelperioden. (a) vgl. Abbildung 57. (b) Ist die Dunkelperiode nicht lang genug, um den Oscillator bis zu einem kritischen Niveau (A) zu „drücken", so wird die Schwingung nicht ausgelöst, wohl aber nach Erreichen dieses kritischen Mindestniveaus (c)

Abb. 85a–c. Zur Deutung der Zeitgeberfunktion von Lichtsignalen (und entsprechend von Temperaturerhöhungen). (a) vgl. Abbildung 57; (b) Licht während der Entspannung induziert vorzeitige erneute Spannung (mit geringer Amplitude); (c) Licht während der Spannung kann diese verlängert andauern lassen

Wiederauslösung. Mit der Annahme von Kippschwingungen ist das früher gekennzeichnete Verhalten beim Wiederauslösen einer im Dauerlicht ausgeklungenen Rhythmik gut vereinbar: Wir sahen, daß eine auslösende Dunkelperiode einen kritischen Wert erreichen muß, also der Oscillator offenbar von der Dunkelperiode bis zu einem Niveau „gedrückt" werden muß, welches den Anstoß für das Weiterschwingen gibt. Dunkelperioden unterhalb dieses kritischen Wertes bleiben wirkungslos (vgl. Abb. 57 und 84). Mit einer reinen Pendelschwingung wäre ein derartiges Verhalten weniger leicht begreiflich zu machen.

e) Wirkungsweise der Zeitgeber in einer Kippschwingung

Die leichte Synchronisierbarkeit durch Zeitgeber ist ein starkes Argument für das Vorliegen von Kippschwingungen (vgl. S. 56). Wie wir uns namentlich die Zeitgeberfunktion der Temperatur und des Lichtes bei einem solchen Schwingungstyp relativ leicht deuten können, sei hier erläutert.

Die Zeitgeberfunktionen können wir veranschaulichen, wenn wir die gewiß nicht eben unwahrscheinliche Annahme machen, daß Licht ebenso wie Temperaturanstieg den Spannungsvorgang fördert, d. h. die Spannung etwas über den vorher möglichen Wert ansteigen läßt, bevor der Kippvorgang beginnt. Ein Temperaturanstieg oder Licht, welches in den Entspannungsvorgang fällt, könnte diesen durch verfrühtes Auftreten einer neuen Spannung durchbrechen (Abb. 85). Auf weitere Tatsachen, die für diese Deutung sprechen, kommen wir zurück.

Der Oscillator wird, soweit die bisher vorliegenden Beobachtungen eine Verallgemeinerung zulassen, vom tagesperiodischen LD so gesteuert, daß der Übergang von Spannung zu Entspannung ungefähr in die Mitte der Dunkelperiode fällt.

f) Die *Transients*

Das Auftreten von *Transients* ist als ein Argument für das Vorliegen von Schwingungen des Pendeltyps benutzt worden (vgl. S. 84). Das Abweichen der direkt von Licht oder Temperatur getroffenen Cyclen gegenüber der normalen Länge läßt sich aber auch mit dem Kippschwingungs-Modell erklären, wie wir bereits an den unter (e) (oben) genannten Beispielen sahen. Anders steht es aber scheinbar mit den *Transients*, die sich über mehrere Cyclen erstrecken.

Gekoppelte Oscillatoren. Einige Autoren haben ein Modell gekoppelter Oscillatoren vorgeschlagen, um die *Transients* zu erklären [529, 530]. Ein solches Modell hat manches für sich. Man könnte sich etwa vorstellen, daß die Phasen einer beteiligten Kippschwingung durch Zeitgeber, also infolge eines Temperatur- oder Lichtsignals sofort entsprechend der oben diskutierten Weise endgültig neu determiniert werden, die Phasen eines mit ihm gekoppelten zweiten Oscillators aber erst im Verlauf einiger Cyclen. Solche Vorgänge dürften tatsächlich (namentlich bei höheren Organismen) vorkommen; sie müssen aber zur Erklärung von *Transients* nicht notwendig sein.

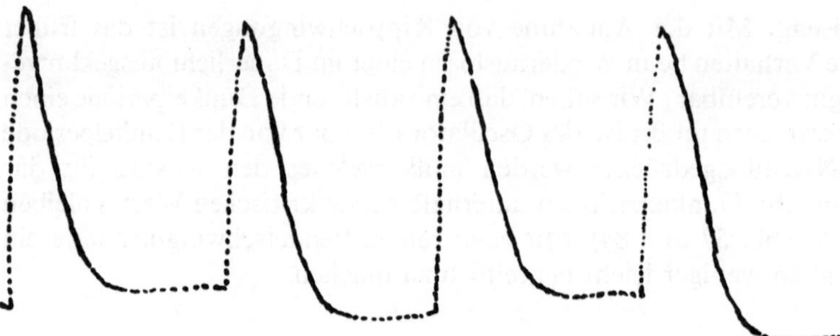

Abb. 86. Experimentelle Herstellung einer Kippschwingung aufgrund von Alles-oder-Nichts-Reaktionen. *Mimosa pudica*, periodische Reaktionen auf kontinuierlichen elektrischen Reiz. Die Abstände der Einzelreaktionen betragen einige Minuten. (Nach Bose aus Bünning [539])

Allgemeines über Kippschwingungen mit *Transients*. Daß auch bei Kippschwingungen *Transients* möglich sind, läßt sich leicht an einem biologischen Modell zeigen, und zwar wieder an den obengenannten Bewegungen von Pflanzen, für die Alles-oder-Nichts-Erregungen verantwortlich sind.

Wir könnten hier genauso gut die Erregungsvorgänge in Nerven und Muskeln heranziehen. Die physiologischen Vorgänge bei den Alles-oder-Nichts-Erregungen in Pflanzen scheinen weitgehend mit denen der Tiere verwandt zu sein. Nur verlaufen die Prozesse bei Pflanzen erheblich langsamer, so daß sie schon darum als „Modell" für gewisse Eigenschaften der circadianen Rhythmik Vorteile bieten.

Solche pflanzlichen Bewegungen, die auf Alles-oder-Nichts-Erregungen beruhen, sind schon vor Jahrzehnten gründlich untersucht worden, und wir wissen, daß für sie typische Erregungsvorgänge mit den bekannten Begleiterscheinungen verantwortlich sind, d. h. es zeigen sich Aktionsströme und, was für uns wichtiger ist, absolute sowie sich diesen anschließende relative Refraktärstadien. Die absoluten Refraktärstadien liegen in der Größenordnung von etwa 2–5 min, die relativen erreichen 15–30 min. Ausgelöst werden können solche Bewegungen durch Stoßreize (sog. Seismonastie), in einigen Fällen auch durch Lichtreize.

Bei manchen Objekten können, wie schon erwähnt, derartige Bewegungen, günstige Licht- und Temperaturbedingungen vorausgesetzt, auch als „autonome" Bewegungen erscheinen, d. h. es zeigt sich dann eine Rhythmik, die vollkommen der Definition einer endogenen entspricht. Außerdem gibt es alle Übergänge zwischen diesen Typen. Wir können z. B. durch Dauerreizung periodische Bewegungen auch dort verursachen, wo sonst nur einmalige Reaktionen auftreten (Abb. 86). Das gelingt aber u. U. auch manchmal durch einen einmaligen starken Reiz. Dieser setzt so viel Erregungssubstanz (eine tatsächlich durch Extraktion nachweisbare Substanz) frei, daß nach dem Abklingen der ersten Erregung noch genügend Substanz für eine zweite und dritte vorhanden bleibt; d. h. das Abklingen der Refraktärstadien ist nicht identisch mit einer Zerstörung der Erregungssubstanz. (Auch bei der Nervenerregung können ja die „Aktionssubstanzen" länger nachweisbar sein als die Erregungen.)

Von Vorgängen dieser Art wissen wir, daß der Gesamtverlauf aus einem Zerfalls- und einem Restitutionsvorgang resultiert. Der Restitutionsvorgang wird durch den Zerfallsvorgang hervorgerufen; er beginnt schon, bevor der Zerfall beendet ist (und darin liegt eine der wesentlichen, auch für die circadiane Rhythmik

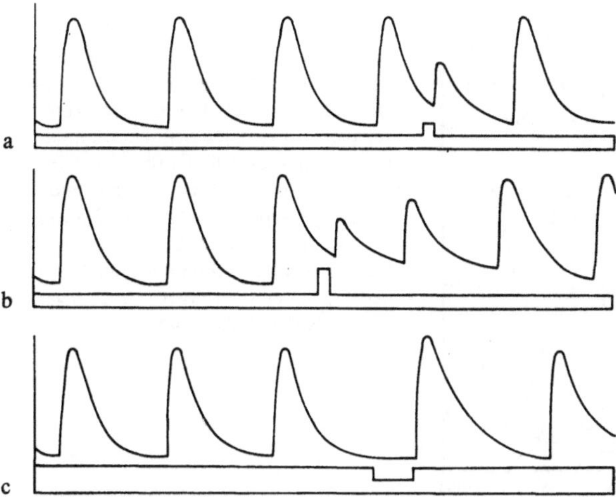

Abb. 87a–c. Verlauf von Schwingungen, die auf Alles-oder-Nichts-Erregungen beruhen, also vom Typ der in den Abbildungen 83 und 88 dargestellten Bewegungen sind. (a) Reizerhöhung (Marke) führt zu vorzeitiger Unterbrechung des relativen Refraktärstadiums. Die so bedingte zusätzliche Erregung hat ein kürzeres Refraktärstadium als die normale, so daß auch die abschließende Reaktion in einem verkürzten Abstand eintritt. (b) Ist diese Reizerhöhung sehr stark, so führt sie zu einer länger andauernden Anhäufung von Erregungssubstanz, also für mehrere „Perioden" zu vorzeitiger Durchbrechung der Refraktärstadien. (c) Entgegengesetzte Änderung des physiologischen Zustandes (z. B. vorübergehende Abschwächung der Dauerreizung) führt zu verspäteter Durchbrechung des relativen Refraktärstadiums, infolgedessen zu einer stärkeren Erregung mit verlängertem Refraktärstadium

betonten Abweichungen von einfachen Kippschwingungs-Modellen). Bei Nervenerregungen können die Erholungsprozesse bekanntlich ebenfalls schon während der Aktion beginnen. Durch die frühzeitige Auslösung des Restitutionsvorganges führt der Zerfall und damit die Bewegungsreaktion meist nicht bis zu dem ohne Restitution möglichen Endwert. Schließlich sorgt der Restitutionsvorgang für ein allmähliches Abklingen der Refraktärstadien. Der Restitutionsvorgang entspricht natürlich dem, was wir bei einer Kippschwingung allgemein als Energie erfordernden Spannungsvorgang der Relaxation entgegenstellen.

Verursachen wir nun an einem solchen Objekt durch Dauerreizung eine periodische Aktion der genannten Art, so können wir diese Rhythmik durch einen einmaligen starken Reiz in folgender Weise stören (Abb. 87): Der Reiz läßt eine erneute Erregung eintreten, bevor das relative Refraktärstadium bis zu dem niederen Niveau abgeklungen ist, bei dem durch die Dauerreizung spontan eine neue Erregung eingetreten wäre. Diese Erregung in einem noch früheren Abschnitt des relativen Refraktärstadiums und die von ihr bedingte verfrühte Reaktion sind geringer als die normalen (so ist es charakteristisch für Erregungen durch starke Reizung innerhalb der relativen Refraktärstadien). Weil diese Erregung geringer ist, kann auch deren Refraktärstadium entsprechend kürzer sein. Auch das ist durch experimentelle Befunde für tierische und pflanzliche Objekte bekannt geworden (vgl. z. B. [538, 552]). Zwangsläufig tritt daher die übernächste Reaktion beim Fortlaufen der Dauerreizung, obwohl nicht noch einmal ein neuer stärkerer Einzelreiz geboten wird, verfrüht ein. Selbst die noch späteren Cyclen dieser Rhythmik können solche *Transients* erkennen lassen, wenn nämlich der einmalige

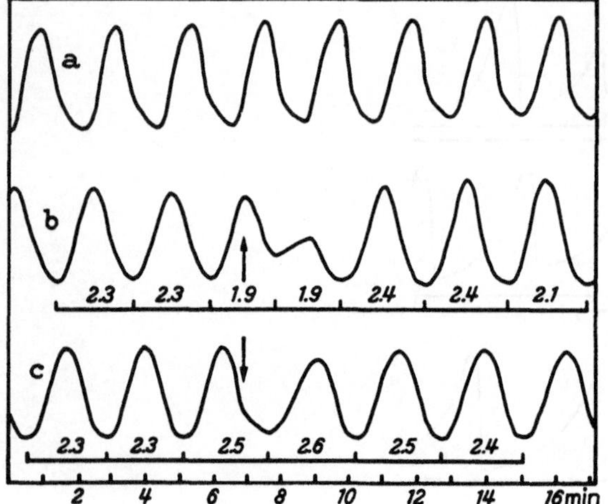

Abb. 88. *Desmodium gyrans.* Autonome Blättchenbewegungen mit Perioden von wenigen Minuten. *a* Die ungestörte Bewegung (LL, konstante Temperatur von 27°C); *b* Schock mit niedriger Temperatur (0°C) für 15 s während der durch Pfeil angegebenen Phase. „Beschleunigung" von 2,3 auf 1,9 min, *Transients; c* Darbietung des Schocks während einer anderen Phase bedingt „Verzögerungen" mit *Transients*. (Nach Cihlar [545])

stärkere Reiz so stark war, daß er – wie weiter oben erwähnt – zu einer extremen Anhäufung von Erregungssubstanz führte. Dann wird über mehrere Perioden hinweg das Refraktärstadium verfrüht durchbrochen (Abb. 87b). (Es kommt auch vor, daß die Refraktärstadien einer solchen Erregung gerade länger sind; aber diese Einzelheiten sind hier für uns belanglos.)

Experimentelle Beispiele. Kurzperiodische Blattbewegungen mögen als Beispiel für das Auftreten von *Transients* bei Phasenverschiebungen durch einmalige Reize dienen. Bei *Desmodium gyrans* ähnelt der Verlauf dieser Bewegungen mehr dem Bild harmonischer Schwingungen als bei den in den Abbildungen 83 und 86 gezeigten Beispielen. Die Art des Reagierens von *Desmodium* auf Einzelreize und die entsprechende Phasen-*Response*-Kurve sind aus den Abbildungen 88 und 89 zu erkennen. Ein weiteres Beispiel ist in Abbildung 90 gezeigt. Entsprechende Effekte sind für Nerven [536, 547] und für andere Rhythmen bei Tieren [549] sowie für Riesenzellen von Algen [535] beschrieben worden.

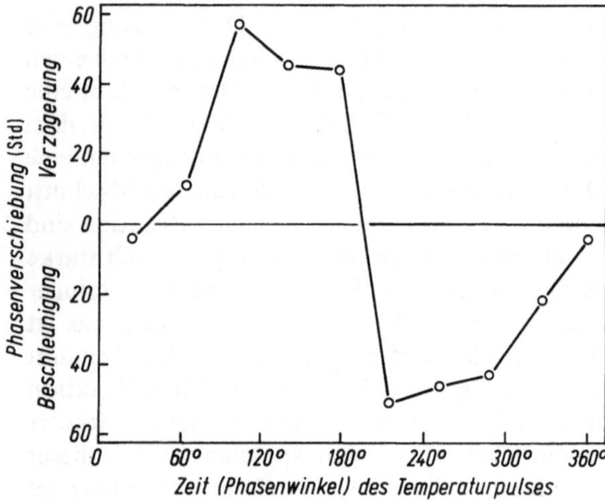

Abb. 89. *Desmodium gyrans.* Phasen-*Response*-Kurve, ermittelt durch eine größere Anzahl von Experimenten der Art, wie sie in Abbildung 88 dargestellt sind. „Beschleunigungen" und „Verzögerungen" ausgedrückt als %-Abweichung gegenüber den Kontrollen in der erforderlichen Zeit zur Durchführung von 3 Cyclen nach dem Kälteschock. Abscisse: Phasen des (in diesem Fall etwa 2 min betragenden) Cyclus. Phase 0° entspricht dem Maximum der Blättchenhebung; Phase 180° dem Maximum der Senkung. (Nach Cihlar [545])

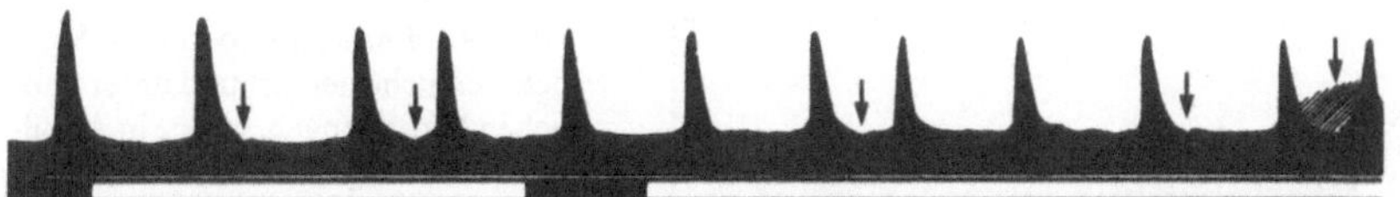

Abb. 90. Beispiel für Phasenverschiebung („Beschleunigung" und „Verzögerung") in der kurzperiodischen elektrischen Oscillation der Alge *Chara*. Einfluß elektrischer Reizung, die zu unterschiedlichen Phasen der Refraktärzeiten geboten wurde. Die schwarze Unterbrechung der hellen Linie an der Basis markiert 1 min. (Nach Auger [537])

g) Die Refraktärstadien im circadianen Cyclus

Die Analogie zwischen dem Verhalten der viel länger bekannten kurzperiodischen biologischen Rhythmen und der circadianen wird noch deutlicher, wenn wir die Refraktärstadien betrachten.

Jene kurzperiodischen biologischen Rhythmen unterliegen dem Gesetz der Alles-oder-Nichts-Reaktion. Infolgedessen zeigen sie absolute und relative Refraktärstadien. Ähnliches (mit Abweichungen) zeigen auch die circadianen Cyclen. Ein Refraktärstadium ist allerdings nicht in Beispielen wie den in den Abbildungen 70 und 72 dargestellten zu erkennen, wohl aber in den Abbildungen 67 und 69. In den letztgenannten Kurven zeigen sich Phasen, die auf Lichtpulse überhaupt nicht reagieren. In diesen Fällen kann verdeutlicht werden, daß mindestens ein Teil dieser Refraktärstadien ein relatives ist: Wenn die Stärke des im DD gebotenen Lichtpulses erhöht wird, wird das Refraktärstadium vorzeitig durchbrochen [534, 554], so daß sich die schon erwähnte Verschiebung in den Phasen-*Response*-Kurven, d. h. die Verschiebung des Übergangs von Verzögerung zu Beschleunigung ergibt (vgl. S. 72 und Abb. 92). Mit anderen Worten, Verstärkung des Lichtpulses läßt Phasen-*Response*-Kurven vom Typ der in den Abbildungen 67 und 69 dargestellten übergehen in solche vom Typ der in Abbildung 70 wiedergegebenen.

Ein relatives Refraktärstadium ist im circadianen Cyclus immer erkennbar: Die Amplituden und Perioden von Cyclen, die dem Lichtpuls folgen, hängen von der

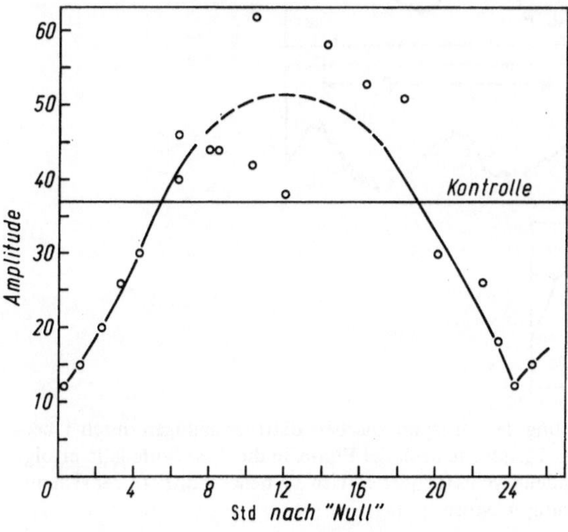

Abb. 91. Ergebnis der Analyse einer größeren Anzahl von Versuchen mit *Kalanchoe* der Art, wie sie in Abbildung 72 dargestellt sind. „Beschleunigungen" sind mit Amplitudenverringerung, „Verzögerungen" mit Amplitudenvergrößerung verbunden. (Nach Bünning u. Blume [541])

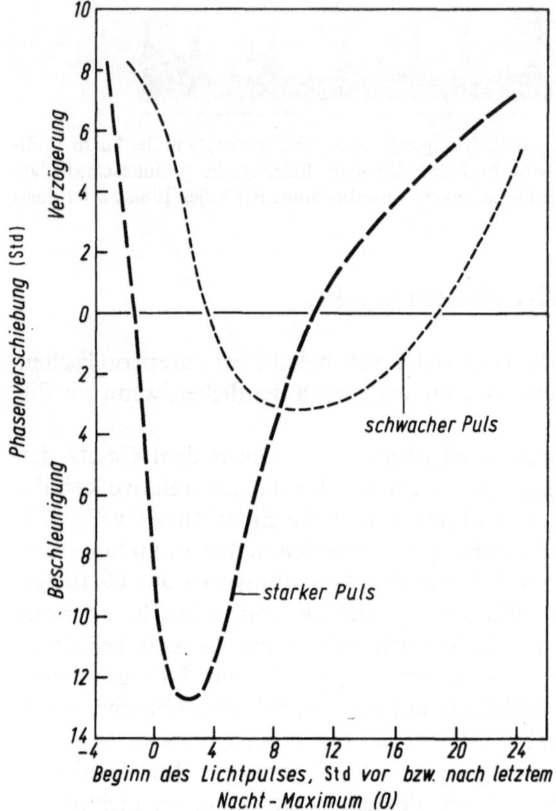

Abb. 92. *Phaseolus coccineus.* Störlichtversuche der Art und unter ähnlichen Bedingungen, wie sie in Abbildung 67 dargestellt sind. Ein Puls erhöhter Lichtintensität, der schwaches LL unterbricht, führt um so früher zu einer „Beschleunigung" (d. h. zur Auslösung eines neuen Cyclus im relativen Refraktärstadium), je größer die Intensität des Lichtpulses ist. (Schematische Darstellung)

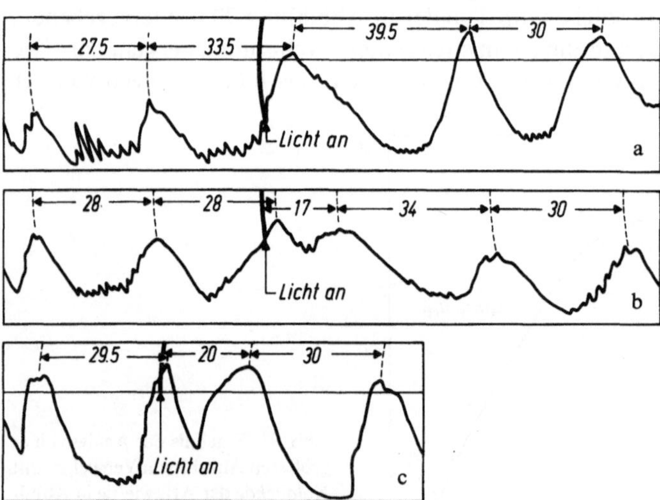

Abb. 93a–c. *Phaseolus coccineus.* Beeinflussung der tagesperiodischen Blattbewegungen durch Übergang von DD zu LL während der markierten Phasen. Je nach der Phase, in die diese Stufe fällt, erfolgt entweder eine Verlängerung des schon laufenden Cyclus (a) oder es wird ein neuer induziert, der sich mit dem laufenden überlappt (b, c). (Nach Bünning u. Moser [543])

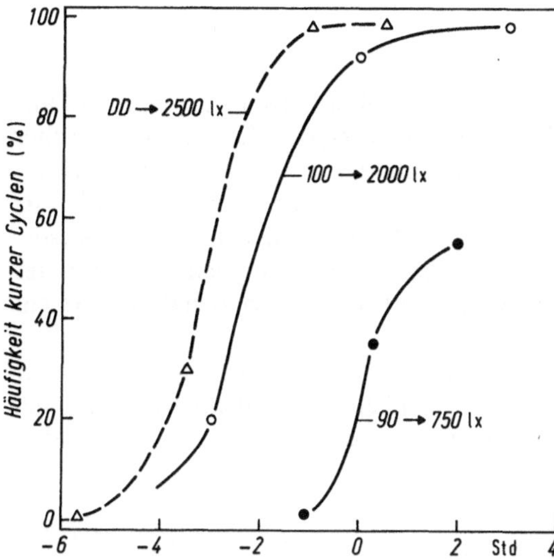

Abb. 94. Nach Experimenten der Art, wie sie in Abbildung 93 dargestellt sind, jedoch außer der Stufe von DD zu LL auch Stufen von LL niedriger Intensität (90 bzw. 100 Lux) zu LL höherer Intensität. Abscisse: Phase, in die die Stufe fällt (Stunden vor bzw. nach dem Maximum des getroffenen Cyclus). Ordinate: Prozentuale Häufigkeit der Induktion neuer Cyclen (wie sie Abb. 93b zeigt). Man sieht, daß diese Häufigkeit um so größer ist, je später im Cyclus die Stufe lag, daß die Neuauslösung aber um so früher erfolgen kann, je höher die Stufe war. Eigenschaften relativer Refraktärstadien!

getroffenen Phase ab. Schon Abbildung 70 läßt diese Abhängigkeit der Amplituden erkennen, die mathematische Analyse solcher Versuche (Abb. 91) aber noch deutlicher.

Relative Refraktärstadien in kurzperiodischen biologischen Reaktionen und Rhythmen sind (trotz des Alles-oder-Nichts-Verhaltens) nicht nur durch die dann induzierbaren geringeren Amplituden gekennzeichnet, sondern auch durch höhere Reizschwellen. Das gilt auch für die circadianen Cyclen. Wir haben das schon aus der Verschiebung des Übergangs von Verzögerung zur Beschleunigung in den Phasen-*Response*-Kurven bei Verstärkung des Pulses geschlossen. Abbildung 93 bringt hierfür weitere Belege. In diesen Versuchen mit *Phaseolus* wurden die Pflanzen von DD in LL übertragen oder von LL geringerer Intensität in LL höherer Intensität. Abbildung 93 zeigt, daß diese Stufe zu zwei verschiedenartigen Reaktionen führen kann. Entweder wird die Periode, in die die Stufe fällt, extrem verlängert, oder es wird ein neuer Cyclus induziert, der sich mit dem schon laufenden überlagert (Abb. 93b und c). Abbildung 94 zeigt, daß die Häufigkeit des Auftretens dieser neuen Cyclen nicht nur von der Phase abhängt, in die die Lichtstufe fällt, d.h. daß diese Häufigkeit nicht nur davon abhängt, wieweit das relative Refraktärstadium abgeklungen ist, sondern auch von der Höhe der Stufe. Eine hohe Stufe (von DD zu LL mit 2500 Lux) ermöglicht das Auftreten neuer Cyclen etwa 4 h früher im relativen Refraktärstadium als die relativ niedrigere Stufe von LL 90 Lux zu LL 750 Lux.

Es gibt experimentelle Hinweise darauf, daß circadiane Rhythmen bei Tieren sich ähnlich verhalten. Der erste Cyclus nach einer Übertragung von DD zu LL kann wesentlich länger sein als die sich anschließenden Cyclen im neuen *Steady state*. Dieser *Overshoot* kann Werte von mehr als 2 h erreichen (so im Käfer *Tenebrio molitor* [548]), in anderen Fällen Werte zwischen 1 und 4 h (so bei der Schabe *Blaberus craniifer* [555]). Daß der *Overshoot* bei *Phaseolus* noch größer ist, könnte aus der zusätzlichen Energielieferung durch Einschaltung der Photosynthese erklärt werden.

h) Schlußfolgerung

Die Ausführungen auf den vorhergehenden Seiten sollten zeigen, daß die circadiane Rhythmik gleichsam nach dem Modell vieler kurzperiodischer biologischer Rhythmen arbeitet. Was die circadiane Rhythmik ebenso wie jene kurzperiodischen Rhythmen von manchen anderen Kippschwingungen unterscheidet, ist die Tatsache, daß schon während der Relaxation Restitutionsvorgänge einsetzen. Diese äußern sich einerseits im Abklingen der Refraktärstadien während der Relaxation, andererseits darin, daß auch während dieses Periodenabschnitts ein gewisser Energiebedarf bestehen kann.

Aus dieser Überlappung verschiedenartiger Vorgänge mag sich auch die früher erwähnte Tatsache erklären, daß (mindestens in einigen Fällen) nur einer der beiden extremen Werte des circadianen Cyclus scharf determiniert, der andere aber variabel ist (Abb. 82).

Literatur

a) Zusammenfassende Darstellungen

526. Klotter, K.: General properties of oscillating systems. Cold Spring Harbor Symp. Quant. Biol. **25**, 185—187 (1960)
527. Pavlidis, T.: Biological Oscillators: Their Mathematical Analysis. New York: Academic Press 1973
528. Pittendrigh, C. S.: Circadian rhythms and the circadian organization of living systems. Cold Spring Harbor Symp. quant. Biol. **25**, 159—184 (1960)
529. Pittendrigh, C. S., Bruce, V. G.: An oscillator model for biological clocks. In: Rhythmic and Synthetic Processes in Growth. D. Rudnick (ed.), S. 75—109. Princeton: Univ. Press 1957
530. Pittendrigh, C. S.: Daily rhythms as coupled oscillator systems and their relation to thermoperiodism and photoperiodism. In: Photoperiodism and Related Phenomena in Plants and Animals. R. B. Withrow (ed.), S. 475—505. Washington: Amer. Ass. Adv. Sci. 1959
531. Wever, R.: Zum Mechanismus der biologischen 24-Stunden-Periodik. Kybernetik **1**, 139—154 (1962)
532. Wever, R.: Zum Mechanismus der biologischen 24-Stunden-Periodik. Kybernetik **2**, 127—144 (1964)
533. Wever, R.: A mathematical model for circadian rhythms. In: Aschoff [1], S. 47—63 (1965)
534. Winfree, A.: Unclocklike behavior of biological clocks. Nature **253**, 315—319 (1974)

b) Originalarbeiten

535. Albe, D.: C. R. Soc. Biol. (Paris) **135**, 1563—1565 (1940)
536. Arvanitaki, A.: Arch. Int. Physiol. **53**, 533—559 (1943)
537. Auger, D.: Comparaison entre la rythmicité des courants d'action cellulaires chez les végétaux et chez les animaux. Paris: Hermann 1936
538. Bünning, E.: Z. Bot. **21**, 465—536 (1929)
539. Bünning, E.: Handb. Pflanzenphysiol. **17** (1), 184—238 (1959)
540. Bünning, E.: Z. Bot. **51**, 174—178 (1963)
541. Bünning, E., Blume, J.: Z. Bot. **51**, 52—60 (1963)
542. Bünning, E., Kurras, S., Vielhaben, V.: Planta (Berl.) **64**, 291—300 (1965)
543. Bünning, E., Moser, I.: Planta (Berl.) **77**, 99—107 (1967)
544. Bünning, E., Zimmer, R.: Planta (Berl.) **59**, 1—14 (1962)

545. Cihlar,J.: Diss. Tübingen 1966
546. Darwin,Ch.: The Power of Movement in Plants. London: Murray 1880
547. Fessard,A.: C. R. Soc. Biol. (Paris) **136**, 268—272 (1942)
548. Lohmann,M.: Z. vergl. Physiol. **49**, 341—389 (1964)
549. Marx,Ch.H., Isch,F., Rohmer,F.: Rev. Neurolog. **82**, 1—6 (1950)
550. Pittendrigh,C.S.: In: The Neurosciences: Third Study Program. F. O. Schmitt and F. G. Worden (ed.). Cambridge, Mass.: MIT Press 1974
551. Satter,R., Applewhite,P., Galston,A.: Plant Physiol. **54**, 280—285 (1974)
551a.Steinheil,W.: Z. Pflanzenphysiol. **62**, 204—215 (1970)
552. Umrath,K.: Z. Biol. **87**, 85—96 (1928)
553. Umrath,K.: Handb. Pflanzenphysiol. **17** (1), 24—110 (1959)
553a.Wilkins,M.B.: Planta (Berl.) **72**, 66—77 (1967)
554. Winfree,A.T.: J. theor. Biol. **28**, 327—374 (1970)
555. Wobus,U.: Biol. Zentralbl. **85**, 305—323 (1966)

8. Ansätze zur biochemischen und biophysikalischen Analyse

a) Irreführende Ansätze

Schlußfolgerungen aus den Q_{10}-Werten. Die früher besprochene geringe Abhängigkeit der Periodenlängen von der Temperatur hat oft zu Spekulationen geführt, nach denen Diffusionsvorgänge entscheidend am „Uhrwerk" beteiligt sein sollen, oder auch zur Annahme, es bestehe ein besonderer Regulationsmechanismus, der den unvermeidlichen Temperatureinfluß wieder kompensiert. Aus unseren früheren Darlegungen (Abschnitte 5 und 7) ergibt sich, daß diese Ansätze von der jetzt als falsch erwiesenen Annahme ausgingen, Änderungen der Periodenlängen seien Ausdruck geänderter *Geschwindigkeit* von Vorgängen, d. h. man verglich die physiologische Uhr mit unseren geläufigen Uhren, bei denen wir ohne weiteres aus der zur Wiederkehr gleicher „Phasen" erforderlichen Zeit schließen können, ob die Uhr zu schnell oder zu langsam läuft. Bei der circadianen Rhythmik aber ist die Periodenlänge auch Ausdruck des *Andauerns* von energetisch zudem qualitativ verschiedenen Vorgängen.

„Verzögerungen" und „Beschleunigungen". Auch für die Ausführungen auf den nächsten Seiten sei daher nochmals ausdrücklich betont, daß die Ausdrücke „Verzögerung" bzw. „Beschleunigung" nur bedeuten: verzögertes bzw. beschleunigtes Wiedereintreten bestimmter Phasen des Cyclus. Über die Geschwindigkeit der zugrunde liegenden Prozesse wird damit nichts ausgesagt.

Schlußfolgerungen aus der kontinuierlichen Einwirkung von Giften usw. Aus demselben Grund besagen zahlreiche mehr oder weniger vergebliche Versuche, die Periodenlänge durch Chemikalien zu beeinflussen, nicht viel. Ebenso wie beim Studium der Temperaturwirkungen erst Experimente mit zu verschiedenen Phasen gebotenen Temperaturpulsen interessante Ergebnisse brachten, können auch erst Versuche mit zu verschiedenen Phasen gebotenen Substanzen große Fortschritte bringen. Auf solche Versuche kommen wir zurück. Nur wenige Substanzen haben, wenn sie kontinuierlich geboten werden, bei allen geprüften Objekten einen immer signifikanten Effekt. Das gilt namentlich für schweres Wasser (D_2O). Dieses wirkt immer periodenverlängernd. Das beruht aber eben darauf, daß D_2O, wie experimentell in Pulsversuchen bestätigt wurde, immer verzögernd, jedenfalls nie beschleunigend wirkt, einerlei welche Phase betroffen ist. Andere Substanzen können eben entweder hemmend oder beschleunigend wirken bzw. auch wirkungslos bleiben, je nachdem zu welchen Phasen sie geboten werden. Das gilt z. B. für Atmungsgifte ganz analog wie für Temperaturpulse (vgl. Abschnitte 5 und 7).

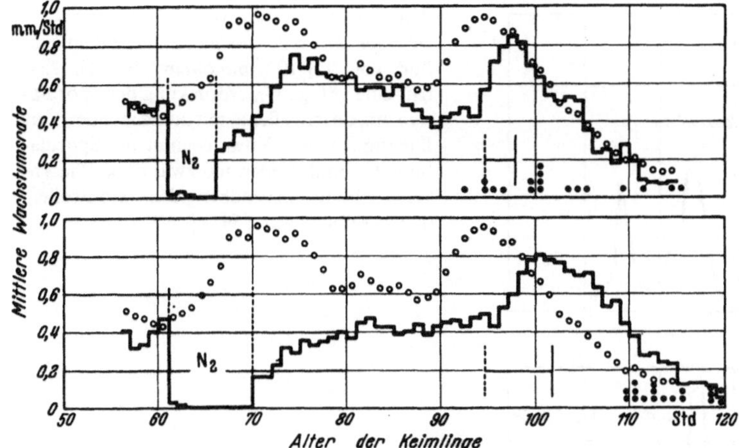

Abb. 95. Wachstumsrhythmik der Hafer-Keimscheiden (*Avena*-Coleoptilen) im DD unter dem Einfluß einer Verdrängung des Sauerstoffs durch Stickstoff zu den angegebenen Zeiten. Die Kreise zeigen den Verlauf der Rhythmik bei Kontrollen. Man sieht, daß das erste Wachstumsmaximum nach Stickstoffeinwirkung stärker verzögert ist als das nächstfolgende. (Nach Ball u. Dyke [585a])

Irrige Schlußfolgerungen aus der Hemmung der von der Uhr gesteuerten Vorgänge. Von einer bestimmten Phase der circadianen Rhythmik bis zum Eintreffen einer bestimmten Phase der von ihr gesteuerten peripheren Rhythmik vergeht je nach Art des gesteuerten Vorganges eine unterschiedlich lange Zeit. Dieser Zeitabschnitt kann u. U. stark von der Temperatur, von Giften usw. beeinflußt werden. Zu Unrecht ist daraus gelegentlich auf eine Beeinflussung der zentralen circadianen Rhythmik geschlossen worden. Erst Registrierung des betreffenden Vorganges über mehrere Tage hinweg erlaubt Schlußfolgerungen. Abbildung 95 zeigt ein Beispiel: Durch Sauerstoffentzug wird das nächste Maximum der Wachstumsgeschwindigkeit erheblich verzögert. Das darauf folgende tritt aber gegenüber den Kontrollen viel weniger verzögert ein.

Auch kann durch bestimmte Gifte ein von der circadianen Rhythmik gesteuerter Vorgang u. U. ausgeschaltet werden. Daß daraus nicht notwendig auf einen Stillstand der Uhr geschlossen werden darf, zeigt das in Abbildung 96 dargestellte Beispiel: Nach Entfernung des Giftes beginnt die unterdrückte Rhythmik des gemessenen physiologischen Vorganges wieder ohne Phasenverschiebung gegenüber den Kontrollen.

Immerhin bestätigen Versuche mit Atmungsgiften oder mit Sauerstoffentzug, was auch aus Versuchen mit niedrigen Temperaturen geschlossen werden konnte (vgl. S. 82): Die circadiane Rhythmik läuft mit sehr geringem Energiebedarf.

b) Circadiane Enzymrhythmen

Beispiele. Um circadiane Vorgänge zu erklären, ist schon vor etwa zwei Jahrzehnten bei Pflanzen erfolgreich nach circadianen Schwankungen extrahierbarer Enzyme gesucht worden [603, 617, 644, 662]. Auch für tierische Gewebe liegen, namentlich

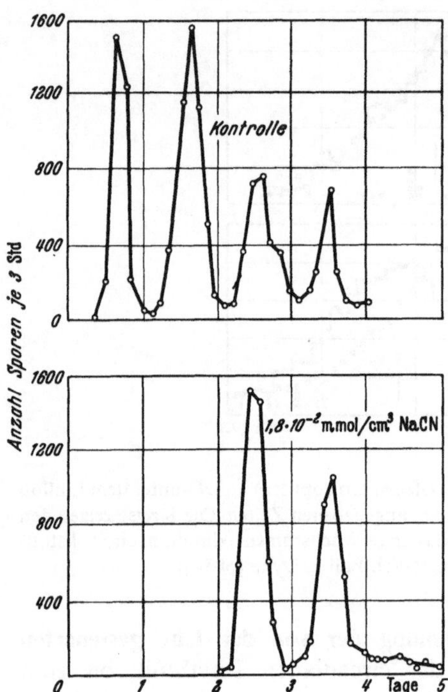

Abb. 96. Sporulationsrhythmik bei der Alge *Oedogonium cardiacum* im LL unter dem Einfluß von $1,8 \cdot 10^{-2}$ mmol/cm³ NaCN. Erst tritt eine völlige Unterdrückung der Sporulation ein, anschließend, mit zunehmender Verflüchtigung des Giftes, beginnt die Sporulationsrhythmik wieder, und zwar ohne Phasenverschiebung gegenüber den Kontrollen. (Nach Bühnemann [591a])

seit den jüngsten 10–15 Jahren zahlreiche Angaben vor, z. B. für Niere und Nebenniere [581, 614] sowie Leber [615, 616].

Die circadiane Natur dieser Enzymrhythmen, d. h. die Fortsetzung unter konstanten Bedingungen (DD oder LL) wurde in vielen Fällen nachgewiesen.

Schwierigkeit der Interpretation. Vor Jahrzehnten neigte man oft dazu, die gefundenen tagesperiodischen Enzymrhythmen als „Räder im Uhrwerk" zu sehen. Es wurde z. B. vermutet, starker Glykogen- oder Stärkeabbau sei Ursache für Zuckeranhäufung, und dadurch werde nach dem Massenwirkungsgesetz die Aktivität der Polysaccharid abbauenden Enzyme solange gehemmt, bis wieder genügend Zucker verbraucht bzw. forttransportiert ist. Oder: Starke Photosynthese sei Ursache für die Anhäufung von Zucker in den Blättern, und dadurch werde die photosynthetische Kapazität reduziert, bis wieder genügend Zucker fortgeleitet oder in Stärke umgewandelt ist.

Solche Interpretationen haben sich als falsch erwiesen. Einige experimentelle Hinweise mögen das veranschaulichen. Die Rhythmik der Proteinsynthese in der Leber setzt sich im Zustand des Hungerns fort [625a]. Die Photosynthese kann bei *Gonyaulax* durch spezifische Enzymgifte unterdrückt werden, aber die circadiane Rhythmik kann dann, wie z. B. das Andauern der Biolumineszenzrhythmik zeigt, fortlaufen. Durch andere Gifte kann die Biolumineszenzrhythmik unterdrückt werden, aber nach Entfernung des Giftes setzt die Rhythmik wieder ohne Phasenverschiebung ein [564].

Wichtig ist auch die Feststellung, daß (bei Euglenen) circadiane Enzymrhythmen noch nach Ausschaltung der Zellteilungsrhythmen weiterbestehen können

[560, 654], wir es also nicht notwendig mit einer Sequenz von Enzymaktivitäten zu tun haben, die mit den einzelnen Stadien des Mitosecyclus zusammenhängen.

Schwankungen von Enzymaktivitäten können bekanntlich verschiedene Ursachen haben. Die älteren Deutungen waren sicher zu einfach, aber auch nach circadianen Schwankungen von Enzyminhibitoren und -aktivatoren ist schon vergeblich gesucht worden [630, 654].

Bis jetzt ist von keinem Enzym nachgewiesen, daß es zum „Uhrwerk" gehört. Wir müssen also mit der Möglichkeit rechnen, daß alle gefundenen Enzymrhythmen mehr periphere, von der Uhr gesteuerte Rhythmen sind. Viele der gefundenen Enzymrhythmen betreffen zudem solche, die eindeutig mit dem spezifischen Vorgang zu tun haben, der gerade als Indicator für den Lauf der Uhr gewählt wurde. Luciferase z. B. hat natürlich nur etwas mit der Biolumineszenzrhythmik zu tun.

Wie steuert die Uhr Enzymrhythmen? Denkbar wäre, daß die circadiane Uhr vorhandene Enzyme aktiviert oder inaktiviert. Solche Vorgänge, z. B. auf dem Weg von Konformationsänderungen, sind biochemisch gut bekannt [564]. Denkbar bzw. nachgewiesen sind auch circadiane Schwankungen der Enzymproduktion und des Enzymabbaus [654].

c) Enzymproduktion

Es gibt experimentelle Hinweise für circadiane Rhythmen der Enzym- (bzw. Protein-)synthese, z. B. für *Euglena* [611] und für Leberzellen [615]. Diese Rhythmen dürften teilweise die gefundenen circadianen Schwankungen extrahierbarer Enzyme erklären. Andererseits wurde gefunden, daß durch Gifte der Proteinsynthese circadiane Rhythmen zwar unterdrückt werden können, diese aber nach Entfernung des Giftes ohne Phasenverschiebung wieder auftraten [654]. Andere experimentelle Befunde sprechen für eine Mitwirkung der Proteinsynthese im Uhrwerk selber [622, 644a].

Es ist schwer, aus diesen Untersuchungen Schlußfolgerungen zu ziehen. Das Weiterlaufen der Uhr ohne meßbare Proteinsynthese beweist ebenso wenig wie das Fortlaufen ohne meßbare Atmung. Auch das, was unterhalb des Meßbaren liegt, mag wichtig sein. Andererseits beweisen Phasenverschiebungen durch Verhinderung der Proteinsynthese nicht sehr viel, weil selbstverständlich ein kontinuierlicher Abbau von Proteinen ersetzt werden muß.

d) Die mögliche Rolle des Zellkerns

Die hypothetische Vermutung, eine rhythmische Enzymproduktion könne Grundlage der circadianen Rhythmik sein, führt zur Frage, ob sich im Zellkern, dem wichtigsten Sitz der für die Enzymproduktion entscheidenden DNA, circadiane Rhythmen nachweisen lassen.

Mitosecyclen. Wir haben wiederholt erwähnt, daß die Mitose von der circadianen Rhythmik gesteuert werden kann, sie aber nicht notwendigerweise von ihr

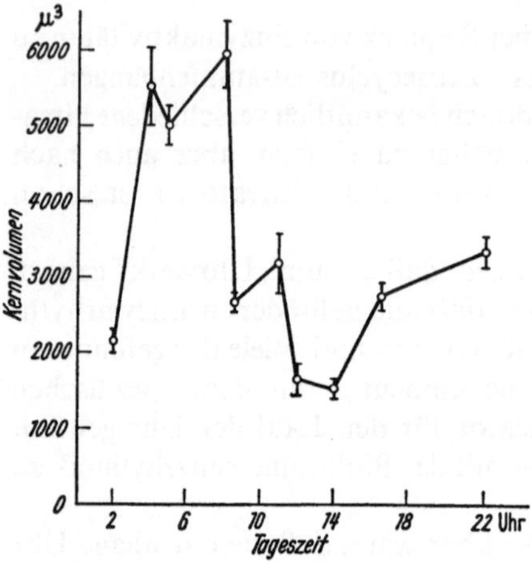

Abb. 97. *Allium cepa* (Küchenzwiebel). An lebenden Zellen gemessene Volumina der Zellkerne in den Schließzellen der Blattepidermis am zweiten Tag des Beginns von LL und konstanter Temperatur. (Nach Bünning u. Schöne-Schneiderhöhn [598])

gesteuert wird: Oft, aber nicht immer, erlauben nur bestimmte Phasen der circadianen Rhythmik das Eintreten von Mitosen. Der Mitosecyclus ist mit einer Reihe biochemischer Veränderungen verknüpft. Will man die molekulare Basis der circadianen Rhythmik erforschen, so sollten dazu also Zellen bevorzugt werden, bei denen Mitosecyclen nicht die Situation komplizieren.

Circadiane Volumen- und Strukturschwankungen in „Ruhekernen". Ein Hinweis auf den Ablauf circadianer Rhythmen in Kernen, die sich nicht teilen, ist durch Volumenschwankungen der Kerne gegeben. Diese Volumenschwankungen können sehr beträchtlich sein; sie setzen sich unter konstanten Bedingungen fort (Abb. 97). Beobachtet wurden sie wiederholt bei pflanzlichen [598, 619, 650] und tierischen Zellen [625, 633, 642]. In einigen Fällen ist eine enge Beziehung dieser Volumenschwankungen zu anderen circadianen Rhythmen, z.B. solchen der Bewegungsaktivität (Abb. 38 und 39) oder der neurosekretorischen Aktivität [635] deutlich, so daß sich die Vermutung einer steuernden Funktion des Zellkerns aufdrängt (aber natürlich ebensogut an eine gemeinsame Steuerung durch andere Rhythmen gedacht werden kann).

In einigen der Arbeiten über tagesperiodische Volumenschwankungen wurden auch parallel damit verlaufende Änderungen in den Kernstrukturen sowie Änderungen der Nucleolusvolumina beschrieben [613, 650, 665].

Nucleinsäure-Stoffwechsel. Über Tagesrhythmen im DNA- und RNA-Stoffwechsel ist wiederholt berichtet worden [563, 632, 645, 649]. Man hoffte begreiflicherweise, hier den Schlüssel zum Verständnis circadianer Rhythmen der Enzymbildung zu finden. Ein starker Impuls für dieses Suchen kam durch den Befund, daß Actinomycin D circadiane Rhythmen unterdrücken kann. Beobachtet wurde das zunächst an *Gonyaulax* für die Rhythmik der photosynthetischen Kapazität und die der Biolumineszenz [621]. Für andere Objekte wurden ähnliche Befunde mitgeteilt. Actinomycin D ist ein relativ spezifischer Hemmstoff für die DNA-abhängige RNA-Synthese. So erschien die Suche nach DNA- und RNA-Cyclen sinnvoll.

Leider beziehen sich viele der positiven Befunde auf Objekte, die im LD gehalten wurden, oder auch auf Gewebe, in denen Kernteilungen abliefen, also die obengenannten Komplikationen nicht ausgeschlossen waren. Wo diese

Komplikationen vermieden waren, wurden entweder keine oder nur geringe Andeutungen für circadiane Rhythmen im Nucleinsäure-Stoffwechsel gefunden, so bei *Paramaecium* [604] und bei *Gonyaulax* [617]. Bei *Acetabularia* konnte aus einem circadianen Rhythmus des Einbaus von markiertem Uridin auf einen circadianen Rhythmus der RNA-Bildung geschlossen werden [660]; in diesem Fall handelt es sich aber um die RNA-Synthese in Chloroplasten. Jedoch auch für die RNA-Synthese in Zellkernen (tierischer Gewebe) gibt es entsprechende Befunde [602, 634, 641]. Allerdings beziehen sich diese Angaben auf Versuche, die im tagesperiodischen LD durchgeführt wurden.

Circadiane Rhythmen in kernfreien Zellen. Alle Hypothesen zur Erklärung circadianer Rhythmen, die auf der Vermutung einer entscheidenden Rolle eines tagesperiodischen Nucleinsäure-Stoffwechsels beruhen, etwa auf der Annahme einer tagesrhythmischen DNA-abhängigen RNA-Bildung, wurden durch den Befund erschüttert, daß sich in kernfreien Zellen von *Acetabularia* circadiane Rhythmen mehrere Tage oder sogar länger als einen Monat fortsetzen können [564, 579, 651, 657, 659]. In solchen Zellen kann die Rhythmik nicht mehr durch Actinomycin D unterdrückt werden [579].

Es ist paradox, steht aber doch nicht im Widerspruch zu diesem Befund, daß das Wiedereinsetzen eines Zellkerns in kernfreie Zellen die Phasenlage der Rhythmen dieser Zellen neu determinieren kann, und die Rhythmik dann wieder empfindlich gegenüber Actinomycin D wird [579, 651].

Neuere Versuche über circadiane Rhythmen von Enzymaktivitäten in roten Blutkörperchen zeigen ebenfalls, daß Zellkerne nicht für die Rhythmik notwendig sind [616a].

Allgemeines. Es lag nahe, die circadiane Rhythmik auf der Basis des Transcriptions- und Translationsmodells von Jacob und Monod zu erklären. Dieser Erklärungsversuch ist bis in Details hinein ausgearbeitet worden [561]. Die oben mitgeteilten und zahlreiche weitere Befunde zeigen aber, daß eine Tagesrhythmik in der Sequenz von Transcriptionsschritten nicht die Grundlage der circadianen Rhythmik sein kann.

e) Die mögliche Rolle kurzperiodischer Enzymrhythmen

Gegenwärtig werden in der Biochemie enzymatische Oscillationen mit Periodenlängen von einigen Minuten (oder mit noch kürzeren oder auch etwas längeren Perioden) gründlich untersucht [558, 562, 565]. Die Ursachen dieser Rhythmik sind verschiedenartig. Rückkopplung zwischen Enzymtätigkeiten und deren Produkten sowie periodische Enzymproduktion [557] sind die Hauptfaktoren.

Es ist wiederholt versucht worden, die circadianen Oscillationen aus einem Zusammenspiel solcher kurzperiodischer Rhythmen zu erklären. Grundsätzlich läßt sich eine solche Möglichkeit auch modellmäßig demonstrieren [574, 575]. Aber schon diese Modelle zeigen Eigenschaften, die der circadianen Rhythmik fehlen. Es läßt sich am Modell z. B. ein *Splitting* der langen Perioden in kürzere demonstrieren, was aufgrund des Zusammenwirkens von kurzperiodischen Rhythmen nicht erstaunlich ist. Bei der circadianen Rhythmik der Organismen aber ist dieses *Splitting* nur in Vielzellern nachweisbar, beruht also offenbar auf Desynchronisationen zwischen einzelnen Geweben (vgl. S. 42). In Einzellern ist vergeblich nach einem solchen *Splitting* gesucht worden [630]. Weitere Tatsachen, die gegen jene Erklärungsversuche sprechen, sind die starke Temperaturabhängigkeit der Periodenlängen bei kurzperiodischen Enzymrhythmen und vor allem die Phasen-*Response*-Kurven der circadianen Rhythmen. Diese Phasen-*Response*-Kurven, und zwar sowohl die für Versuche mit Temperatur- und Lichtpulsen ermittelten (vgl. Abschnitte 5 und 6) als auch die für chemische Pulse feststellbaren (vgl. S. 107) lassen sich nicht mit der Annahme eines Aufbaus der circadianen Rhythmik aus kurzperiodischen Rhythmen vereinbaren.

f) Die mögliche Rolle biochemischer Oscillationen mit längeren Perioden

Die älteren Ansätze zur Erklärung der circadianen Rhythmik aus den beobachteten tagesperiodischen Enzymrhythmen haben sich als falsch erwiesen (vgl. S. 98). Trotzdem ist der Versuch, zur Erklärung der circadianen Rhythmik biochemische Rhythmen mit längeren Perioden zu studieren, beachtenswert. Das ergibt sich schon aus Modellversuchen, nach denen Populationen relativ einfacher biochemischer Oscillationen Eigenschaften der circadianen Rhythmik aufweisen können [575, 639]. Mehr konkrete Ansätze bieten Untersuchungen über Enzymrhythmen in höheren Pflanzen und Tieren. Es ist beachtlich, wieviele rhythmische

Tabelle 6. Rhythmische Phänomene in *Chenopodium*-Keimlingen. (Nach Wagner [663])

Phänomen	Periodenlänge (h)
Photoperiodisches Ansprechen auf Licht	30
Betacyanakkumulation	24–30 (15)
Betacyan-Turnover	24–30
Adenylat-Kinase-Aktivität	30 (15)
Energieladung$(ATP + 1/2\ ADP/ATP + ADP + AMP)$	21–24 (11–13)
$NADPH/NADP$-Verhältnis	21–24
Dunkelatmung	21–24
Chlorophyllakkumulation	15
Netto-Photosynthese	15
Triosephosphatdehydrogenase-Aktivität $(NADH_2; NADPH_2)$	15
Malatdehydrogenase-Aktivität	12–15
Glutamat-Dehydrogenase-Aktivität	12–15
Glucose-6-phosphat-Dehydrogenase-Aktivität	12–15
Gluconat-6-phosphat-Dehydrogenase-Aktivität	12–15
Pyridinnucleotide, Poolgröße $[NAD(H_2); NADP(H_2)]$	12–15 (6)

In Klammern: Periodenlängen der Untermaxima.
ATP Adenosintriphosphat; *ADP* Adenosindiphosphat; *AMP* Adenosinmonophosphat; *NADP* und *NADPH* oxidierte bzw. reduzierte Form von Nicotinamid-Adenin-Dinucleotid-Sulfat.

Enzymaktivitäten in Pflanzen und Tieren vorkommen [559, 577, 582]. Beispiele sind in Tabelle 6 gegeben. Wir haben wiederholt betont, daß viele solcher Rhythmen von der circadianen Rhythmik gesteuerte periphere Vorgänge sind; das schließt aber andererseits eine Bedeutung langperiodischer Stoffwechselrhythmen für das Zustandekommen der circadianen Rhythmik nicht aus. Im Zusammenhang mit solchen biochemischen Oscillationen kann es — wie die Tabelle zeigt — zu circadianen Schwankungen der Energieladung und des Redoxzustandes (NADPH/NADP-Verhältnis) kommen. Damit würden solche Oscillationen den in Abschnitt 7 betonten energetischen Verhältnissen nahekommen.

Es gibt zwar Überlegungen darüber, wie solche Oscillationen in Wechselwirkung miteinander und mit Membranveränderungen sowie von Diffusionen durch Membranen zu den präzisen circadianen Rhythmen führen können, jedoch bewegen sich diese Überlegungen noch auf recht hypothetischer Grundlage. Auch taucht sofort die Frage auf, ob wir es nicht mit spezifischen Phänomenen vielzelliger Organismen zu tun haben.

g) Substanzwirkungen, die auf die mögliche Beteiligung von Membranen hinweisen

Allgemeines. Keine der Modellvorstellungen zur Erklärung der circadianen Rhythmik kommt, auch wenn sie biochemische Oscillationen in den Vordergrund stellt, ohne die Annahme einer Mitwirkung von Membranprozessen aus. Manchmal wird dabei die für Diffusionen erforderliche Zeit in den Vordergrund gestellt, in anderen Fällen die Veränderung von Enzymaktivitäten durch Zustandsänderungen von Membranen betont [561, 571, 572, 579, 582, 583].

Ein wesentlicher Faktor für die Suche nach circadianen Membranvorgängen bestand in den fehlgeschlagenen Versuchen, durch bekannte Enzymgifte die Periodenlänge oder die Phasenlage der Rhythmik zu modifizieren. Bei den meisten dieser Bemühungen hat sich gezeigt, daß zwar von der Rhythmik gesteuerte periphere Vorgänge verhindert werden können, die Uhr selber in den betreffenden Versuchen aber ungestört weitergelaufen war (erkennbar an fehlenden Phasenverschiebungen nach Entfernung der Gifte, wie z. B. in Abb. 96).

Wiewohl bei solchen fehlgeschlagenen Bemühungen meist zu wenig beachtet worden ist, daß sich die Cyclen aus einer Sequenz energetisch qualitativ verschiedener Stadien ergeben, hat das Prüfen der Wirkung mancher Substanzen zu interessanten Ergebnissen geführt.

D_2O. Am bemerkenswertesten ist die Wirkung von schwerem Wasser (D_2O). Bei kontinuierlicher Einwirkung führte es in allen geprüften Fällen zu einer Verlängerung der Perioden der frei laufenden Rhythmik (Abb. 98), so bei *Euglena* von etwa 23,5–23,75 h auf Periodenlängen bis zu 28 h [591]. Ähnlich stark wird die Periode des Flagellaten *Gonyaulax* beeinflußt [629]. Bei *Phaseolus* (circadiane Blattbewegungen) kann eine Periodenverlängerung um 6 h erreicht werden [599]. Wird Nagern oder Vögeln mit dem Trinkwasser D_2O geboten, so kann die Periode um 6–7% verlängert werden [637, 653]. Ähnlich wird auch der endogene Gezeitenrhythmus des Isopoden *Excirolana chiltoni* durch kontinuierliche Einwirkung von D_2O verlängert [608].

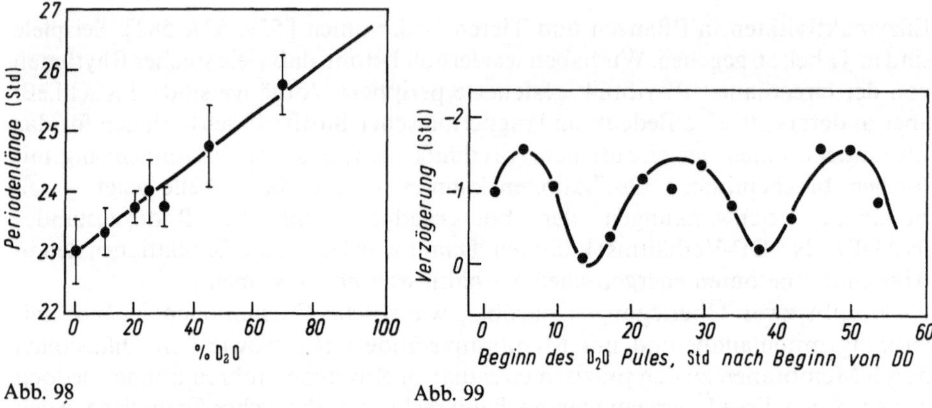

Abb. 98. Blütenblattbewegungen von *Kalanchoe blossfeldiana*. Beeinflussung der Perioden der freilaufenden circadianen Rhythmik durch kontinuierlich einwirkendes D_2O. (Nach Maurer u. Engelmann [627])

Abb. 99. Blütenblattbewegungen von *Kalanchoe blossfeldiana*. Beeinflussung der Perioden der freilaufenden circadianen Rhythmik durch D_2O-Pulse (4 h lange Einwirkung). Je nach den getroffenen Phasen tritt eine unterschiedlich starke Verzögerung im Eintreten der nächsten Maxima ein. Keine Phase reagiert mit signifikanter Beschleunigung. (Nach Maurer u. Engelmann [627])

Über die Wirkungsweise des schweren Wassers besteht keine Klarheit. Besondere Beachtung verdient vielleicht die Tatsache, daß der Austausch von H gegen D die Stabilität von Proteinstrukturen erhöhen kann. Obgleich das nicht die einzige bekannte Wirkung von D_2O ist, bleibt sie doch im Zusammenhang mit den in Abschnitt 7 genannten Eigenschaften des Oscillators beachtenswert, nämlich hinsichtlich des Erreichens kritischer Werte der Spannung, bei denen die Relaxation beginnt. Diese kritischen Werte könnten durch D_2O ähnlich wie durch die in Abschnitt 7 genannte Energiezufuhr erhöht werden. Auch an die in Abschnitt 7 betonten Ähnlichkeiten mit kurzperiodischen biologischen Oscillationen sei erinnert. Für diese ist das Erreichen solcher kritischen Werte (hier nachweislich mit Membranen in Zusammenhang stehend) bekannt. Der periodenverlängernde Einfluß von D_2O ist auch für viele kurzperiodische biologische Oscillationen bei Tieren [560, 608] und Pflanzen [589] nachgewiesen.

D_2O wird gelegentlich als die einzige Substanz bezeichnet, die bei allen daraufhin geprüften Pflanzen und Tieren einen Einfluß auf die circadiane Rhythmik hat. Das trifft jedoch nur zu, wenn an die Periodenveränderung gedacht wird. Richtiger sollte man sagen, daß D_2O die einzige Substanz ist, die bei *kontinuierlicher* Einwirkung in allen geprüften Fällen zur Periodenverlängerung führt. Erklärbar ist das daraus, daß nach Versuchen mit D_2O-Pulsen keine Phase des circadianen Cyclus mit Beschleunigung reagiert. Immer tritt eine Verzögerung oder gar kein signifikanter Effekt ein [601, 627]. Man findet also nicht, wie z. B. bei der Darbietung von Temperatur- oder Lichtpulsen, Phasen-*Response*-Kurven mit Beschleunigungen und Verzögerungen (Abb. 99). Auch dieses Ergebnis ist mit den in Abschnitt 7 gezogenen Schlußfolgerungen vereinbar. Stabilisierende Wirkungen machen die als vorzeitige Cyclenauslösung im relativen Refraktärstadium gedeutete Beschleunigung unmöglich, wirken der autonomen Neuauslösung sogar eher entgegen. Das gilt für kurzperiodische biologische Rhythmen ebenso wie für circadiane.

Alkohol. Periodenverlängerung der frei laufenden Rhythmik durch kontinuierliche Einwirkung von Äthylalkohol wurde zunächst für die Blattbewegungen von *Phaseolus* gefunden [594, 622a]. Die Verlängerung kann mehrere Stunden erreichen. Beim Isopoden *Excirolana chiltoni* zeigte sich hinsichtlich der tidalen Rhythmik ein ähnlicher Effekt [609]. Mit anderen Objekten wurde ein signifikanter Einfluß kontinuierlicher Alkoholdarbietung nicht gefunden, und auch bei *Phaseolus* kann er (je nach den besonderen Versuchsbedingungen) ausbleiben. Bei Pulsversuchen, d. h. Darbietung des Alkohols für kurze Zeiten und zu verschiedenen Phasen konnten jedoch bei mehreren Objekten deutliche Einflüsse gefunden werden. Einige Phasen reagieren auf Alkoholdarbietung mit Verzögerungen, andere mit Beschleunigungen (Abb. 100 und 101), d. h. es konnten ähnliche Phasen-*Response*-Kurven ermittelt werden wie bei Versuchen mit Licht- oder Temperaturpulsen. Gefunden wurde das wieder für die Blattbewegungen von *Phaseolus* [597] und für den Einzeller *Gonyaulax* [655]. Bei beiden genannten Objekten kann Alkoholdarbietung von wenigen Stunden je nach der getroffenen Phase zu Beschleunigungen oder Verzögerungen von mehreren Stunden führen. Es ist also nicht erstaunlich, daß kontinuierliche Darbietung von Alkohol im Gegensatz zur kontinuierlichen Darbietung von D_2O nicht notwendig zur Beeinflussung der Periodenlänge führt.

Welche Veränderungen den Alkoholeinflüssen zugrunde liegen, ist nicht bekannt. Zur Erklärung der Verzögerungen könnte man ähnlich wie bei der Wirkung von D_2O an einen membranstabilisierenden Effekt denken. Dieser ist auch für Alkohol bekannt [578]. Auch Permeabilitätsbeeinflussungen [623] und Einzelheiten der Strukturbeeinflussung [638] durch Alkohol sind bekannt. Die Phasen, in denen Alkohol und D_2O verzögernd wirken, sind bei *Phaseolus* die gleichen, in denen Licht den Beginn der Relaxation hinausschieben kann, in denen also auch die (ebenfalls als möglich bekannte) stabilisierende Wirkung von Licht [646] in Erscheinung tritt.

Die bei Darbietung zu anderen Phasen auftretende Beschleunigung durch Alkoholeinwirkung könnte ebenso wie die Beschleunigung durch Lichtpulse auf Membrandepolarisationen beruhen. Aus anderen Untersuchungen sind solche Depolarisationen durch Licht und hohe Alkoholkonzentrationen bekannt. Ebenso wie dieser beschleunigende Effekt bei den Lichtpulsen (d. h. Neuauslösung eines Cyclus) um so früher eintritt, je stärker der Lichtpuls ist (Abb. 92), tritt auch der entsprechende Alkoholeffekt um so früher ein, je höher die Alkoholkonzentration ist (Abb. 101). Doch können mit diesen Hinweisen andere Erklärungsmöglichkeiten nicht ausgeschlossen werden.

Theophyllin. Eine Periodenverlängerung durch kontinuierliche Einwirkung von Theophyllin wurde bei *Phaseolus* schon vor längerer Zeit gefunden [622a]. Neuere Versuche mit Theophyllin-Pulsen haben für *Phaseolus* [628] und für Aktivitätsrhythmen von Ratten [605] gezeigt, daß die einzelnen Phasen ähnlich wie auf Alkohol oder auf Licht und Temperatur auch auf Theophyllin quantitativ und qualitativ unterschiedlich wirken (Abb. 102). Weil Theophyllin als Inhibitor des c-AMP (cyclische Adenosinmonophosphatphosphodiesterase) bekannt ist, könnte

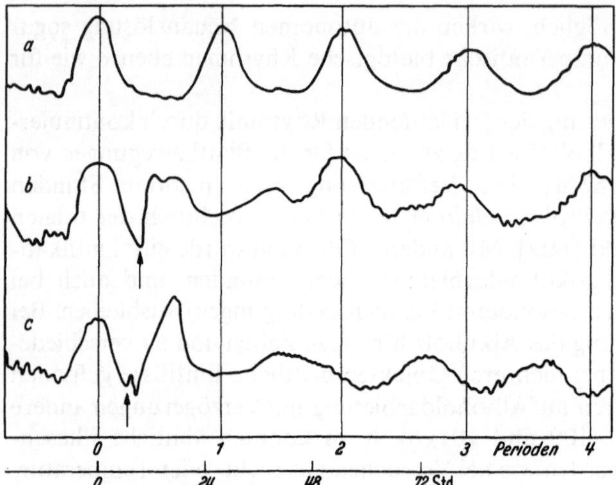

Abb. 100. Tagesperiodische Blattbewegungen von *Phaseolus coccineus* im LL. *a* Kontrolle (Periodenlänge 27–28 h); *b* und *c* zu den durch Pfeile angegebenen Zeiten begann eine 3 h lange Einwirkung von Äthylalkohol. (Nach Bünning u. Baltes [594])

man zur Erklärung an diese Wirkungsweise denken [612]. Da jedoch die Angaben über das Vorkommen von c-AMP in Pflanzen umstritten sind, ist auch an die bekannten Einflüsse von Theophyllin auf Membranen, z. B. auf die Bindung von Ca^{2+} zu denken [628].

Kalium-Ionen, Valinomycin. Ein weiterer Hinweis auf die Beteiligung von Membranprozessen besteht in der Wirkung von Kalium-Ionen. Pulse von K^+ können bei isolierten Augen von *Aplysia californica* (Molluske, sog. Seehase) je nach der vom Puls getroffenen Phase Verzögerungen oder Beschleunigungen hervorrufen, die den lichtbedingten ähnlich sind [610].

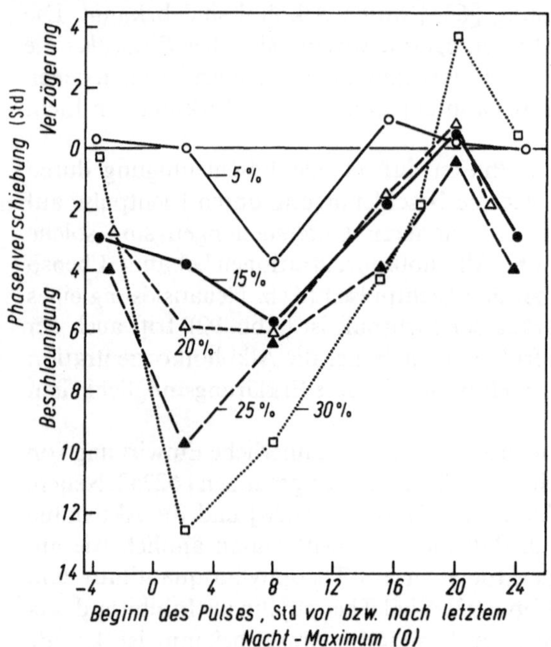

Abb. 101. *Phaseolus coccineus.* Tagesperiodische Blattbewegungen im LL. Phasenverschiebungen durch 2 h lange Einwirkung von Äthylalkohol verschiedener Konzentration (der Alkohol wurde mit dem Transpirationsstrom geboten. Die tatsächlich zu den Bewegungen gelangenden Konzentrationen waren daher niedriger als die gebotenen). Man sieht, daß ähnlich wie bei der Einwirkung von Lichtpulsen (Abb. 92) Beschleunigung, d. h. vorzeitige Unterbrechung der relativen Refraktärstadien um so früher eintritt, je höher die Alkoholkonzentration ist. (Nach Bünning u. Moser [597])

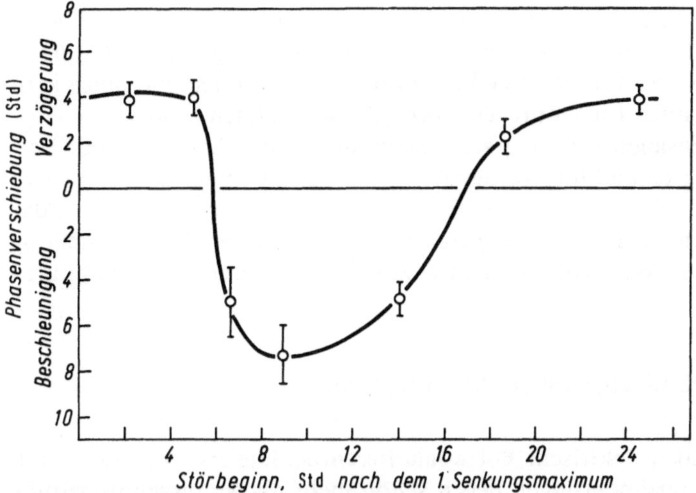

Abb. 102. *Phaseolus coccineus.* Tagesperiodische Blattbewegungen im LL. Phasenverschiebungen durch Theophyllin-Pulse (10^{-2} M, jeweils 4 h lang einwirkend). Phasen-*Response*-Kurve mit Verzögerungen und Beschleunigungen. (Nach Mayer et al. [628])

Dasselbe gilt für das Antibioticum Valinomycin (Abb. 103), von dem bekannt ist, daß es K^+-Fluxe in Membranen beschleunigt. Gefunden wurde das für die Blattbewegungen von *Phaseolus* [596] und mit sehr ähnlichem Ergebnis wieder an der einzelligen Alge *Gonyaulax* [655]. Abbildung 103 läßt eine gewisse Ähnlichkeit für Valinomycin-Pulse und Lichtpulse erkennen. Überraschenderweise hat, wie Abbildung 103 zeigt, auch Wasserentzug einen ähnlichen Effekt. Im Zusammenhang mit der Wirkung von K^+-Pulsen könnte man diesen Effekt auf die Erhöhung der Ionenkonzentration durch Wasserentzug zurückführen.

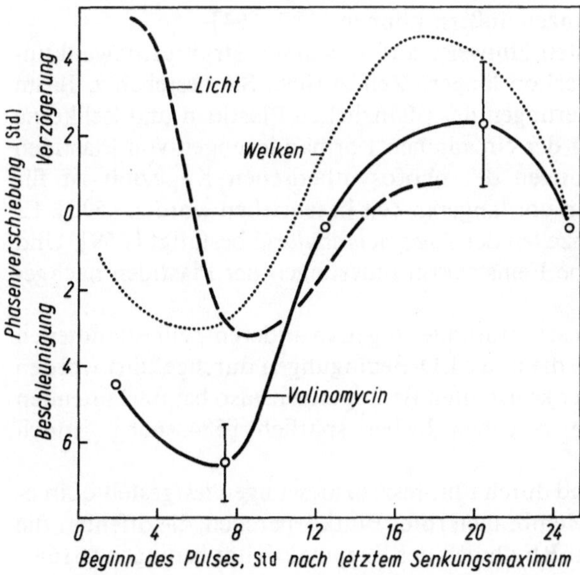

Abb. 103. *Phaseolus coccineus.* Tagesperiodische Blattbewegungen im LL durch vorübergehenden (6 h langen) Wasserentzug sowie durch jeweils 4 h lange Darbietung von Valinomycin mit dem Transpirationsstrom (10^{-2} mg/l Wasser). Der Wasserentzug bzw. die Valinomycindarbietung erfolgte zu verschiedenen Phasen des circadianen Cyclus. Zum Vergleich ist (vereinfacht) die Phasen-*Response*-Kurve für Lichtpulse angegeben. (Nach Bünning u. Moser [596])

Lithium. Bei den circadianen Blütenblattbewegungen von *Kalanchoe* führt kontinuierlich einwirkendes Lithium zu einer Periodenverlängerung [606, 607]. Von Lithium-Ionen ist bekannt, daß sie Membranpermeabilitäten und bioelektrische Potentiale, aber auch Enzymprozesse beeinflussen können [588].

Veränderte Lipidzusammensetzung von Membranen. Eine Änderung des Verhältnisses von gesättigten und ungesättigten Fettsäuren hat beim Pilz *Neurospora* einen starken Einfluß auf die Periodenlänge [590]. Auch Untersuchungen über das rhythmische Wachstum des Pilzes *Podospora anserina* ergaben eine klare Beziehung zwischen rhythmischem Wachstum und Lipidzusammensetzung der Membranen [626].

h) Circadiane Veränderungen in Membranen

Permeabilität, K^+-Fluxe, elektrische Potentialdifferenzen. Die ersten Hinweise auf circadiane Permeabilitätsänderungen liegen schon mehr als 4 Jahrzehnte zurück [592]. Da sie sich aber auf circadiane Turgorbewegungen beziehen, kann bezweifelt werden, ob sie mit dem eigentlichen „Uhrwerk" zu tun haben. Die Steuerung von Turgorschwankungen durch die circadiane Rhythmik ist eben ein Sonderfall. Daher sind auch die neueren Untersuchungen über K^+-Fluxe [646–648] und über elektrische Potentialschwankungen [624, 643, 652] bei pflanzlichen Turgorbewegungen zwar zum Verständnis dieser Bewegungen sehr wichtig, aber ihr Beitrag zum Verständnis der circadianen Rhythmik kann bezweifelt werden.

Um so interessanter ist es, daß auch beim Einzeller *Gonyaulax*, wo dieser Einwand nicht erhoben werden kann, intracelluläre circadiane Schwankungen der K^+-Konzentration [655] und der Membranpotentiale [584] nachweisbar sind. Für die Riesenzellen der Alge *Acetabularia* gibt es experimentelle Hinweise auf circadiane bioelektrische Schwankungen [636]. Bemerkenswert sind auch circadiane Schwankungen in der Stabilität von Membranen [587], die sich in Schwankungen des Ausfließens von Substanzen äußern können [582, 664].

Strukturänderungen. Die ersten Hinweise auf circadiane Strukturschwankungen in Zellbestandteilen liegen schon längere Zeit zurück. Sie bestehen z. B. im Nachweis circadianer Formänderungen der pflanzlichen Plastiden und Zellkerne [593, 599]. Der Zusammenhang der circadianen Formänderungen von Plastiden mit den circadianen Schwankungen der photosynthetischen Kapazität ist für höhere Pflanzen ebenfalls schon vor längerer Zeit beschrieben worden [593]. Er wurde neuerdings an den Riesenzellen der Alge *Acetabularia* bestätigt [659]. Und bei *Gonyaulax* wurden circadiane Feinstrukturänderungen der Plastiden nachgewiesen [618].

Zahlreiche Hinweise auf Feinstrukturänderungen in anderen Zellbestandteilen liegen zwar für Experimente vor, die unter LD-Bedingungen durchgeführt worden sind [569]; für Experimente unter konstanten Bedingungen, also bei frei laufenden Rhythmen, sind entsprechende Angaben bisher spärlich [584, 656], jedoch ermutigend.

Besonders bemerkenswert sind durch Fluoreszenzmessungen festgestellte circadiane Strukturänderungen der Membranen roter Blutkörperchen, die offenbar die in diesen gefundenen circadianen Rhythmen der Enzymaktivität bedingen [616a].

i) Schlußfolgerungen

Allgemeines. Obgleich auch an Membranmodellen periodische Phänomene beobachtet worden sind [568, 585, 658], berechtigen die mitgeteilten Versuchsergebnisse nicht zur Hypothese, die circadiane Rhythmik sei ein erwiesenes Membranphänomen. Behauptet werden darf aber doch wohl, daß Membranen bei dem zur circadianen Rhythmik führenden Wechselspiel molekularer Vorgänge in der Zelle eine erhebliche Rolle spielen.

Wenngleich die Beobachtungen über circadiane Vorgänge in Membranen sich auf sehr unterschiedliche Membransysteme in der Zelle beziehen, muß für den gesuchten molekularen Mechanismus doch wohl stark an die Mitochondrien gedacht werden, weil K^+-Fluxe vor allem in diesen eine Rolle spielen. Andere Gründe kommen hinzu [586].

Strukturelle Minimalbedingungen. Dazu muß aber betont werden, daß circadiane Rhythmen in isolierten Mitochondrien nicht beobachtet worden sind. Zwar sind, wie Versuche an den Riesenzellen der Alge *Acetabularia* zeigen [631], circadiane Rhythmen auch noch in Zellfragmenten möglich, aber abgesehen vom Zellkern und den Plastiden ist noch kein Zellbestandteil als im Uhrwerk überflüssig erkannt worden.

Literatur

a) Zusammenfassende Darstellungen

556. Boon,P.N.M., Strackee,J.: A population of coupled oscillators. J. theor. Biol. **57**, 491—500 (1976)

557. Brodsky,W.Y.: Protein synthesis rhythm. J. theor. Biol. **55**, 167—200 (1975)

558. Chance,B., Pye,E.K., Ghosh,A.K., Hess,B.: Biological and Biochemical Oscillators. New York: Academic Press 1973

559. Cummings,F.W.: A biochemical model of the circadian clock. J. theor. Biol. **55**, 455—470 (1975)

560. Edmunds,L.N., Cirillo,V.P.: On the interplay among cell cycle, biological clock and membrane transport control systems. Int. J. Chronobiol. **2**, 233—246 (1974)

561. Ehret,C.F., Trucco,E.: Molecular models for the circadian clock: I. The chronon concept. J. theor. Biol. **15**, 260—262 (1967)

562. Goodwin,B.C.: Temporal Organization in Cells. London-New York: Academic Press 1963

563. Halberg,F., Halberg,E., Barnum,C.P., Bittner,J.J.: In: Photoperiodism and Related Phenomena in Plants and Animals. R. B. Withrow (ed.), S. 803—878. Washington D. C.: Amer. Soc. Adv. Sci. 1959

564. Hastings,J.W., Schweiger,H.-G. (Ed.): The Molecular Basis of Circadian Rhythms. Berlin: Abakon 1976

565. Hess,B.: Oscillations in biochemical systems. In: The Molecular Basis of Circadian Rhythms. J.W.Hastings and H.-G.Schweiger (ed.), S. 175—191. Berlin: Abakon 1976

566. Hess,B., Boiteux,A.: Oscillatory phenomena in biochemistry. Ann. Rev. Biochem. **40**, 237—258 (1971)

567. Jerebzoff,S.: Metabolic steps involved in periodicity. In: Hastings and Schweiger [564], S. 193—213 (1976)

568. Katchalsky,A., Spangler,R.: Dynamic membrane processes. Quaterl. Rev. Biophys. **1**, 12 (1968)

569. Mayersbach,H.v. (ed.): The Cellular Aspects of Biorhythms. Berlin-Heidelberg-New York: Springer 1967

570. Mergenhagen,D.M.: Gene expression in its role in rhythms. In: [564], S. 353—359

571. Njus,D.: Experimental approaches to membrane models. In: Hastings and Schweiger [564], S. 283—294

572. Njus,D., Sulzman,F.M., Hastings,J,W.: Membrane model for the circadian clock. Nature **248**, 116—120 (1974)

573. Pavlidis,T.: Mathematical models of circadian rhythms: Their usefulness and their limitations. In: Biochronometry. M. Menaker (Ed.). Washington D.C.: Nat. Acad. Sci. 1971
574. Pavlidis,T.: Biological Oscillators: Their Mathematical Analysis. New York: Academic Press 1973
575. Pavlidis,T.: Spatial and temporal organization of populations of interacting oscillators. In: Hastings and Schweiger [564], S. 131—148 (1976)
576. Pittendrigh,C.S.: Circadian oscillations in cells and the circadian organization of multicellular systems. In: The Neurosciences. F. O. Schmitt and F. G. Worden (ed.). Cambridge: Mass.: MIT Press 1974
577. Queiroz,O.: Circadian rhythms and metabolic patterns. Ann. Rev. Plant Physiol. 25, 115—134 (1974)
578. Seeman,P.: Membrane stabilization by drugs. Int. Rev. Neurobiol. 9, 145—221 (1966)
579. Sweeney,B.M.: A physiological model for circadian rhythms derived from the Acetabularia rhythm paradoxes. Int. J. Chronobiol. 2, 25—33 (1974)
580. Sweeney,B.M.: Evidence that membranes are components of circadian oscillators. In: Hastings and Schweiger [564], S. 267—281
581. Van Pilsum,J.F., Halberg,F.: Transaminase activity in mouse kidney – an aspect of circadian enzyme activity. Ann. N. Y. Acad. Sci. 117, 337—353 (1964)
582. Wagner,E.: Endogenous rhythmicity in energy metabolism: Basis for timer-photoreceptor interactions in photoperiodic control. In: Hastings and Schweiger [564], S. 215—238 (1976)
583. Wagner,R., Deitzer,G.F., Fischer,S., Frosch,S., Kempf,O.: Endogenous oscillations in pathways of energy transduction as related to circadian rhythmicity and photoperiodic control. Biosystems 7, 68—76 (1975)

b) Originalarbeiten

584. Adamich,M., Laris,P.C., Sweeney,B.M.: Nature 261, 583—585 (1976)
585. Aranow,R.H.: Proc. Nat. Acad. Sci. USA 50, 1066—1070 (1963)
585a.Ball,N.G., Dyke,I.J.: J. exp. Bot. 8, 339—347 (1957)
586. Brinkmann,K.: In: Biochronometry. M. Menaker (ed.), S. 567—593. Nat. Acad. Sci. USA 1971
587. Brinkmann,K.: Planta (Berl.) 129, 221—227 (1976)
588. Brogårdh,T., Johnsson,A.: Z. Naturforsch. 29c, 298—300 (1974)
589. Brogårdh,T., Johnsson,A.: Physiol. Plant. 31, 112—118 (1974)
590. Brody,S., Martins,S.A.: In: Hastings, Schweiger [564], S. 245—246 (1976)
591. Bruce,G.V., Pittendrigh,C.S.: J. cell. comp. Physiol. 56, 25—31 (1960)
591a.Bühnemann,F.: Biol. Zentralbl. 74, 691—705 (1955)
592. Bünning,E.: Jahrb. wiss. Bot. 79, 191—230 (1934)
593. Bünning,E.: Z. Bot. 37, 433—486 (1942)
594. Bünning,E., Baltes,J.: Naturwissenschaften 49, 19 (1962)
595. Bünning,E., Baltes,J.: Naturwissenschaften 50, 622 (1963)
596. Bünning,E., Moser,I.: Proc. Nat. Acad. Sci. USA 69, 2732—2733 (1972)
597. Bünning,E., Moser,I.: Proc. Nat. Acad. Sci. USA 70, 3387—3389 (1973)
598. Bünning,E., Schöne-Schneiderhöhn,G.: Planta (Berl.) 48, 459—467 (1957)
599. Busch,G.: Biol. Zentralbl. 72, 598—629 (1953)
600. Caldarola,P.C., Pittendrigh,C.S.: Proc. Nat. Acad. Sci. USA 71, 4386—4388 (1974)
601. Daan,S., Pittendrigh,C.S.: J. comp. Physiol. 106, 267—290 (1976)
602. Döring,R.: Int. J. Biochem. 5, 275—285 (1974)
603. Ehrenberg,M.: Planta (Berl.) 38, 244—279 (1950)
604. Ehret,C.F.: Cold Spring Harbor Symp. quant. Biol. 25, 149—157 (1960)
605. Ehret,C.F., Van Potter,R., Dobra,K.: Science 188, 1212—1215 (1975)
606. Engelmann,W.: Z. Naturforsch. 27b, 477 (1972)
607. Engelmann,W.: Z. Naturforsch. 28c, 733—736 (1973)
608. Enright,J.T.: Z. vergl. Physiol. 72, 1—16 (1971)
609. Enright,J.T.: Z. vergl. Physiol. 75, 332—346 (1971)
610. Eskin,A.: J. comp. Physiol. 80, 353—376 (1972)
611. Feldman,J.F.: Science 160, 1454—1456 (1968)
612. Feldman,J.F.: Science 190, 789—790 (1975)
613. Fischer,H.: Planta (Berl.) 22, 767—793 (1934)

614. Glick,D., Ferguson,R.B., Greenberg,L.J., Halberg,F.: Amer. J. Physiol. **200**, 811—814 (1961)
615. Hardeland,R.: Z. vergl. Physiol. **63**, 119—136 (1969)
616. Hardeland,R.: Int. J. Biochem. **4**, 581—590 (1973)
616a.Hartmann,H., Ashkenazi,I., Epel,B.L.: FEBS Letters **67**, 161—163 (1976)
617. Hastings,J.W., Sweeney,B.M.: Proc. Nat. Acad. Sci. USA **43**, 804—811 (1957)
618. Herman,E.M., Sweeney,B.M.: J. Ultrastruct. Res. **50**, 347—354 (1975)
619. Hofer,K., Biebl,R.: Protoplasma **59**, 506—521 (1965)
620. Karakashian,M.W., Hastings,J.W.: Proc. Nat. Acad. Sci. USA **48**, 2130—2137 (1962)
621. Karakashian,M.W., Hastings,J.W.: J. Gen. Physiol. **47**, 1—12 (1963)
622. Karakashian,M.W., Schweiger,H.G.: Exp. Cell Res. **98**, 303—312 (1975)
622a.Keller,S.: Z. Bot. **48**, 32—57 (1960)
623. Kiyosawa,K.: Protoplasma **86**, 243—252 (1975)
624. Kiyosawa,K., Tanaka,H.: Plant Cell Physiol. **17**, 289—298 (1976)
625. Klug,H.: Naturwissenschaften **45**, 141—142 (1958)
625a.Le Bouton,A.V., Handler,S.D.: Experientia (Basel) **27**, 1031—1032 (1971)
626. Lysek,G.: Biochem. Physiol. Pflanzen **169**, 207—212 (1976)
627. Maurer,A., Engelmann.W.: Z. Naturforsch. **29c**, 36—38 (1974)
628. Mayer,W., Gruner,R., Strubel,H.: Planta (Berl.) **125**, 141—148 (1975)
629. McDaniel,M., Sulzman,F.M., Hastings,J.W.: Proc. Nat. Acad. Sci. USA **71**, 4389—4391 (1974)
630. McMurry,L., Hastings,J.W.: Science **175**, 1137—1139 (1972)
631. Mergenhagen,D., Schweiger,H.G.: Exp. Cell Res. **92**, 127—130 (1975)
632. Merrit,J.H., Sulkowski,T.S.: J. Neurochem. **17**, 1327—1328 (1970)
633. Mödlinger-Odoreer,M.: Endokrinologie **43**, 45—60 (1962)
634. Nagel,G., Rensing,L.: Exp. Cell Res. **89**, 436—439 (1974)
635. Nibroj,T.: Naturwissenschaften **45**, 67 (1958)
636. Novak,B., Sironval,C.: Plant Sci. Lett. **6**, 273—283 (1976)
637. Palmer,J.D., Dowse,H.B.: Biol. Bull. **137**, 388 (1969)
638. Paterson,S.J., Butler,K.W., Huang,P., Labelle,J., Smith,I.C.P., Schneider,H.: Bioch. Bioph. Acta **266**, 597—602 (1972)
639. Pavlidis,T., Kauzmann,W.: Arch. Bioch. Biophys. **132**, 338—348 (1969)
640. Pittendrigh,C.S., Caldarola,P.C., Cosbey,E.S.: Proc. Nat. Acad. Sci. USA **70**, 2037—2041 (1973)
641. Probeck,H.D., Rensing,L.: Cell Differentiation **2**, 337—345 (1974)
642. Quay,W.B., Rensoni,A.: Growth **30**, 315—324 (1966)
643. Racusen,R., Satter,R.L.: Nature (Lond.) **255**, 408—410 (1975)
644. Richter,G., Pirson,A.: Flora **144**, 562—597 (1957)
644a.Rothman,B.S., Strumwasser,F.: J. gen. Physiol. **68**, 359—384 (1976)
645. Ruby,J.R., Scheving,L.E., Gray,S.B., White,K.: Exp. Cell Res. **76**, 136—142 (1973)
646. Satter,R.L., Galston,A.W.: Bioscience **23**, 407—416 (1973)
647. Satter,R.L., Applewhite,P.B., Galston,A.W.: Plant Physiol. **54**, 280—285 (1974)
648. Satter,R.L., Geballe,G.T., Applewhite,P.B., Galston,A.W.: J. gen. Physiol. **64**, 413—430 (1974)
649. Scheving,L.E., Pauly,I.E.: Cell Biol. **32**, 677—683 (1967)
650. Schölm,H.E.: Protoplasma **66**, 393—401 (1968)
651. Schweiger,E., Wallraff,H.G., Schweiger,H.G.: Z. Naturforsch. **19b**, 499—501 (1964)
652. Scott,B.I.H., Gulline,H.F.: Nature (Lond.) **254**, 69—70 (1975)
653. Suter,R.B., Rawson,K.S.: Science **160**, 1011—1014 (1968)
654. Sulzman,F.M., Edmunds,L.N.: Bioch. Bioph. Res. Comm. **47**, 1338—1344 (1972)
655. Sweeney,B.M.: Plant Physiol. **53**, 337—342 (1974)
656. Sweeney,B.M.: J. Cell Biol. **68**, 451—461 (1976)
657. Sweeney,B.M., Haxo,F.T.: Science **134**, 1361—1363 (1961)
658. Teorell,T.: Biophys. J. **2**, 27—52 (1962)
659. Vanden Driessche,T.: Exp. Cell Res. **42**, 18—30 (1966)
660. Vanden Driessche,T., Bonotto,S.: Bioch. Biophys. Acta **179**, 58—66 (1969)
661. Vanden Driessche,T., Hars,R.: J. Microscopie **15**, 85—90 (1972)
662. Venter,J.: Z. Bot. **44**, 59—76 (1956)
663. Wagner,E.: Biol. uns. Zeit **5**, 171—179 (1976)
664. Wagner,E., Cumming,B.G.: Canad. J. Bot. **48**, 1—18 (1971)
665. Weber,F.: Planta (Berl.) **1**, 441—471 (1926)

9. Einordnung in Umweltrhythmen

a) Die synchronisierenden Faktoren

Licht und Temperatur. Die tagesperiodischen LD-Cyclen und die Cyclen hoher und niedriger Temperatur haben wir als die in den meisten Fällen wichtigsten Umweltzeitgeber kennengelernt.

Luftfeuchtigkeit. Synchronisierungen durch tagesperiodische Cyclen der Luftfeuchtigkeit sind nur in seltenen Fällen erkannt worden [670–672, 685].

Gezeitenwechsel. Bei Tieren und Pflanzen der Gezeitenzone kann der Gezeitenwechsel selber synchronisierend wirken. Wir kommen darauf in Abschnitt 11 zurück.

Soziale Faktoren. Bei höheren Tieren und ganz besonders bei Menschen, hier sogar dominierend, können soziale Kontakte als Zeitgeber wirken [679, 704, 712].

Sonstige Zeitgeber. Noch etliche andere äußere Faktoren sind als mögliche Zeitgeber erkannt worden [666]. Meist sind sie aber viel weniger wirksam als die LD- und die Temperaturcyclen. Relativ stark wirksam sein kann noch das Geräusch, so z. B. bei Vögeln [692, 699, 701] und bei Hamstern [702]. Auch elektrische Felder und kosmische Strahlen sind als mögliche Zeitgeber diskutiert worden [686, 705, 711]. Einige Autoren schreiben solchen Faktoren wohl eine zu starke Bedeutung zu, obwohl z. B. die Möglichkeit einer Synchronisation durch Schwankungen in der Stärke des Magnetfeldes experimentell nachgewiesen ist [683a, 684]. In anderen Fällen, z. B. am Pilz *Neurospora crassa* [683], wurde vergeblich nach einem Einfluß magnetischer Felder auf die circadiane Rhythmik gesucht.

An derartige weitere Zeitgeber muß namentlich gedacht werden, wenn für Versuchszwecke konstante Bedingungen hergestellt werden sollen. Immer wieder sind in der Vergangenheit bei solchen Versuchen Fehlschlüsse gemacht worden, weil derartige Zeitgeber vernachlässigt wurden. Hierher gehört z. B. auch die tagesperiodisch schwankende Giftstoffkonzentration der in Klimakammern geleiteten Luft.

Fehlerquellen. Auch noch nach 1930, ja bis in die Gegenwart hinein, ist immer wieder die Hypothese verfochten worden, viele Phänomene der circadianen Rhythmik erklärten sich einfach durch eine Rhythmik unbeachtet gebliebener geophysikalischer Faktoren. Ein Hauptargument ist dabei das bei konstanter Temperatur und LL bzw. DD gelegentlich beobachtete Auftreten einer genauen 24 h-Rhythmik [667, 668, 684]. Jedoch ist wiederholt nachgewiesen worden, daß dabei entweder einer der oben genannten „sonstigen Zeitgeber" im Spiel gewesen sein konnte oder daß die Präzision durch die angewandte Methode der Periodenanalyse vorgetäuscht war [688, 689].

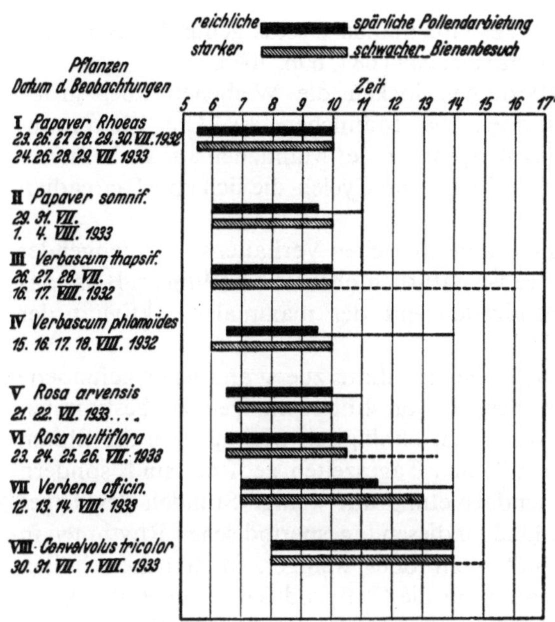

Abb. 104. Tageszeiten der Pollendarbietung und des Bienenbesuchs an acht untersuchten Pollenblumen. (Nach Kleber [697])

Versuche am Pol und im Weltraum. Auch in Laboratoriumsversuchen am Südpol, wo mögliche subtile geophysikalische Faktoren weitgehend eliminiert sind, ist bei höheren und niederen Pflanzen sowie bei Insekten und Säugern das Fortlaufen circadianer Vorgänge beobachtet worden [695]. In entsprechender Weise zeigen Versuche im Weltraum, daß nicht subtile geophysikalische Faktoren für circadiane Rhythmen entscheidend sind [678, 693, 708].

b) Beispiele für Anpassungen an Umweltrhythmen

Nur mit wenigen Beispielen sei die große ökologische Bedeutung der Synchronisation circadianer Rhythmen mit den tagesperiodischen Umweltrhythmen der leblosen und lebenden Natur angedeutet.

Licht, Temperatur und Feuchtigkeit. Die Notwendigkeit einer Einordnung der circadianen Rhythmen in LL-Cyclen und in Cyclen hoher und niedriger Temperatur leuchtet ohne weiteres ein. Das Entsprechende gilt auch hinsichtlich tagesperiodischer Schwankungen der Luftfeuchtigkeit. Wenn z. B. Insekten kurz vor Sonnenaufgang aus den Puppen schlüpfen, so kann das den Anpassungswert haben, daß zu dieser Zeit die Luftfeuchtigkeit ihr Maximum erreicht. Die Cuticula ist dann noch nicht genügend wasserundurchlässig; späteres Schlüpfen würde also zu Wasserverlust führen [673]. Der Zilpzalp *(Phylloscopus collybita)* beschränkt die Nestbautätigkeit auf die frühen Morgenstunden, wenn das zum Nestbau benutzte Gras noch ausreichend feucht und biegsam ist [691]. Andere Aspekte der Anpassung von Pflanzen [677] und Tieren [670–672] an tagesperiodische Schwankungen in der leblosen Umwelt kommen hinzu.

Sexuelle Rhythmen. Bei manchen Tieren und Pflanzen ist die Kopulationsbereitschaft auf wenige Stunden des Tages beschränkt, und zwar können diese kurzen Zeiten an bestimmte Phasen des circadianen Cyclus gebunden sein. Das gilt, wie schon erwähnt (S. 34), für *Paramaecium* [687, 696, 706].

Bei vielen Arten von Schmetterlingen locken die Weibchen über große räumliche Abstände mit Pheromonen die Männchen an. Die Pheromon-Absonderungen ebenso wie auch das Ansprechen der Männchen auf sie kann auf wenige Stunden des Tages beschränkt sein. Es sind Cyclen, die sich im LL circadian fortsetzen [694, 707, 709].

Beutefang. Die Synchronisierung des periodischen Verhaltens beutefangender Tiere mit der Periodik der Beutetiere ist natürlich ebenfalls wichtig; z. B. ist das Springen der Lachse in den Abendzeiten mit der maximalen Aktivität der Beuteinsekten synchronisiert [666].

Blumenbesuch durch Insekten. Die früher erwähnte, zuerst an Bienen gefundene Fähigkeit von Insekten, sich zum Besuch von Futterpflanzen zu bestimmten Tageszeiten dressieren zu lassen (Abb. 5), ist ökologisch wichtig, weil die Blüten nicht nur artspezifisch zu unterschiedlichen Tageszeiten geöffnet sind, sondern auch Nektarabsonderung und Pollendarbietung auf wenige Stunden des Tages beschränkt sein können (Abb. 104). Daß an diesen tagesperiodischen Rhythmen in den Blüten die circadiane Rhythmik mehr oder weniger, in manchen Fällen dominierend mitwirkt, ist bekannt. Auch für die Duftproduktion der Blüten kann das zutreffen, d. h. auch deren Rhythmik kann sich unter konstanten Bedingungen circadian fortsetzen [703].

c) Spezielle Fragen des Zeitgedächtnisses der Insekten

Die Fähigkeit von Bienen, sich zu bestimmten Futterzeiten dressieren zu lassen, die zuerst von Forel [690] gefunden und später in von Frischs Laboratorium näher untersucht worden ist [682], wurde zunächst nicht als Phänomen der circadianen Rhythmik betrachtet. Man fand aber bald, daß dieses Zeitgedächtnis nicht auf dem Lernen von Intervallen beruht, denn die Bienen konnten nicht auf Intervalle trainiert werden, die von der 24 h-Rhythmik abweichen, z. B. 19, 27 oder 48 h betrugen. Dagegen ist interessanterweise eine Dressur auf mehrere Tageszeiten möglich [710] (Abb. 105). Bemerkenswert ist dabei, daß die Bienen jeweils auch den richtigen Platz, der zu der betreffenden Dressurzeit gehört, aufsuchen. Bienen können sich sogar neun verschiedene Dressurtageszeiten merken. Der Abstand der Dressurzeiten darf dabei nicht weniger als 20 min betragen [698].

Alle Zweifel, ob diesem Phänomen wirklich eine endogene Tagesrhythmik zugrunde liegt, wurden durch einen Transozeanversuch [675, 676] behoben. Wurden Bienen in einem Ortszeitbereich auf eine bestimmte Tageszeit dressiert und dann in einem anderen Ortsbereich auf ihr Verhalten geprüft, nachdem sie relativ schnell mit dem Flugzeug zu dem Gebiet der anderen Ortszeit transportiert worden waren, so zeigte sich, daß sie sich der alten Ortszeit entsprechend verhalten. — Die Dressur auf eine bestimmte Tageszeit kann 6–8 Tage haften bleiben [710].

Diese Phänomene des Zeitgedächtnisses bei Bienen und anderen Insekten leiten u. a. zu folgender Frage: Wie markiert das Tier, bildlich gesprochen, eine bestimmte Zeit auf seiner Uhr (so wie wir es mit einem Reiter auf einer Schaltuhr machen)?

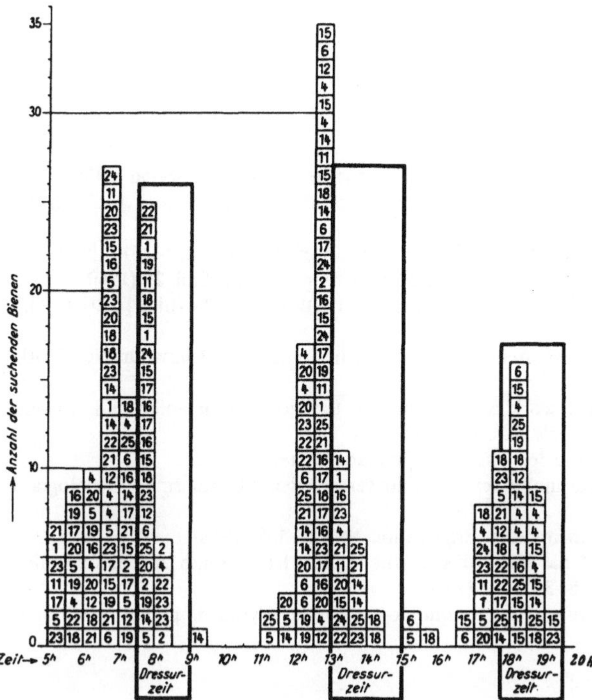

Abb. 105. Zeitdressur bei Bienen. Entsprechend wie in Abbildung 5 sind auf der Ordinate die Anzahl der suchenden Bienen, auf der Abscisse die Zeit angegeben. Die Dressurzeiten sind durch Umrahmung hervorgehoben. Dargestellt ist das Ergebnis einer gleichzeitigen Dressur auf drei Futterzeiten. (Nach Beling [682])

Die einfachste Möglichkeit, daß einfach die Uhr durch den Zeitgeber „Futterdarbietung" ihre Phasenlage entsprechend verschiebt, scheidet aus, denn andere tagesperiodische Funktionen der Bienen bleiben mit der alten Phasenlage bestehen. Außerdem versagt eine solche Erklärung durch die Möglichkeit von Dressuren auf mehrere Tageszeiten. Eine gewisse Analogie zu Phänomenen bei Pflanzen ist bemerkenswert: Auch Pflanzen können sich mehrere Tageszeiten „merken". Bieten wir ihnen einen kurzen Lichtreiz (oder auch bestimmte andere Reize, etwa einen Temperaturschock), so kann das zu einer Zacke auf der Kurve der tagesperiodischen Blattbewegungen führen, die sich an den nächsten Tagen zu den gleichen Tageszeiten wiederholt. Und auch das Setzen mehrerer solcher „Marken" innerhalb eines 24 h-Cyclus ist mit entsprechendem Erfolg möglich. Wenn das mehr ist als eine Analogie, würde es bedeuten: Die Biene setzt nicht, bildlich gesprochen, mehrere Reiter auf *eine* Schaltuhr, sondern sie benutzt mehrere, etwa in den einzelnen Elementen des Nervensystems lokalisierte Uhren nebeneinander. Für diese Deutung könnte sprechen, daß auch in Organen von Säugern die Cyclen in den einzelnen Teilen ein und desselben Organs phasenverschoben nebeneinander laufen können (vgl. S. 42 und Abschnitt 14).

Für die Richtigkeit dieser Interpretation gibt es experimentelle Hinweise [680, 681, 700]: Das Zeitgedächtnis der Bienen kann in lange dauernder CO_2-Narkose ein *Splitting* zeigen. Nach der Narkose kommen nämlich die Bienen nicht nur zur Dressurzeit zum Futterplatz, sondern (dieselben individuellen Bienen) auch einige Stunden später.

Diese Hinweise beziehen sich zwar unmittelbar auf Insekten, das Gefundene gilt aber wohl entsprechend auch für noch höher entwickelte Tiere.

Literatur

a) Zusammenfassende Darstellungen

666. Aschoff,J.: Zeitgeber der tierischen Tagesperiodik. Naturwissenschaften **41**, 49–56 (1954)
667. Brown,F.A.: Response to pervasive geophysical factors and the biological clock problem. In: Chovnick [669], S. 57–71 (1960)
668. Brown,F.A.: A unified theory for biological rhythm. In: J.Aschoff [1], S. 231–261 (1965)
669. Chovnick,A. (ed.): Biological Clocks. Cold Spring Harbor Symp. quant. Biol. **25** (1960)
670. Cloudsley-Thompson,J.L.: Adaptive functions of circadian rhythms. In: Chovnick [669], S. 345–355 (1960)
671. Cloudsley-Thompson,J.L.: Rhythmic Activity in Animal Physiology and Behaviour. New York-London: Academic Press 1961
672. Cloudsley-Thompson,J.L.: Recent work on the adaptive functions of circadian and seasonal rhythms in animals. J. interdisc. Cycle Res. **1**, 5–19 (1970)
673. Remmert,H.: Der Schlüpfrhythmus der Insekten. Wiesbaden: Steiner 1962
674. Remmert,H.: Tageszeitliche Verzahnung der Aktivität verschiedener Organismen. Oecologia **3**, 214–266 (1969)
675. Renner,M.: Der Zeitsinn der Arthropoden. Ergeb. Biol. **20**, 127–158 (1958)
676. Renner,M.: The contribution of the honey bee to the study of time-sense and astronomical orientation. In: Chovnick [669], S. 361–367 (1960)
677. Went,F.W.: Ecological implications of the autonomous 24-hour rhythm in plants. Ann. N. Y. Acad. Sci. **98**, 866–875 (1962)

b) Originalarbeiten

678. Altukhov,G., Vasil'ev,V., Belai,V.E., Egorov,A.D.: Ak. Nauk. S. S. S. R. ser. Biol. Pp. 182–187 (1965)
679. Aschoff,J., Fatranska,M., Giedke,H.: Science **171**, 213–215 (1971)
680. Beier,W., Lindauer,M.: Apidologie **1**, 5–28 (1970)
681. Beier,W., Medugorac,I., Lindauer,M.: Ann. Epiphyties **19**, 133–144 (1968)
682. Beling,I.: Z. vergl. Physiol. **9**, 259–338 (1929)
683. Bitz,M., Sargent,M.L.: Plant Physiol. **53**, 154–157 (1974)
683a.Bliss,V.L., Heppner,F.H.: Nature (Lond.) **261**, 411–412 (1976)
684. Brown,F.A.: Canad. J. Bot. **47**, 287–298 (1969)
685. Cloudsley-Thompson,J.L.: J. exp. Biol. **33**, 576–582 (1956)
686. Dowse,H.B., Palmer,J.D.: Nature (Lond.) **222**, 564 (1969)
687. Ehret,Ch.: Cold Spring Harbor Symp. quant. Biol. **25**, 149–158 (1960)
688. Enright,T.J.: J. theor. Biol. **8**, 426–468 (1965)
689. Enright,T.J.: In: J.Aschoff [1], S. 31–42 (1965b)
690. Forel,A.: Das Sinnesleben der Insekten. München: Reinhardt 1910
691. Geissbühler,W.: Ornithol. Beob. **51**, 71–99 (1954)
692. Gwinner,E.: Experientia (Basel) **22**, 765 (1966)
693. Halberg,F., Vallbona,C., Dietlein,L.F., Rummel,J.A., Berry,C.E., Pitts,G.C., Nunnely,S.A.: Space Life Sci. **2**, 18–22 (1970)
694. Hammack,L., Burkholder,W.E.: J. Insect Physiol. **22**, 385–388 (1976)
695. Hamner,K.C., Finn,J.C., Sirohi,G.S., Hoshizaki,T., Capenter,B.H.: Nature (Lond.) **195**, 476–480 (1962)
696. Karakashian,M.W.: J. Cell. Physiol. **71**, 197–210 (1968)
697. Kleber,E.: Z. vergl. Physiol. **22**, 221–262 (1935)
698. Koltermann,R.: Z. vergl. Physiol. **75**, 49–68 (1971)
699. Lohmann,M., Enright,J.T.: Comp. Biochem. Physiol. **22**, 289–296 (1967)
700. Medugorac,J., Lindauer,M.: Z. vergl. Physiol. **55**, 450–474 (1967)
701. Menaker,M., Eskin,A.: Science **154**, 1579–1581 (1966)

702. Meyer, A.: Naturwissenschaften **55**, 234–235 (1968)
703. Overland, L.: Amer. J. Bot. **47**, 378–382 (1960)
704. Poppel, E.: Pflügers Arch. ges. Physiol. **299**, 364–370 (1968)
705. Roberts, A. M.: Nature (Lond.) **223**, 639 (1969)
706. Sonneborn, T. M.: Proc. Amer. Phil. Soc. **79**, 411–433 (1938)
707. Sower, L. L., Shorey, H. H., Gaston, L. K.: Ann. Ent. Soc. Amer. **63**, 1090–1992 (1970)
708. Strughold, H.: Ann. N. Y. Acad. Sci. **134**, 413–422 (1965)
709. Thibout, E.: C. R. Acad. Sci. (D) (Paris) **282**, 1371 (1976)
710. Wahl, O.: Z. vergl. Physiol. **16**, 529–589 (1932)
711. Wever, R.: Z. vergl. Physiol. **56**, 111–128 (1967)
712. Wever, R.: Naturwissenschaften **62**, 443–444 (1975).

10. Nutzung der Uhr zum Richtungsfinden

a) Grundphänomene

Allgemeines. Viele höhere und niedere Tiere können bei ihrer Orientierung mit Hilfe des Sonnenkompasses den im Laufe des Tages sich ändernden Sonnenazimut richtig berücksichtigen. Seit den Pionierarbeiten durch von Frisch [743] mit Bienen und durch Kramer [751] mit Vögeln ist diese Fähigkeit bei höheren und niederen Tieren systematisch untersucht worden [718, 723, 726, 727].

Die innere Uhr für diese Zeitkompensation zeigt viele Ähnlichkeiten mit anderen von der circadianen Rhythmik gesteuerten peripheren Vorgängen. Daher besteht Grund zur Vermutung, daß jene Berücksichtigung der Sonnenbewegung mit Hilfe der circadianen Rhythmik erfolgt.

In allen näher untersuchten Fällen wird nur die Azimutänderung, also die horizontale Projektion der Sonnenrichtung ausgewertet. Angaben darüber, daß bei der Orientierung auch die Sonnenhöhe berücksichtigt werden kann, finden sich in der Literatur immer wieder. Wohl die meisten Forscher stehen diesen Angaben skeptisch gegenüber [729, 750]. Diese Frage braucht uns hier nicht näher zu beschäftigen.

Das Prinzip der Orientierung mit dem Sonnenkompaß und das Verhalten gegenüber „künstlichen Sonnen" ist in den Abbildungen 106 und 107 wiedergegeben.

Wirbeltiere. Stare wurden durch entsprechende Futterdarbietung auf eine Himmelsrichtung dressiert; dann wurde ihnen anschließend ein um 6 h gegenüber dem ursprünglichen Tag-Nacht-Wechsel verschobener LD geboten [745]. Dadurch ließ sich in einigen Tagen die Uhr entsprechend umstellen, so daß die Vögel nachher eine um 90° von der Dressurrichtung abweichende Flugrichtung zur Suche des Futters einschlugen (Abb. 107). Je nachdem, ob es sich um eine Vorverschiebung oder Verzögerung von 6 h handelte, war die Abweichung um 90° nach der einen oder der anderen Richtung festzustellen. Zur Umstimmung waren mehrere Tage erforderlich. Alles das haben wir ja früher entsprechend für andere von der Uhr gesteuerte physiologische Vorgänge kennengelernt.

Bemerkenswert ist, daß nach 28 Tagen LL bei konstanter Temperatur die Richtung noch richtig gewählt wurde, der Rhythmus der Flugaktivität dann aber schon sehr gestört war.

Es erscheint fraglich, ob der Zeitsinn für Vögel mehr leisten kann als nur die Erklärung des gerichteten Abfluges zur Futtersuche. Ein in dieser Weise gerichteter

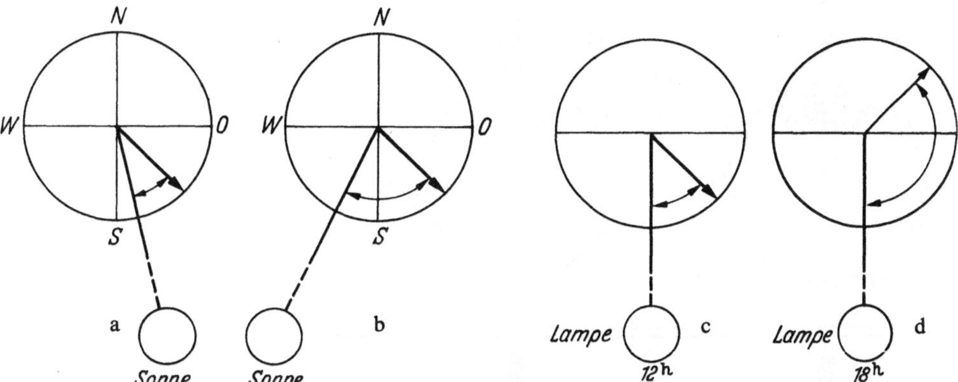

Abb. 106a–d. Nutzung der physiologischen Uhr beim Richtungsfinden mit dem Sonnenkompaß. Angenommen ist ein Tier, das die SO-Richtung „sucht", z. B. als im Freiland oder durch Dressur erprobte Fluchtrichtung bzw. Richtung zu einem Futterplatz. (a) und (b) Das Tier wählt je nach dem Sonnenstand, d. h. je nach der Tageszeit einen unterschiedlichen Winkel (Doppelpfeil zur Sonne. Dicke Pfeile: Vom Tier gewählte Richtung. (c) und (d) Ist die Sonne im Experiment unsichtbar, so werden von den auf die SO-Richtung eingestellten Tieren (unabhängig von der Himmelsrichtung) je nach der Tageszeit die dieser Zeit normalerweise zum Finden der SO-Richtung angemessenen Winkel (Doppelpfeil) zur Lichtquelle gewählt. Die Tiere verhalten sich also so, als ob sich die künstliche Lichtquelle mit der normalen Winkelgeschwindigkeit der Sonne bewegen würde

Heimflug muß zumeist viel schwieriger sein. Für die Orientierung mit dem Sonnenkompaß beim Heimflug wäre ein Zeitsinn mit einer Schätzgenauigkeit von 2 min erforderlich [751]. Es ist problematisch, ob mit einer so genauen Uhr gerechnet werden kann. Allerdings ist nicht zu vergessen, daß Brieftauben vielleicht auf einen besonders stabilen Zeitsinn gezüchtet worden sind.

Nach Versuchen mit experimentell veränderter Zeitschätzung (ähnlich wie bei den erwähnten Versuchen mit Staren) ist beim Heimflug der Brieftauben tatsächlich die gleiche Orientierungsweise wie bei jenen gerichteten Abflügen wenigstens beteiligt [772–780].

Das Problem der Orientierung der Brieftauben konnte hier natürlich nur angedeutet werden [723, 750, 755, 756, 759, 763, 764]. Zweifellos sind neben der Orientierung mit dem Sonnenkompaß noch andere Faktoren wichtig [718, 727].

Experimentelle Angaben über entsprechende Fähigkeiten zur Zeitschätzung bei der Benutzung des Sonnenkompasses liegen weiterhin vor für Säuger [754], Fische [716, 719, 733, 744], Eidechsen [715, 739, 740, 742], für eine Schildkröte [741] und einen Frosch [738].

Arthropoden. Eine ähnliche Art des Richtungsfindens mit Hilfe der inneren Uhr ist auch bei verschiedenen anderen Tieren gefunden worden. Die Bienen kennen dieses Prinzip, wie die Arbeiten aus dem Laboratorium von Frischs zeigen. Besonders erwähnt seien hier noch die Untersuchungen an der Wolfsspinne *(Arctosa perita)*. Dieses Tier lebt an Ufern von Flüssen und Seen. Wird es ins Wasser geworfen, so eilt es im rechten Winkel ans Ufer zurück. Bringt man es aber ans gegenüberliegende Ufer und wirft es dort ins Wasser, so laufen die Tiere (oder sie versuchen es doch) quer über das Wasser, also in der Richtung, auf die sie durch den Sonnenstand eingestellt sind. Daß hierbei die Sonnenrichtung entscheidend ist,

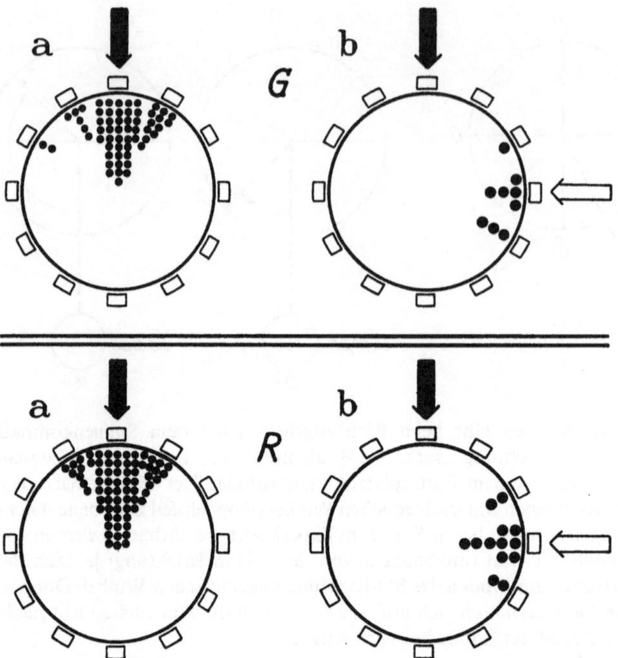

Abb. 107a und b. Star. Richtung der „kritischen Wahlen" (d. h. Wahlen ohne vorausgegangene Futterbestätigung für den Einzelversuch) während der Dressurzeit. Jeder Punkt markiert eine Einzelwahl, die leeren Kästchen symbolisieren die Futterbehälter. (b) Die innere Uhr wurde durch einen um 6 h verschobenen LD umgestimmt. Dargestellt ist, wie die Stare nach dieser Umstimmung (12.–18. Tag) die Richtung wählen. Die schwarzen Pfeile geben die Dressurrichtung an (sie war bei Star *G* Süd, bei Star *R* West). Die leeren Pfeile geben die nach der Umstimmung zu erwartende Wahlrichtung an (d. h. West bei Star *G*, Nord bei Star *R*), unter der Voraussetzung, daß der künstliche Tag die innere Uhr innerhalb dieser Zeit völlig umgestellt hat. Die Versuchsergebnisse bestätigen also, daß diese Umstimmung gelungen ist. (Nach Hoffmann [745])

zeigen Versuche, in denen die Tiere durch einen Spiegel über die Sonnenrichtung getäuscht wurden. Die Beteiligung des Zeitsinnes ergab sich aus Versuchen, in denen Wolfsspinnen vorübergehend ins Dunkle gesperrt wurden. Eine Umstimmung dieser Tiere (etwa nach Transport an einen anderen Ort) erfordert etwas mehr als eine Woche. Durch einen um 6 h experimentell gegenüber dem normalen Tag-Nacht-Wechsel vor- oder nachgestellten LD werden die Tiere in etwa 3 Tagen umgestellt. Es gelten hier also wieder die Regeln für die Phasenfixierung der endogenen Tagesrhythmik, die wir aus anderen Tatsachen erschlossen haben. Auch ist die Phasenverschiebung durch Temperaturen zwischen 2 und 5° C möglich [757, 765–768].

Als ein weiteres Beispiel sei noch der Strandflohkrebs *Talitrus saltator* genannt [724, 725, 760, 761, 769, 770]. Bei diesem Tier ist es ebenfalls die Fluchtrichtung, für die Sonnenkompaß und Zeitsinn notwendig werden. Werden die Tiere, die auf dem feuchten Küstensand leben, auf trockenen Sand getragen, so fliehen sie im rechten Winkel zur Küstenlinie zurück. Dieser Winkel wird mit Hilfe des Sonnenstandes eingeschlagen. Einige *Talitrus*-Exemplare wurden von Italien nach Argentinien gebracht. Ihre Fluchtrichtung war zur Sonne so orientiert, wie es der am Heimatort gestellten inneren Uhr entsprach. Weiterhin wurde mit diesem (und einem anderen) Tier ein ähnlicher Versuch durchgeführt wie der für Stare beschriebene: Es wurde nämlich versucht, durch einen abweichenden LD die Uhr zu verstellen. Der Erfolg war wie erwartet: Die Uhr läßt sich verstellen.

Die normalen Tagesschwankungen der Umgebung beeinflussen die Uhr bei *Talitrus* nicht. Sehr hohe Temperaturen bedingten eine gewisse Beschleunigung. Abkühlung auf 4–6° C hinderte den richtigen Gang der Uhr nicht. (Dieser Unterschied gegenüber Bienen und gegenüber *Arctosa* ist nicht verwunderlich. Bei Wassertieren kann der Mechanismus der Uhr anscheinend oft erst durch noch niedrigere Temperaturen gestört werden; das wurde auch für andere circadiane Prozesse beschrieben.)

b) Besonderheiten einzelner Arten

Vollständige und unvollständige Kompensation der Sonnenbewegung. Manche Tiere können auch dann, wenn ihnen experimentell eine „künstliche Sonne" nachts geboten wird, noch die andressierte Richtung finden, d. h. sie verhalten sich so, als wüßten sie, daß sich die Sonne unter dem Horizont in derselben Richtung wie am Tage weiterbewegt; sie kompensieren um volle 360°. Das ist u. a. für Stare, Bienen und Fische angegeben worden. Demzufolge können z. B. Stare auch in Lappland in der arktischen Sommernacht den Sonnenkompaß während der ganzen Nacht benutzen [746]. Doch besteht diese Fähigkeit keineswegs immer. Zunächst für *Talitrus* [725], für den Käfer *Phaleria provincialis* [764] und den Wasserläufer *Velia* [731, 735, 736], später auch für Tauben [727, 774, 775] wurde gefunden, daß sich die Tiere in der Nacht so verhalten können, als ob die Sonne in gegenläufiger Richtung, d. h. von West über Süd nach Nord zurückwandert. In der Dunkelperiode der 24 h-Rhythmen geht die Uhr also offenbar in umgekehrter Richtung wie am Tage (Abb. 108).

Bei *Velia* erlischt die Fähigkeit, die gewählte Richtung entsprechend dem Verlauf der Zeit zu ändern, übrigens ohne Sonnenlicht oder im DD schon nach wenigen Stunden. Die Uhr steht also gleichsam sehr rasch still, so daß in diesem Falle (im Gegensatz zu den meisten anderen untersuchten Objekten) die Orientierungsrhythmik nicht endogen weiterläuft. Daraus darf aber nicht auf ein grundsätzlich anderes Prinzip der Zeitmessung geschlossen werden. Wir kennen auch für manche anderen von der physiologischen Uhr gesteuerten Vorgänge eine relativ lose Koppelung an die Uhr.

Die allgemeine Schlußfolgerung mag sein, daß die Stärke der Kopplung der Orientierung an die circadiane Uhr erheblich von den ökologischen Erfordernissen abhängt. Untersuchungen an der Spinne *Arctosa cinerea* können das bekräftigen. Tiere einer italienischen Population erwiesen sich unter den Bedingungen der arktischen Mitternachtssonne als unfähig zur Orientierung mit dem Sonnenkompaß. Tiere derselben Art aus einer finnischen Population behielten die Fähigkeit während des ganzen Tages [766].

Kopplung mit anderen diurnalen Funktionen. Wir haben schon früher wiederholt die Möglichkeit einer Dissoziation der einzelnen tagesperiodischen Funktionen im Organismus angedeutet, andererseits aber auch gesehen, daß mehrere dieser

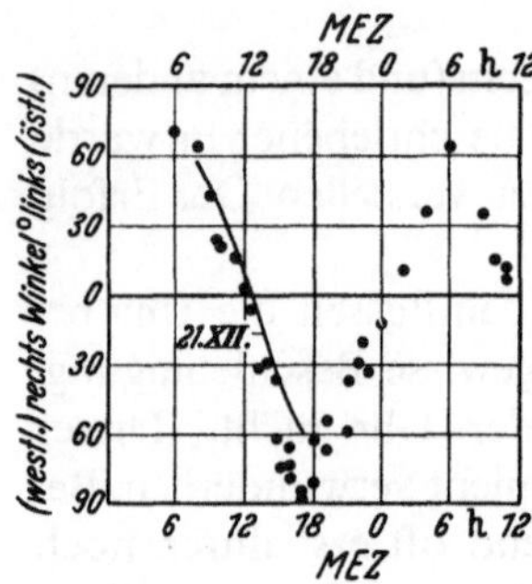

Abb. 108. Wasserläufer *(Velia currens).* Mittlere Richtungswinkel zum Lämpchen (Ordinate) aus durchschnittlich je 10 Versuchen an 10 Tieren Mitte Dezember zu verschiedenen Tages- und Nachtzeiten (Abscisse) im natürlichen Tag-Nacht-Wechsel. Kurve der Sonnenazimute am 21. 12. (Nach Birukow [730])

Funktionen einer gemeinsamen Steuerung unterliegen können. Hinsichtlich der zur Zeitschätzung bei der Orientierung mit dem Lichtkompaß benutzten Uhr ist diese Frage ebenfalls erörtert worden.

Bei Smaragdeidechsen scheinen nach Versuchen zur Verschiebung der Phasen mit geänderten Lichtzeiten die tagesperiodischen Vorgänge bei der Orientierung mit dem Sonnenkompaß und bei der locomotorischen Aktivität von der gleichen inneren Uhr gesteuert zu werden [739]. Für den Wasserläufer *Velia currens* wurde eine Parallelität im Rhythmusverlauf bei der Orientierung mit dem Lichtkompaß und der geotaktischen Orientierung gefunden [732]. Das spricht für einen gemeinsamen zentralen Grundrhythmus. Dagegen bedingt bei Staren ein Phasensprung des LD um 6 h eine Umstellung des Aktivitätsrhythmus nach 2, eine Umstellung der zum Richtungsfinden benutzten Uhr aber erst nach 4 Tagen [720, 721, 771]. Gegen die Annahme einer identischen zugrundeliegenden circadianen Rhythmik sprechen solche Beobachtungen nicht. Es sei, wie auch beim Zeitgedächtnis der Bienen, an das Phänomen des *Splitting* erinnert.

Anpassung an die Richtung der Sonnenbewegung. Natürlich taucht die Frage auf, wie sich Organismen der unterschiedlichen Richtung der Sonnenbewegung in der nördlichen und südlichen Hemisphäre anpassen können. Nach Kalmus [748] sollen bei Bienen erbliche Verschiedenheiten bestehen. Nach den Untersuchungen von Lindauer jedoch können sich die Bienen, die zwischen den beiden Wendekreisen leben, auf die andere Wanderungsrichtung der Sonne relativ schnell einstellen [752, 753]. Während des Zenitdurchgangs der Sonne selber versagt der Sonnenkompaß selbstverständlich völlig; aber schon, wenn die Sonne nicht weiter als 2,5° vom Zenit entfernt ist, wird die Orientierung wieder möglich. Und wenn Bienen experimentell von Süden nach Norden in eine andere geographische Breite gebracht wurden, zeigte sich, daß sie sich in einigen Wochen darauf einstellen können, die Sonne mittags nicht mehr im Norden, sondern im Süden zu haben. Jungbienen benötigen zum erstmaligen Erlernen der richtigen Berücksichtigung der Sonnenwanderungsrichtung nur etwa 8 Tage.

Auch Fische [728, 781, 782], Eidechsen [715] und Crustaceen [766, 767] haben diese Fähigkeit. Offenbar ist das also eine allgemeine Regel.

Weitere Lernphänomene. Eine Uhr zu besitzen, bedeutet nicht notwendig, sie immer zu benutzen oder auch nur sie immer benutzen können. Physiologisch gesprochen: Bestimmte Vorgänge können je nach den inneren oder äußeren Bedingungen unterschiedlich fest bzw. gar nicht an die Uhr gekoppelt sein. Einige Ameisen kalkulieren beim Richtungsfinden mit dem Sonnenkompaß anscheinend den Gang der Sonne ein, andere nicht [734, 747].

Es scheint, daß Ameisen lernen können, ihre Uhr zu benutzen [747]. *Formica rufa* konnte im Sommer und Herbst nach einer vorübergehenden Arretierung den Weg später unter Berücksichtigung des Weiterlaufens der Sonne fortsetzen, im Frühjahr konnten die Tiere das nicht. Diese Ameisen müssen also erst lernen, ihre Uhr zu benutzen. Ähnliches gilt für den Käfer *Pedaerus rubrothoracicus* [737].

Werden Smaragdeidechsen auf einen bestimmten Winkel zur künstlichen Sonne dressiert, und wird dabei immer die gleiche Tageszeit gewählt, so können sie nachher wohl diesen Winkel einhalten; aber sie wählen denselben Winkel auch zu einer anderen Tageszeit, rechnen also nicht die Sonnenwanderung ein. Erst wenn bei der Dressur unterschiedliche Tageszeiten benutzt werden, wählen die Eidechsen später den der Tageszeit entsprechenden Winkel, erst dann also betrachten sie die Lichtquelle als bewegliche Sonne, nicht nur als „Landmarke" [742].

Auch bei Fischen wird die künstliche Sonne in Einzelfällen nur als „Landmarke" benutzt (auch wenn die meisten anderen Individuen der gleichen Art sie als Sonne „beurteilen", d. h. je nach der Tageszeit einen unterschiedlichen Winkel zu ihr wählen) [733]. Beim Wasserläufer *Velia currens* können winkeltreue und kompaßtreue Orientierung ebenfalls miteinander wettstreiten und einander ablösen [735].

Orientierung am Mond. Besonders interessant ist noch, daß auch eine Orientierung mit dem Lichtkompaß unter Benutzung des Mondes möglich erscheint. Namentlich für den schon mehrfach erwähnten *Talitrus saltator* wurde das näher untersucht [761, 762]. Für andere Organismen gibt es ebenfalls Hinweise [724]. Bei dieser Art des Richtungsfindens wird also die Mondbewegung zeitlich richtig kompensiert. Daraus würde folgen, daß die Tiere nicht nur über einen physiologischen Rhythmus verfügen, der der Sonnenbewegung entspricht (also die endogene Tagesrhythmik), sondern auch noch über einen weiteren Rhythmus, welcher der Mondbewegung entspricht. Tatsächlich gibt es für diese Annahme auch andere Hinweise, auf die wir bald zurückkommen (vgl. Abschnitt 11).

Für den Flohkrebs *Orchestoidea corniculata* wurde ein etwas anderes Verhalten beschrieben [736a]. Nachts finden die Tiere durch Orientierung am Mond die Fluchtrichtung zur See. Nach längerem Aufenthalt im Dunkeln wird aber unabhängig von der Tageszeit ein konstanter Winkel zum Mond eingehalten. Ob daraus auf eine grundsätzlich andere Zeitmessung als bei *Talitrus* geschlossen werden darf, ist zweifelhaft (vgl. hierzu die Bemerkung hinsichtlich des Verhaltens von *Velia*, S. 122).

Im ganzen sind die Auffassungen zur Frage der Orientierung am Mond aber durchaus noch kontrovers [718, 721].

Literatur

a) Zusammenfassende Darstellungen

713. Autrum,J. (ed.): Animal orientation: Symposium. Ergeb. Biol. **26** (1963)
714. Birukow,G.: Innate types of chronometry in insect orientation. In: Chovnick [717], S. 403—412 (1960)
715. Birukow,G., Fischer,K., Böttcher,H.: Die Sonnenkompaßorientierung der Eidechsen. In: Autrum [713], S. 216—234 (1963)
716. Braemer,W., Schwassmann,H.O.: Vom Rhythmus der Sonnenorientierung am Äquator (bei Fischen). In: Autrum [713], S. 182—201 (1963)

717. Chovnick, A. (ed.): Biological Clocks. Cold Spring Harbor Symp. quant. Biol. **25** (1960)
718. Galler, S.R., Schmidt-Koenig, K., Jacobs, G.J., Belleville, R.E. (eds.): Animal Orientation and Navigation. Washington, D. C.: Nat. Aeronautics and Space Administration 1972
719. Hasler, A.D., Schwassmann, H.O.: Sun orientation of fish at different latitude. In: Chovnick [717], S. 429—441 (1960)
720. Hoffmann, K.: Experimental manipulation of the orientation clock in birds. In: Chovnick [717], S. 379—387 (1960)
721. Hoffmann, K.: Clock-mechanism in celestial orientation of animals. In: J. Aschoff [1], S. 426—441 (1965)
722. Lindauer, M.: Time compensated sun orientation in bees. In: Chovnick [717], S. 371—377 (1960)
723. Matthews, G.V.T.: Bird Navigation, 2nd ed. Cambridge: Univ. Press 1968
724. Papi, F.: Orientation by night: the moon. In: Chovnick [717], S. 475—480 (1960)
725. Pardi, I.: Innate components in the solar orientation of littoral amphipods. In: Chovnick [717], S. 395—401 (1960)
726. Schmidt-Koenig, K.: Internal clocks and homing. In: Chovnick [717], S. 389—393 (1960)
727. Schmidt-Koenig, K.: Migration and homing in animals. Berlin-Heidelberg-New York: Springer 1975
728. Schwassmann, H.O.: Environmental cues in the orientation rhythm of fish. In: Chovnick [717], S. 443—450 (1960)
729. Wallraff, H.G.: Does celestrial navigation exist in animals? In: Chovnick [717], S. 451—461 (1960)

b) Originalarbeiten

730. Birukow, G.: Naturwissenscaften **44**, 358—359 (1957)
731. Birukow, G., Busch, E.: Z. Tierpsychol. **14**, 184—203 (1957)
732. Birukow, G., Oberdorfer, H.: Z. Tierpsychol. **16**, 693—705 (1959)
733. Braemer, W.: Verh. dtsch. zool. Ges. Münster, S. 276—288 (1960)
734. Brun, R.: Abderhaldens Handbuch der biolog. Arbeitsmethoden, Abteilung **6**, S. 179; zitiert nach Renner [675]
735. Emeis, D.: Z. Tierpsychol. **16**, 129—154 (1959)
736. Emeis, D.: In: Galler et al. [718], S. 523—555 (1972)
736a. Enright, J.T.: Biol. Bull. **120**, 148—156 (1961)
737. Ercolini, A., Badino, G.: Bull. Zool. **28**, 421—432 (1961)
738. Ferguson, D.E., Landreth, H.F., McKeown, J.P.: Anim. Behav. **15**, 45—53 (1967)
739. Fischer, K.: Naturwissenschaften **47**, 287—288 (1960)
740. Fischer, K.: Z. Tierpsychol. **18**, 450—470 (1961)
741. Fischer, K.: Naturwissenschaften **51**, 203 (1964)
742. Fischer, K., Birukow, G.: Naturwissenschaften **47**, 93 (1960)
743. Frisch, K.v.: Experientia (Basel) **6**, 210—221 (1950)
744. Hasler, A.D.: Science **132**, 785—792 (1960)
745. Hoffmann, K.: Z. Tierpsychol. **11**, 453—475 (1954)
746. Hoffmann, K.: Z. vergl. Physiol. **41**, 471—480 (1959)
747. Jander, R.: Z. vergl. Physiol. **40**, 162—238 (1957)
748. Kalmus, H.: J. exp. Biol. **33**, 554—565 (1956)
749. Keeton, W.T.: Science **165**, 922 (1969)
750. Keeton, W.T.: Auk **91**, 370—374 (1974)
751. Kramer, G.: Ibis **94**, 265—285 (1952)
752. Lindauer, M.: Naturwissenschaften **44**, 1—6 (1957)
753. Lindauer, M.: Z. vergl. Physiol. **42**, 43—62 (1959)
754. Lüters, W., Birukow, G.: Naturwissenschaften **50**, 737—738 (1963)
755. Michener, M.C., Walcott, Ch.: Science **154**, 410—413 (1966)
756. Miselis, R., Walcott, Ch.: Anim. Behav. **18**, 544—551 (1970)
757. Papi, F.: Z. vergl. Physiol. **37**, 230—233 (1955)
758. Papi, F., Fiore, L., Fiaschi, V., Baldaccini, N.E.: Z. vergl. Physiol. **73**, 377—338 (1971)
759. Papi, F., Pardi, L.: Z. vergl. Physiol. **35**, 490—518 (1953)
760. Papi, F., Pardi, L.: Z. vergl. Physiol. **41**, 583—596 (1959)

761. Papi,F., Pardi,L.: Biol. Bull. **124**, 97—105 (1963)
762. Papi,F., Pardi,L.: Monitore Zool. Ital. NS **2**, 87—93 (1968)
763. Papi,F., Pardi,L.: Monitore Zool. Ital. NS **2**, 217—231 (1968)
764. Papi,F., Serretti,L., Parrini,S.: Z. vergl. Physiol. **39**, 531—561 (1957)
765. Papi,F., Syrjämäki,J.: Arch. Ital. Biol. **101**, 59—77 (1963)
766. Pardi,L., Ercolini,A.: Z. vergl. Physiol. **50**, 225—249 (1965)
767. Pardi,L., Ercolini,A.: Monitore Zool. Ital. NS Suppl. **74**, 80—101 (1966)
768. Pardi,L., Grassi,M.: Experientia (Basel) **11**, 202 (1955)
769. Pardi,L., Papi,F.: Naturwissenschaften **39**, 262—263 (1952)
770. Pardi,L., Papi,F.: Z. vergl. Physiol. **35**, 459—489 (1953)
771. Rawson,K.S.: Ph. D. Thesis. Harvard Univ. 1956
772. Schmidt-Koenig,K.: Naturwissenschaften **45**, 47 (1958)
773. Schmidt-Koenig,K.: Z. Tierpsychol. **15**, 301—331 (1958)
774. Schmidt-Koenig,K.: Naturwissenschaften **48**, 110 (1961)
775. Schmidt-Koenig,K.: Z. Tierpsychol. **18**, 221—244 (1961)
776. Schmidt-Koenig,K.: Biol. Bull. **124**, 311—321 (1963)
777. Schmidt-Koenig,K.: Biol. Bull. **127**, 154—158 (1964)
778. Schmidt-Koenig,K.: Zool. Anz. Suppl. **33**, 200—205 (1969)
779. Schmidt-Koenig,K.: Z. vergl. Physiol. **68**, 39—48 (1970)
780. Schmidt-Koenig,K., McDonald,D.L.: Science **168**, 152—153 (1970)
781. Schwassmann,H.O., Braemer,W.: Physiol. Zool. **34**, 273—286 (1961)
782. Schwassmann,H.O., Hasler,A.D.: Physiol. Zool. **37**, 163—178 (1964)

11. Beziehungen zwischen circadianen, tidalen und lunaren Rhythmen

a) Endogen-tidale Rhythmik

Beispiele, Historisches. An zahlreichen marinen Organismen sind Rhythmen des Verhaltens gefunden worden, die sich dem Wechsel von Ebbe und Flut einordnen, sich aber auch unter Laboratoriumsbedingungen noch fortsetzen. Bohn [793] fand, daß grüne Strudelwürmer *(Convoluta)* bei Ebbe an die Wattoberfläche wandern, sich bei Flut aber im Sand vergraben. Diese Rhythmik setzt sich im Aquarium ohne den Gezeitenwechsel fort. Es kann weiter auf Untersuchungen von Fauré-Fremiet an *Chromulina* und an der Diatomee *Hantzschia* hingewiesen werden [807].

Auch bei Muscheln und Crustaceen ist eine Fortsetzung solcher Gezeitenrhythmen unter Laboratoriumsbedingungen von mehreren Autoren beschrieben worden [791, 831, 808] (Abb. 109 und 110). Für die Seeanemone *Actinia equina* hat Bohn [794] die Fortsetzung der Ausdehnung und Zusammenziehung in Aquarien über Zeiten bis zu 8 Tagen beschrieben. Bei den Muscheln *Mytilus edulis* und *M. californicus* ließen sich entsprechende Fortsetzungen von Gezeitenrhythmen sogar über mehr als 4 Wochen im Laboratorium verfolgen [831].

Gegenüber diesen früheren Beobachtungen über das Andauern der Gezeitenrhythmen im Laboratorium unter konstanten Bedingungen sind später wiederholt Zweifel geäußert worden, z. B. in bezug auf die erwähnte Rhythmik von *Actinia* [799, 800]. Doch ist dabei zu berücksichtigen, daß – wie jetzt bekannt ist – die Manifestation der tidalen Rhythmik je nach den Bedingungen, an die die Tiere angepaßt sind, aber auch von Individuum zu Individuum stark schwanken kann (Abb. 109).

Jetzt liegen Experimente vor, die das Fortdauern der Gezeitenrhythmen unter konstanten Bedingungen sehr viel deutlicher zeigen als die früheren. Ein gutes Beispiel ist der in der Gezeitenzone lebende Fisch *Blennius pholis*, bei dem die Rhythmik mehrere Tage mit Perioden von 12,56 h im DD und 12,5 h im LL beobachtet werden konnte [809]. Hier wird zugleich also auch der *circa*tidale Charakter der freilaufenden Rhythmik deutlich: Die Perioden entsprechen nicht mehr genau den 12,4 h-Perioden der Gezeitenrhythmik. Die neuere Literatur bringt viele weitere Beispiele [789, 790, 796, 815, 826–829].

Zusammenwirken mit circadianen Rhythmen. Oft zeigen Organismen der Gezeitenzonen im natürlichen LD nicht nur eine physiologische Rhythmik, die dem Gezeitenwechsel folgt, sondern gleichzeitig auch eine sich hiermit überlagernde Rhythmik, für die der LD als Zeitgeber wirkt [792, 811, 830]. Es hängt dabei von

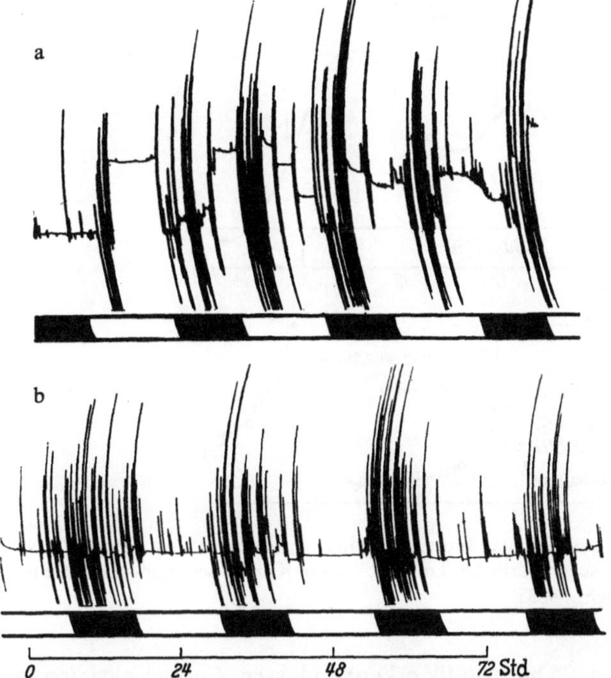

Abb. 109a und b. Zwei Beispiele für den Verlauf der Aktivitätsrhythmik der Strandkrabbe *(Carcinus maenas)* im tagesperiodischen LD, aber unter sonst konstanten Bedingungen. Bei (b) dominiert die diurnale Komponente, bei (a) kommt auch die der Gezeitenrhythmik entsprechende Komponente zum Ausdruck

den ökologischen Bedingungen ab, ob die eine oder die andere Komponente dominiert. Diesen Bedingungen haben sich die Organismen z. T. genetisch angepaßt, aber das Verhalten kann sich oft auch rasch ändern, wenn sich die Bedingungen ändern. Auch die individuellen Unterschiede sind groß (Abb. 109).

Untersuchungen an Strandkrabben der Gattung *Carcinus* können Beispiele liefern. Innerhalb einer Population von *Carcinus maenas* können sich Individuen finden, die im LL (geringer Intensität) dominierend die ca. 12,4 h-Periodik zeigen,

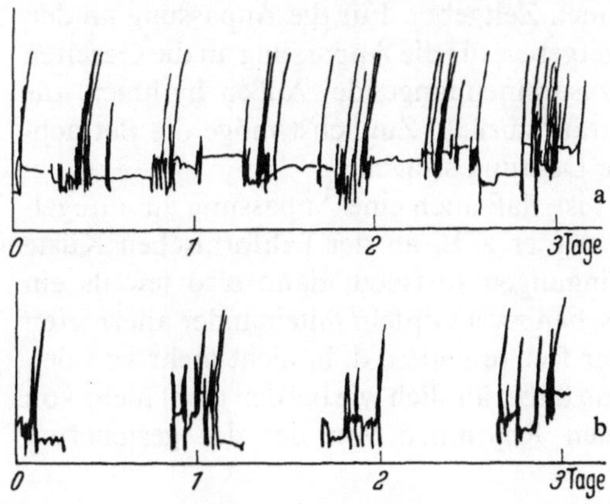

Abb. 110a und b. Wie Abb. 109, jedoch im schwachen LL registriert

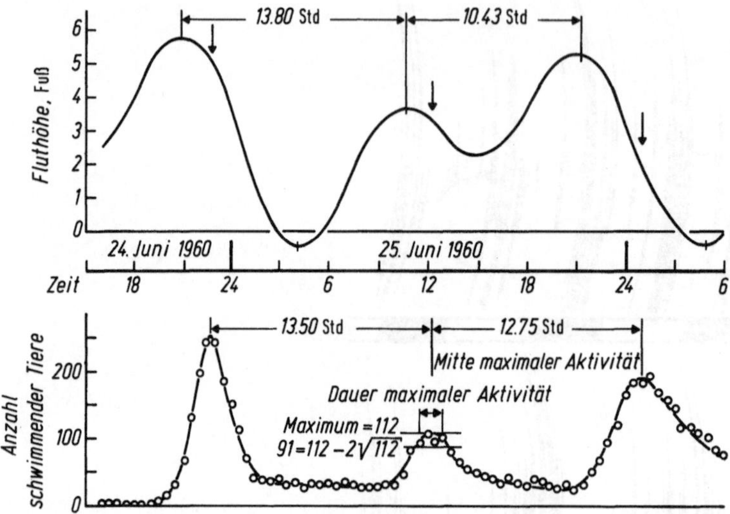

Abb. 111. Tidale Rhythmik frisch gesammelter Individuen einer *Synchelidium*-Art. Obere Kurve: Verlauf der Gezeiten an der kalifornischen Küste bei La Jolla. Untere Kurve: Bewegungsaktivität der Tiere im Laboratorium. (Nach Enright [803])

andere, die dominierend die ca. 24 h-Periodik erkennen lassen. *Carcinus mediterraneus* von Neapel zeigte im LL (schwacher Intensität) eine ausgesprochene 24 h-Periodik [824]. Nur wenige Individuen zeigten hier eine circatidale Komponente. Offensichtlich ist das eine Anpassung an die Bedingungen bei Neapel: Die Gezeitenschwankungen des Wasserstandes sind hier unbedeutend gering.

Überlagerung von zwei ca. 24,8 h-Rhythmen? Die mitgeteilten Versuche schließen nicht von vornherein die Möglichkeit aus, daß die ca. 12,4 h-Rhythmen aus der Überlagerung von zwei ca. 24,8 h-Rhythmen resultieren. Manche Versuche, z. B. mit dem Isopoden *Excirolana chiltoni* [816] sprechen unmittelbar für diese Deutung.

Natürlich stellt sich dann sofort die Frage, was neben dieser Überlagerung von zwei 24,8 h-Perioden, die ja als zwei circadiane Rhythmen bezeichnet werden können, noch die vorher erwähnte Überlagerung mit der circadianen Rhythmik bedeutet. Das ist eine Frage der wirksamen Zeitgeber. Für die Anpassung an den normalen LD ist dieser der wichtigste Zeitgeber, für die Anpassung an die Gezeiten sind die Gezeiten bzw. mit ihnen zusammenhängende Außenrhythmen die wichtigsten Zeitgeber. Wir kommen darauf zurück. Zunächst möge die Betrachtung einiger komplizierterer Fälle diese Deutung stützen.

Kompliziertere Fälle. Bemerkenswert ist, daß auch eine Anpassung an unregelmäßigen Wechsel von Ebbe und Flut, wie er z. B. an der kalifornischen Küste besteht, sich unter Laboratoriumsbedingungen fortsetzt, dann also jeweils ein größerer und ein kleinerer Abstand zwischen zwei Gipfeln miteinander alternieren können [803] (Abb. 111). Die Länge der freilaufenden, d. h. nicht mehr von den Gezeiten selber gesteuerten Perioden kann dabei ähnlich wie bei den nicht mehr von äußeren Faktoren gesteuerten diurnalen Rhythmen von der der gesteuerten abweichen, also z. B. größer sein.

Solche Ergebnisse bekräftigen die Vermutung, daß es sich in den betreffenden Fällen nicht um eine Rhythmik mit ungefähr 12–14 h Periodenlängen handelt, sondern um die Überlagerung von zwei ungefähr tagesperiodischen Rhythmen. Solange keine weiteren experimentellen Untersuchungen vorliegen, muß die Entscheidung hierzu aber offen bleiben. Jedenfalls aber sprechen Ergebnisse der Versuche mit *Synchelidium* sp. [803] für diese Deutung. Bei diesem Flohkrebs der südkalifornischen Küste zeigt sich ein Verhalten der oben genannten Art, welches sich im Laboratorium mehrere Tage fortsetzt. Verantwortlich sind hierfür offenbar Perioden, die beim Fehlen von Zeitgebern, d. h. unter Laboratoriumsbedingungen freilaufende Perioden von etwa 26 h werden.

Zeitgeber der circatidalen Rhythmik. Nach den vorhergegangenen Ausführungen besteht der wesentliche Unterschied zwischen circatidalen und circadianen Rhythmen nur darin, daß bei den circadianen Rhythmen im allgemeinen der LD wichtigster Zeitgeber ist, bei circatidalen aber mit dem Gezeitenwechsel zusammenhängende äußere Faktoren. Die Situation wird aber noch dadurch komplizierter, daß die circatidalen Rhythmen zusätzlich mehr oder weniger durch den LD gesteuert werden können, und „mehr oder weniger" kann auch bedeuten: je nach den Bedingungen. Bei der Garnele *Palaemon elegans* wird die Aktivitätsrhythmik während der Zeiten der Nipptiden schnell durch den LD synchronisiert. Während der Zeiten der Springtiden aber sind mit dem wechselnden Wasserstand zusammenhängende Faktoren die wichtigsten Zeitgeber [832]. Bei der Winkerkrabbe *Uca crenulata* wurde nur in den Monaten April und Juli eine leichte Synchronisierbarkeit durch den LD gefunden [814]. Außerdem zeigten sich bei dieser Krabbe wieder starke individuelle Verschiedenheiten hinsichtlich der relativen Wirksamkeit des LD einerseits, des wechselnden Wasserstandes (und damit zusammenhängenden Faktoren) andererseits.

Die mit dem Wechsel des Wasserstandes verbundenen zeitgebenden Faktoren sind von Art zu Art verschieden. Einmal kann es wichtig sein, daß mit dem Wasserstand auch die zu den Tieren gelangende Lichtintensität wächst. Auch der wechselnde Wasserdruck kann wichtig werden [811, 821]. Schon Druckschwankungen von weniger als 0,01 atm können wirksame Faktoren werden [802]. In vielen (vielleicht sogar den meisten) Fällen sind Schwankungen der Turbulenz des Wassers oder damit verbundene Erschütterungen entscheidend [803, 815, 816, 819]. Und mit Turbulenzpulsen lassen sich ähnliche Phasen-*Response*-Kurven erzielen wie sonst mit Lichtpulsen [806].

Allgemeine Schlußfolgerung. Die beschriebenen Ergebnisse haben für das Studium der circadianen Rhythmik u. a. den Wert, daß sie die Möglichkeit der Kopplung an verschiedenartige Receptoren demonstrieren. Jeder Versuch, die molekularen Grundlagen der circadianen Rhythmik unter der Annahme zu erklären, daß Lichtempfindlichkeit ein integrierender Bestandteil der Uhr ist, muß auf Skepsis stoßen.

b) Beziehungen zu lunaren Rhythmen

Beispiele. Seit langem sind bei mehreren Organismen lunare Cyclen bekannt, etwa die Beschränkung der Fortpflanzung auf Zeiten der Spring- oder Nipptiden bzw. auf Tage, die in fester Relation zu diesen Zeiten stehen. Die dabei auftretenden

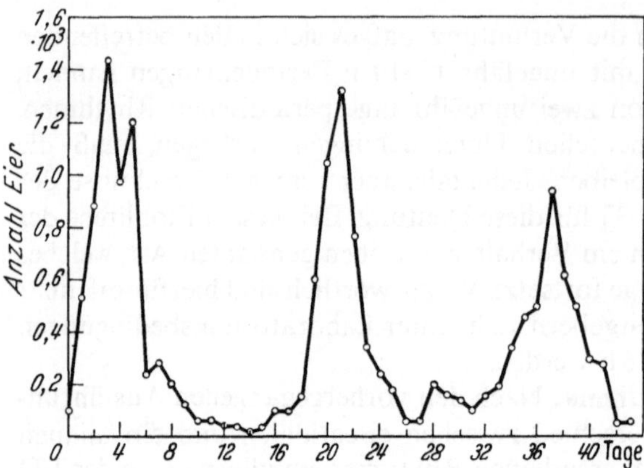

Abb. 112. *Dictyota dichotoma*. Entleerung der Eier aus den Oogonien unter Laboratoriumsbedingungen (LD mit jeweils 14 h Licht und 10 h Dunkelheit). Ordinate: Anzahl der an den betreffenden Tagen gezählten freigesetzten Eier. (Nach Bünning u. Müller [795])

physiologischen Rhythmen entsprechen also den lunaren Cyclen von ungefähr 29,5 Tagen, in anderen Fällen einem halben lunaren Cyclus, also ungefähr 14–15 Tagen [783–789].

Die größte Berühmtheit hat der Palolo-Wurm des Pazifiks und Atlantiks erlangt. Nur zweimal im Jahr, und zwar während der Nipptiden des letzten Mondviertels im Oktober und November, findet die Fortpflanzung statt. An der kalifornischen Küste läßt sich der Grunion-Fisch *(Leuresthes tenuis)* kurz nach den höchsten Fluten von den Wellen an den Strand werfen und entleert dort seine Eier bzw. Spermien. Die befruchteten Eier entwickeln sich im feuchten warmen Sand, da sie ja jetzt 2 Wochen, bis zur nächsten Springflut, nicht vom Wasser erreicht werden. Erst mit der nächsten Springflut werden die inzwischen hinreichend entwickelten Fische aus den Eiern befreit und ins Meer hinausgespült. Auch für Muscheln [817, 820] und mehrere andere tierische und pflanzliche Meeresorganismen sind solche lunarperiodischen Vorgänge beschrieben worden, z. B. für die Gametenentleerung bei der Alge *Enteromorpha intestinalis* [797]. Die Braunalge *Dictyota dichotoma* entleert an bestimmten Standorten ihre männlichen und weiblichen Geschlechtszellen zweimal innerhalb des Mondcyclus, d. h. in Abständen von 14–15 Tagen (Abb. 112). Für Organismen von Binnengewässern liegen ebenfalls Angaben vor [784, 798, 812].

Bemerkenswert bei diesen Vorgängen ist die für mehrere Arten festgestellte Fortsetzung der Periodik unter Laboratoriumsbedingungen, also ohne Einwirkung der Gezeitenrhythmik und ohne Einwirkung des Mondlichtes. Hierdurch gewinnt man den Eindruck, daß es eine endogen-lunare Rhythmik gibt.

Bestimmung der Phasenlage. Die Phasenlage dieser endogen-lunaren Rhythmik kann vom Mondlicht bestimmt werden. Beim marinen Wurm *Platynereis* lassen sich die Phasen durch experimentelles Mondlicht (d. h. nächtliche Beleuchtung mit Intensitäten in der Größenordnung der Intensität des Mondlichtes) determinieren [787, 813]. Das ist aber offenbar keine allgemeine Regel. Auf diese Frage soll hier nicht näher eingegangen werden. Nur die möglichen Beziehungen zwischen circatidalen bzw. circadianen Rhythmen seien angedeutet.

Zusammenwirken mit circadianen und circatidalen Rhythmen. Der genannte semilunare Rhythmus der Freisetzung von Eiern bei der Braunalge *Dictyota* (Abb. 112) ist gekoppelt mit einer Beschränkung der Eientleerung auf den Spätsommer, an den betreffenden Tagen zusätzlich auf eine eng begrenzte Tageszeit. So findet die Entleerung nur an wenigen Stunden innerhalb des Jahres statt. Die Chance des Zusammentreffens männlicher und weiblicher Gameten ist dadurch natürlich um ein Tausendfaches gegenüber der erhöht, die bei zeitlich nicht so zusammengedrängter und synchronisierter Entleerung gegeben wäre. Ein interessantes Beispiel für das Zusammenwirken von lunaren und circatidalen Rhythmen bietet der in der Gezeitenzone Kaliforniens lebende Isopode *Excirolana chiltoni* [805]. Er zeigt eine unter konstanten Bedingungen sich fortsetzende Rhythmik der Bewegungsaktivität mit Perioden von ca. 24,9 h. Die Amplituden der registrierten Aktivitätsrhythmen änderten sich aber (auch im Laboratorium unter konstanten Bedingungen!) stark in entsprechender Weise, wie sich während des lunaren Cyclus die Stärke des Ebbe-Flut-Wechsels änderte. Die Periode dieser lunaren Komponente in der Stärke der circatidalen Amplituden war im Laboratorium 1–2 Tage länger als der lunare Cyclus von 29 Tagen.

"... it seems clear that the endogenous tidal rhythm of *Excirolana*, with its circalunar amplitude modulation, is able to provide a much more complex recapitulation of preceding environmental conditions than are those circadian rhythms previously described. An animal with a circadian rhythm can, in a way, be compared with a drummer, often capable of considerable precision in keeping time when isolated from the orchestra of natural day-night cycles. To carry on with that analogy, *Excirolana* is capable not only of maintaining tempo, but of repeating entire ornamented phrases of an environmental score. Even within the framework of this accomplishment of the species, the behavior is a virtuoso performance – the animal's left hand playing the melody, the right hand the counterpoint" (Enright [805]).

Auch die erwähnte unterschiedlich starke Bindung der tidalen Cyclen der Garnele *Palaemon* an den Zeitgeber LD, je nachdem ob Nipp- oder Springtiden herrschen, sei hier nochmals als Beispiel solchen Zusammenwirkens von lunarer und circatidaler Rhythmik erwähnt.

Resultieren endogen-lunare Cyclen aus der Kooperation von endogen-circadianen und endogen-circatidalen Rhythmen? Die bisherigen Versuchsergebnisse zeigen, daß es namentlich bei Organismen der Gezeitenzone endogene Rhythmen mit Perioden von ca. 24–25 h gibt, die entweder durch den LD oder durch andere, mit dem Wechsel des Wasserstandes zusammenhängende Zeitgeber synchronisiert werden können. Außerdem ist gezeigt worden, daß dies für die einzelne Art keine feststehende Alternative ist, sondern die relative Wirksamkeit der Zeitgeber sich je nach den Bedingungen ändern kann. Schließlich kann es auch in ein und demselben Individuum gleichzeitig Rhythmen geben, die vorwiegend vom LD, und andere, die vorwiegend von jenen anderen Zeitgebern synchronisiert werden.

Es ist die Hypothese aufgestellt worden, daß sich die endogenen lunaren Cyclen aus dem Zusammenwirken solcher mehr dem LD folgenden und solcher mehr den anderen Zeitgebern folgenden Rhythmen erklären. Die kleinen Differenzen in der Periodenlänge beider Rhythmen würden dafür verantwortlich sein, daß in Abständen von 14–15 bzw. ungefähr 29 Tagen eine Koincidenz bestimmter Phasen, also eine Art Schwebung eintritt.

Dazu sei an die Versuche mit der Strandkrabbe *Carcinus maenas* erinnert (S. 127). Hier lassen sich (durch das Studium der Laufaktivität) zwei Komponenten unterscheiden, und es konnte beobachtet werden, wie sich die Gipfel der beiden Rhythmen von Tag zu Tag entsprechend der Differenz zwischen Gezeitencyclus und diurnalem Cyclus gegeneinander verschieben, und zwar auch im Laboratorium ohne Einwirkung des Gezeitenwechsels. So kommt es zu einem Zusammenfallen beider Maxima in Abständen von 14 oder 15 Tagen [822–825].

Die Beobachtungen reichen zur Rechtfertigung jener Hypothese nicht aus. Ein experimenteller Zugang weiterer Prüfung besteht darin, den lichtempfindlichen Oscillator nicht durch einen 24-h-Tag, sondern durch einen experimentellen künstlichen oder längeren zu synchronisieren. Jene „Schwebungen" müssen dann in größeren oder kleineren Abständen als normalerweise auftreten. Tatsächlich wurde bei entsprechenden Versuchen mit der Braunalge *Dictyota* ein Einfluß experimentell verlängerter oder verkürzter Tage auf die Länge des lunaren Cyclus gefunden. Der Einfluß war aber nicht so groß, wie er hätte sein müssen, um jene Hypothese zu rechtfertigen [833]. Zudem liegen mehrere Arbeiten vor, die gegen diese Deutung sprechen [805, 835].

Literatur

a) Zusammenfassende Darstellungen

783. Caspers,H.: Rhythmische Erscheinungen in der Fortpflanzung von *Clunio marinus* (Dipt. Chiron.) und das Problem der lunaren Periodicität bei Organismen. Arch. Hydrobiol. Suppl. **18**, 415–494 (1951)
784. Cloudsley-Thompson,J.L.: Rhythmic Activity in Animal Physiology and Behaviour. New York-London: Academic Press 1961
785. DeCoursey,P.J.(ed.): Biological Rhythms in the Marine Environment. Columbia: South Carolina-University of South Carolina Press 1976
786. Fingerman,M.: Tidal rhythmicity in marine organisms. Cold Spring Harbor Symp. Quant. Biol. **25**, 481–489 (1960)
787. Hauenschild,C.: Lunar periodicity. Cold Spring Harbor Symp. Quant. Biol. **25**, 491–497 (1960)
788. Neumann,D.: Die Kombination verschiedener endogener Rhythmen bei der zeitlichen Programmierung von Entwicklung und Verhalten. Oecologia 3, 166–183 (1969)
788a. Neumann,D.: Mechanismen für die zeitliche Anpassung von Verhaltens- und Entwicklungsleistungen an den Gezeitenzyklus. Verh. Dtsch. Zool. Ges. **1976**, 9–28, Stuttgart: Gustav Fischer 1976
789. Palmer,J.D.: Biological Clocks in Marine Organisms. New York-London: Wiley-Interscience 1974

b) Originalarbeiten

790. Barnwell,F.H.: Biol. Bull. **125**, 399–415 (1963)
791. Bennett,M.F.: Biol. Bull. Woods Hole **107**, 174–191 (1954)
792. Benson,J.A., Lewis,R.D.: J. comp. Physiol. **105**, 339–352 (1976)
793. Bohn,G.: C. R. Acad. Sci. (Paris) **37**, 576–578 (1903)
794. Bohn,G.: C. R. Acad. Sci. (Paris) **61**, 420–422 (1906)
795. Bünning,E., Müller,D.: Z. Naturforsch. **16b**, 391–395 (1962)
796. Chandrashekaran,M.K.: Z. vergl. Physiol. **50**, 137–150 (1965)
797. Christie,A.O., Evans,L.V.: Nature (Lond.) **193**, 193–194 (1962)
798. Corbet,P.S.: Cold Spring Harbor Symp. Quant. Biol. **25**, 357–360 (1960)
799. Di Mila,A., Geppetti,L.: Experientia (Basel) **20**, 571–572 (1964)
800. Di Mila,A., Geppetti,L.: Monitore Zool. Ital. **72**, 203–214 (1964)
801. Enright,J.T.: Cold Spring Harbor Symp. Quant. Biol. **25**, 487–489 (1960)

802. Enright,J.T.: Science **133**, 758–760 (1961)
803. Enright,J.T.: Z. vergl. Physiol. **46**, 276–313 (1963)
804. Enright,J.T.: Z. vergl. Physiol. **72**, 1–16 (1971)
805. Enright,J.T.: J. comp. Physiol. **77**, 141–162 (1972)
806. Enright,J.T.: J. comp. Physiol. **107**, 13–37 (1976)
807. Fauré-Fremiet,E.: Bull. biol. France et Belg. **84**, 207–214 (1950)
808. Fingerman,M.: Biol. Bull. Woods Hole **109**, 255–264 (1955)
809. Gibson,R.N.: Nature (Lond.) **207**, 544–545 (1965)
810. Gibson,R.N.: J. mar. biol. Ass. U. K. **47**, 97–111 (1967)
811. Gibson,R.N.: Anim. Behav. **19**, 336–343 (1971)
812. Hartland-Rowe,R.: Rev. zool. botan. africaine **58**, 185–210 (1958)
813. Hauenschild,G.: Z. Naturforsch. **10b**, 658–662 (1955)
814. Honegger,H.-W.: Marine Biol. **18**, 19–31 (1973)
815. Jones,D.A., Naylor,E.: J. exp. mar. Biol. Ecol. **4**, 188–199 (1970)
816. Klapow,L.A.: J. comp. Physiol. **79**, 233–258 (1972)
817. Knight-Jones,E.W.: Fishery Investigation Ser. II, **18**(2), 1–48 (1952)
818. Lang,H.J.: Z. vergl. Physiol. **56**, 296–340 (1967)
819. Lehmann,I., Neumann,D., Kaiser,H.: J. comp. Physiol. **91**, 187–221 (1974)
820. Loosanoff,V.L., Nomejko,C.A.: Ecology **32**, 113–134 (1951)
821. Morgan,E.: J. anim. Acol. **34**, 731–746 (1965)
822. Naylor,E.: J. exp. Biol. **35**, 602–610 (1958)
823. Naylor,E.: J. exp. Biol. **37**, 481–488 (1960)
824. Naylor,E.: Pubbl. Staz. Zool. Napoli **32**, 58–63 (1961)
825. Naylor,E.: J. exp. Biol. **40**, 669–679 (1963)
826. Neumann,D.: Z. Naturforsch. **20b**, 818–819 (1965)
827. Neumann,D.: Z. vergl. Physiol. **53**, 1–61 (1966)
828. Neumann,D.: Z. vergl. Physiol. **60**, 63–78 (1968)
829. Neumann,D., Honegger,H.W.: Oecologia **3**, 1–13 (1969)
830. Palmer,J.D.: Nature (Lond.) **215**, 64–66 (1967)
831. Rao,K.P.: Biol. Bull. Woods Hole **106**, 353–359 (1954)
832. Rodriguez,G., Naylor,E.: J. mar. biol. Ass. U. K. **52**, 81–95 (1972)
833. Vielhaben,V.: Z. Bot. **51**, 156–173 (1963)
834. Williams,B.G., Naylor,E.: J. exp. Biol. **47**, 229–234 (1967)
835. Ziegler Page,J.Z., Sweeney,B.M.: J. Phycology **4**, 253–260 (1968)

12. Steuerung tagesperiodischer Schwankungen des Ansprechens auf Außenfaktoren

a) Allgemeines

Tagesperiodische Schwankungen des Ansprechens von Organismen auf äußere Faktoren sind weit verbreitet. Meist handelt es sich dabei um quantitative Schwankungen; aber auch qualitative kommen vor, und sie sind besonders interessant.

Namentlich in der medizinischen Forschung ist diesen Schwankungen in neuerer Zeit große Aufmerksamkeit geschenkt worden. Den Zielen der angewandten medizinischen Forschung entsprechend beziehen sich die meisten dieser Angaben auf Versuche, die im LD durchgeführt worden sind. Es läßt sich also durchaus nicht mit Sicherheit sagen, ob die gefundenen Cyclen alle circadian (im engeren Sinne dieses Wortes) sind, oder ob sie nur als tagesperiodische Schwankungen bezeichnet werden dürfen. Aber nach den bisherigen Erfahrungen mit anderen tagesperiodischen Funktionen ist die Mitwirkung der circadianen Rhythmik mindestens in vielen Fällen wahrscheinlich.

b) Ansprechen auf Licht

Beispiele für eindeutige circadiane Schwankungen der Lichtempfindlichkeit haben wir schon kennengelernt, nämlich Rhythmen der photosynthetischen Kapazität und Rhythmen der phototaktischen Empfindlichkeit von Flagellaten. Solche Rhythmen der phototaktischen Empfindlichkeit sind jetzt für mehrere einzellige Algen bekannt [852, 864]. Sehr bemerkenswert ist, daß diese Rhythmen auch mit qualitativen Schwankungen verknüpft sein können. Bei der Alge *Micrasterias denticulata* ändert sich die relative Wirksamkeit von Blau- und Rotlicht periodisch.

Auch für die phototaktische Empfindlichkeit von Daphnien ist die circadiane Natur ihrer Rhythmik, nämlich die Fortsetzung im DD, nachgewiesen [872].

Bei Insekten sind tagesperiodische Schwankungen der Lichtempfindlichkeit schon 1894 von Kiesel [859] beobachtet worden. In der neueren Literatur häufen sich entsprechende Angaben für Insekten [846, 847, 857, 858, 869], für Krabben [865] und Skorpione [850].

Auch für den Menschen sind tagesperiodische Schwankungen der visuellen Lichtempfindlichkeit nachgewiesen [860]; die Frage nach deren circadianer Natur (im engeren Sinne) ist aber noch nicht beantwortbar.

In der Tatsache, daß viele Tiere zur Nachtzeit Licht vermeiden, es am Tage aber suchen, kommen wieder qualitative Schwankungen des Ansprechens auf Licht zum Ausdruck.

Bei den vielzelligen Tieren hängen die circadianen Schwankungen der Lichtempfindlichkeit offenbar oft mit Pigmentwanderungen zusammen. Bei den untersuchten Algen kann diese Erklärung nicht zutreffen; auch Erklärungen durch Annahme von Schwankungen der Pigmentmengen versagen [851, 864]. Wir können nur sagen, daß es vom jeweiligen physiologischen Zustand der Zelle, vom „molekularen Milieu" des Pigments abhängt, in welcher Art und mit welcher Stärke die Zelle auf das in den beteiligten Pigmenten absorbierte Licht reagiert. Das ist eigentlich das Zentralproblem der photoperiodischen Reaktionen (vgl. Abschnitt 13): Worauf beruhen die diesen Reaktionen zugrunde liegenden tagesperiodischen quantitativen und qualitativen Schwankungen der Lichtempfindlichkeit?

c) Ansprechen auf Temperatur

Tagesperiodische Schwankungen der Temperaturempfindlichkeit kommen z. B. in Cyclen der Reaktionsweise auf höhere oder niedrigere Temperaturen zum Ausdruck. Außerdem äußern sie sich in unterschiedlichen Temperaturansprüchen der einzelnen Phasen des circadianen Cyclus für eine optimale Entwicklung.

Resistenzcyclen. Ein Beispiel für solche Schwankungen, zugleich deren Fortsetzung im DD zeigend, bringt Abbildung 113. Man sieht, daß bei der Pflanze *Kalanchoe blossfeldiana* die Hitzeresistenz sich circadian ändert.

Tagesperiodische Temperaturschwankungen als optimale Bedingung. Im allgemeinen sind tagesperiodische Temperaturschwankungen für die Entwicklung von Pflanzen und Tieren günstiger als konstante Temperaturen, und zwar derart, daß in den Nachtzeiten niedrigere Temperaturen, während der Tageszeiten aber höhere bevorzugt werden. Für Tiere liegen relativ wenige Angaben vor [855, 863, 870].

Zahlreicher sind die Angaben für Pflanzen. Tomaten entwickelten sich in Versuchen optimal, wenn ihnen Cyclen von 16 h mit 26° C und 8 h mit 10° C geboten wurden [861]. Solche Temperaturcyclen müssen in ca. 24 h-Rhythmen geboten werden, sonst kommt es zu einer Beeinträchtigung der Entwicklung [844, 873]. Diesen thermoperiodischen Reaktionen liegt also eine circadiane Rhythmik des Ansprechens auf die Temperatur zugrunde.

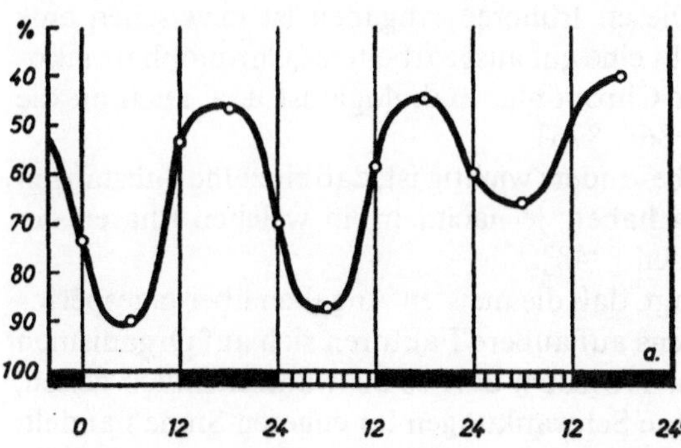

Abb. 113. Tagesperiodischer Verlauf der Hitzeresistenz der Blätter von *Kalanchoe blossfeldiana* im 12:12-h-LD und im anschließenden DD. Abscisse: Zeit in Stunden; hell: Lichtzeit; schwarz: Dunkelperioden; gestrichelt: die den Lichtzeiten während des DD entsprechenden Abschnitte. Ordinate: Grad der Schädigung in % der Blattfläche. Abfall der Kurve bedeutet also Abnahme, Kurvenanstieg Zunahme der Resistenz. Nach Schwemmle u. Lange [874])

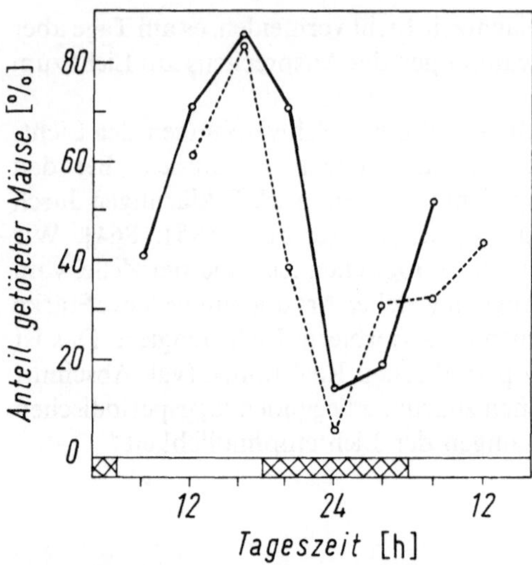

Abb. 114. Die abtötende Wirkung eines Giftstoffes (Lipopolysaccharid) aus *Escherichia coli* ändert sich bei der Maus im Tagesverlauf. Dargestellt für zwei Versuchsgruppen. (Nach Halberg et al. [853])

d) Ansprechen auf chemische Faktoren

Hormone. Circadiane Schwankungen des Ansprechens auf Hormone sind wohl ebenso weit verbreitet wie circadiane Rhythmen der Hormonsekretion. Sie gehören zur circadianen Organisation vielzelliger Tiere. Außer dem schon erwähnten Beispiel (S. 114) sei die circadiane Rhythmik des Ansprechens auf Ecdyson (Häutungshormon) und die Bedeutung dieser Rhythmik für die Entwicklung der Insekten genannt [849].

Gifte und Medikamente: Historisches. Schon in der Frühzeit der Rhythmusforschung wurde von medizinischer Seite auf die mögliche Abhängigkeit der Wirkung von Medikamenten von der Phase des 24 h-Cyclus hingewiesen. Jores [839] empfahl, gallentreibende Mittel nicht abends zu geben, weil sich die Leber dann schon in der Phase der Glykogenbildung befindet (Abb. 4).

In neuerer Zeit hat dann vor allem Halberg eindringlich betont, wie wichtig es vom medizinischen Standpunkt ist, daß es infolge der circadianen Rhythmik „horae minoris resistentiae" bzw. „horae variae resistentiae" gibt. Von Halberg et al. wurden auch die ersten experimentellen Belege zur Rechtfertigung dieser Forderung gebracht (vgl. als Beispiel Abb. 114).

Hinweise auf neuere Arbeiten. Diesen früheren Angaben ist inzwischen eine umfangreiche Literatur gefolgt. Es gibt eine gut ausgearbeitete „Chronopharmakologie" [836–838, 840–843]. In dieser Chronopharmakologie ist u. a. auch an die Krebsbehandlung gedacht worden [868, 876].

Bemerkenswert und medizinisch besonders wichtig ist, daß einzelne Substanzen sogar eine antagonistische Wirkung haben, je nachdem, in welchen Phasen des circadianen Cyclus sie geboten werden [848].

Allgemeines. Es wurde schon gesagt, daß die meisten Angaben über tagesperiodische Schwankungen des Ansprechens auf äußere Faktoren sich auf Organismen beziehen, die im LD gehalten waren. Trotzdem darf es als wahrscheinlich gelten, daß es sich in der Regel um circadiane Schwankungen im engeren Sinne handelt;

denn sie sind häufig als zwangsläufige Folgen bekannter circadianer Rhythmen zu betrachten, z. B. als Folgen circadianer Schwankungen in der Hormonproduktion oder als Folge der Mitosecyclen. Es wurde ja erwähnt, daß Mitosecyclen oft unter der Kontrolle der circadianen Rhythmik stehen, und andererseits ist bekannt, daß die einzelnen Stadien eines Mitosecyclus sehr unterschiedlich resistent gegen Gifte sind [867]. Aber natürlich kann die Rhythmik des Ansprechens auf Medikamente und Gifte in anderen Fällen auch einfach mit Rhythmen der Nahrungsaufnahme zusammenhängen.

e) Ansprechen auf Strahlungen

Über circadiane Rhythmen der Empfindlichkeit gegenüber Röntgenstrahlen ist wiederholt berichtet worden. Das gilt auch für die Wirkung anderer ionisierender Strahlen bei Pflanzen [845, 856] und Tieren [854, 862, 866, 875]. Zur Erklärung dieser, auch medizinisch natürlich wieder wichtigen Schwankungen kann u. a. nochmals an den Mitosecyclus gedacht werden.

Literatur

a) Zusammenfassende Darstellungen

836. Aschoff,J., Ceresa,F., Halberg,F. (ed.): Chronobiological Aspects of Endocrinology. Stuttgart-New York: Schatthauer 1974
837. Halberg,F.: Physiological 24-hours rhythms: a determinant of response to environmental agents. In: Man's Dependence on the Earthly Atmosphere. K. E. Schaefer (ed.), S. 48—99. New York: Macmillan 1962
838. Haus,E.: Periodicity in response and susceptibility to environmental stimuli. Ann. N. Y. Acad. Sci. **117**, 292—315 (1964)
839. Jores,A.: Endokrines und vegetatives System in ihrer Bedeutung für die Tagesperiodik. Dtsch. med. Wschr. **64**, 989—990 (1938)
840. Menninger-Lerchenthal,E.: Periodizität in der Psychopathologie. Wien: Maudrich 1960
841. Morre Ede,M.B.: Circadian rhythms of drug effectiveness and toxicity. Clinical Pharmacol. Therapeut. (St. Louis) **14**, 925—935 (1973)
842. Reinberg,A.: Hours of changing responsiveness in relation to allergy and the circadian adrenal cycle. In: J. Aschoff [1], S. 214—218 (1965)
843. Scheving,L.H., Halberg,F., Pauly,J.E. (ed.): Chronobiology. Tokyo: Igaku Shou 1974
844. Went,F.W.: Ecological implications of the autonomous 24-hour rhythm in plants. Ann. N. Y. Acad. Sci. **98**, 866—875 (1962)

b) Originalarbeiten

845. Biebl,R., Hofer,K.: Radiation Biol. **6**, 225—250 (1960)
846. Birukow,G.: Z. Tierpsychol. **21**, 279—301 (1964)
847. Brady,J.: J. Ent. **50**, 79—95 (1975)
848. Burns,E.R., Scheving,L.E., Tien-Hu Tsai: Science **175**, 71—73 (1972)
849. Eeken,J.C.J.: Chromosoma **49**, 205—217 (1974)
850. Fleissner,G.: J. comp. Physiol. **91**, 399—414 (1974)
851. Flohrs,H., Haupt,W.: Z. Pflanzenphysiol. **65**, 65—69 (1970)

852. Forward,E.F., Davenport,D.: Planta (Berl.) **92**, 259—266 (1970)
853. Halberg,F., Johnson,E., Brown,W., Bittner,J.J.: Proc. Soc. exp. Biol. (N. Y.) **103**, 142—144 (1960)
854. Haus,E., Halberg,F., Loken,M.K.: In: Scheving et al. [17], S. 115—122
855. Heath,W.G.: Science **142**, 486—488 (1963)
856. Hofer,K., Biebl,R.: Protoplasma **59**, 506—521 (1965)
857. Jahn,T.J., Crescitelli,F.: Biol. Bull. **78**, 42—52 (1940)
858. Jahn,T.J., Wulff,V.J.: Physiol. Zool. **16**, 101—109 (1943)
859. Kiesel,A.: S. B. Akad. Wiss. Wien math.-nat. Kl. **103**, 97—193 (1894)
860. Knoerchen,R., Hildebrandt,G.: J. interdisc. Cycle Res. **7**, 51—69 (1976)
861. Kristoffersen,T.: Physiol. Plant Suppl. **1**, 1—98 (1963)
862. Lindberg,R.G., Gambino,J.J., Hayden,P.: In: Biochronometry. M. Menaker (ed.), S. 169—185. Washington/D. C.: Nat. Acad. Sci. 1971
863. Miyashita,K.: Appl. Ent. Zool. **6**, 105—111 (1971)
864. Neuscheler,W.: Z. Pflanzenphysiol. **57**, 151—172 (1967)
865. Palmer,J.D.: Amer. Naturalist **98**, 431—434 (1964)
866. Pizzarello,D.J., Isaak,D., Kian Eng Chua: Science **145**, 286—291 (1964)
867. Pohle,K., Matthies,E., Meng,K.: Z. Krebsforsch. **64**, 215—218 (1961)
868. Rebolledo,O.R., Mercer,R.G., Gagliardino,J.J.: Int. J. Chronobiol. **2**, 159—162 (1974)
869. Remmert,H.: Biol. Zentralbl. **79**, 577—584 (1960)
870. Remmert,H., Wünderling,K.: Oecologia **4**, 208—210 (1970)
871. Rensing,L.: Z. vergl. Physiol. **62**, 214—220 (1969)
872. Rimet,M.: Ann. Biol. (Paris) Sér. **3**, **64**, 189—198 (1960)
873. Schwemmle,B.: Cold Spring Harbor Symp. Quant. Biol. **25**, 239—243 (1960)
874. Schwemmle,B., Lange,O.L.: Planta (Berl.) **53**, 134—144 (1959)
875. Spalding,J.F., McWilliams,P.: Health Phys. **11**, 647—651 (1965)
876. Wilson,W.L.: Int. J. Chronobiol. **2**, 171—173 (1974)

13. Nutzung der Uhr zur Tageslängenmessung

> „Eine bestimmte Raupenart verbirgt sich in Ritzen, wenn die
> Sonne den Sommerwendekreis verläßt, sie ... wird von einer
> harten hörnigen Haut umgeben."
>
> ALBERTUS MAGNUS: De Animabilis (13. Jahrhundert).
> Zitiert nach A. C. CROMBIE: Von Augustinus bis Galilei.
> Köln-Berlin: Kiepenheuer und Witsch 1959.

a) Übersicht über Tageslängenmessungen

Historisches. Tageslängenmessungen dienen vielen Organismen zur Orientierung
über den Verlauf der Jahreszeiten. Die Kontrolle physiologischer Reaktionen
durch solche Tageslängenmessungen wird als photoperiodische Steuerung bezeichnet.

Früher herrschte die Meinung vor, daß die Einordnung des Entwicklungsver-
laufs der Organismen in den Gang der Jahreszeiten durch Temperatureinflüsse,
auch durch Einflüsse jahresperiodischer Änderungen der Lichtintensitäten, der
Niederschläge usw. erfolgt. Das trifft in vielen Fällen auch zu, aber – grob
verallgemeinernd gesagt – nur dort, wo sich Organismen auf solche Faktoren als
Anzeiger der Jahreszeit hinreichend verlassen können. So geben z. B. die
Temperaturänderungen mancher Meere einen zuverlässigen Hinweis auf die
Jahreszeit. Und bei einigen (aber durchaus nicht bei allen) Meeresorganismen hat
sich auch gezeigt, daß der an die Jahreszeiten gebundene Entwicklungscyclus in
erster Linie von der Temperatur gesteuert wird. In anderen Fällen ist die
Temperatur kein zuverlässiges Maß zur genauen Orientierung über den Gang der
Jahreszeiten. Gerade dann wird sehr häufig die photoperiodische Steuerung
benutzt. Bei dieser also ist wesentlich, daß wirklich, unabhängig von den in der
Natur vorkommenden Schwankungen der Lichtintensität, die Tageslänge gemessen wird, also die Zeit von Morgen- bis Abenddämmerung.

Erste Hinweise auf das Vorkommen photoperiodischer Steuerung physiologischer Vorgänge sind durch Beobachtung der Blütenbildung gewonnen worden.
Henfrey hat schon 1852 die Tageslänge als Faktor für die Pflanzenverbreitung
bezeichnet [954], Tournois 1912 als Faktor für die Induktion der Blütenbildung
[1000]. Noch präziser formulierte 1913 Klebs seine Ergebnisse an *Sempervivum
funkii*: „In der freien Natur wird sehr wahscheinlich die Blütezeit dadurch
bestimmt, daß von der Tag- und Nachtgleiche (21. März) ab die Länge des Tages
zunimmt, die von einer gewissen Dauer ab die Anlage der Blüte veranlaßt. Das
Licht wirkt wohl nicht als ernährender Faktor, sondern mehr katalytisch" [967,
968]. Für die Cyclen der Fortpflanzung und der Wanderung von Vögeln hat
Schäfer 1907 die Kontrolle durch die Tageslänge vermutet [999].

Das Prinzip: Einbau eines Blocks. Das eigentliche Wesen dieser photoperiodischen Reaktionen ist zunächst verkannt worden, weil man glaubte, es handle sich

um ein spezifisches Problem der Blütenbildung. Erst das später erarbeitete Versuchsmaterial zwang zur Feststellung, daß es sich um ein typisches Steuerungsproblem handelt: In die verschiedenartigsten physiologischen Vorgänge bei Pflanzen und Tieren *kann* ein Block eingebaut sein, und dieser Block steht unter der Kontrolle eines Zeitmeßvorgangs (ähnlich wie in die verschiedensten technischen Einrichtungen, Maschinen, Beleuchtungen, Heizungen usw. eine Blockierung eingebaut sein *kann*, die von einer Uhr kontrolliert wird).

Tatsächlich lassen sich für jeden der überaus verschiedenartigen physiologischen Prozesse, der bei der einen oder anderen Pflanzen- oder Tierart photoperiodisch gesteuert wird, auch Arten oder Bedingungen nennen, in denen der betreffende Vorgang schon unabhängig von einer solchen photoperiodischen Steuerung abläuft, d. h. es gibt z. B. tagneutrale Pflanzen, die unabhängig von der Tageslänge blühen. Die photoperiodische Kontrolle von Entwicklungsvorgängen ist eben speziell dort ausgebildet, wo sie ökologisch notwendig ist, also einen Selektionswert hat. Sie wurde besonders notwendig, als die Organismen das Land eroberten, wo die Temperaturen ein weniger zuverlässiges Kriterium für die Jahreszeiten sind als im Meer. In den immerfeuchten Tropen ist eine Information über die Jahreszeiten vielfach ganz überflüssig, und bei vielen tropischen Pflanzen ist der Übergang zur Blütenbildung nur eine Frage der Erreichung eines bestimmten Alters, d. h. der genannte Block ist nicht eingebaut. Auch z. B. bei dem in der Äquatorregion lebenden Webervogel *Quelea quelea* ist der Fortpflanzungscyclus im Gegensatz zu dem vieler anderer Vögel nicht photoperiodisch gesteuert [974].

Wo die photoperiodische Kontrolle nicht mehr wichtig ist, kann sie auch wieder verloren gehen, z. B. als Folge der Domestikation [987]. Auch besondere Außenbedingungen, wie extreme Temperaturen (vgl. S. 143) oder chemische Faktoren [955, 963], können den Block ausschalten.

Beispiele aus der Botanik. Obwohl seit den 1920 veröffentlichten Untersuchungen Garners und Allards [943] Tageslängeneinflüsse vor allem bei der Blütenbildung studiert wurden, konnte doch bald gezeigt werden, daß überaus verschiedene Entwicklungsvorgänge von der Tageslänge abhängen können. Fast ist es auch üblich geworden, Probleme der Blütenbildung durchweg als photoperiodische Probleme zu behandeln und sogar zu bezeichnen. Auch das ist, wie schon gesagt, irreführend. Die Blütenbildung kann oft (unter normalen oder experimentell geschaffenen Bedingungen) ganz unabhängig von der Tageslänge verlaufen. Eine photoperiodische Kontrolle der Blütenbildung setzt mindestens voraus, daß der zur Blüte umzustimmende Vegetationspunkt in korrelativer Wechselwirkung mit den Laubblättern steht, in denen der photoperiodische Reiz aufgenommen wird. Von diesen also können stoffliche Einflüsse ausgehen, die fördernd oder hemmend auf die Blütenbildung wirken. Und eben die Herstellung des für diese Einflüsse wichtigen physiologischen Zustandes der Blätter ist tageslängenabhängig. Der gleiche von der Tageslänge abhängige physiologische Blattzustand kann zwangsläufig aber auch ganz andere Entwicklungsvorgänge in der Pflanze korrelativ beeinflussen. Die Frage, was etwa das sog. Blühhormon darstellt, welche Rolle Wuchsstoffe usw. bei der Blütenbildung spielen, braucht uns hier ebensowenig zu beschäftigen wie die Kette von hormonal gesteuerten Vorgängen, die bei Tieren infolge der photoperiodischen Induktion etwa zum Wachstum der Gonaden oder zum herbstlichen Farbwechsel führen. Uns interessiert hier nur die in den photoperiodischen Reaktionen zum Ausdruck kommende Fähigkeit zur Zeitmessung.

Diese Tageslängenmessung finden wir bei ganz unterschiedlichen Arten der Beeinflussung von Wachstums- und Entwicklungsvorgängen der Pflanzen und Tiere. Zu den bei manchen Pflanzenarten von der Tageslänge abhängigen Entwicklungsvorgängen gehören: Samenkeimung (bei bestimmten Arten), vegetative Entwicklung, Succulenz, Brutknospenbildung, Zwiebelbildung, Cambiumtätigkeit, Gewebedifferenzierung [904].

Photoperiodische Phänomene bei Tieren. Marcovitch [976] hatte 1924 die photoperiodische Steuerung des bekannten Jahrescyclus im Verhalten von Blattläusen erkannt: Bei *Aphis forbesi* kann im Frühjahr das sonst an den Herbst gebundene Auftreten von Sexualtieren und die Ablage von Eiern erreicht werden, wenn die Tageslänge abgekürzt wird. Und bei *Aphis sorbi* bedingt eine Verlängerung der Lichtdauer im Herbst die sonst an das Frühjahr gebundene Wanderung. Sodann hat Rowan (1926 und später) über die Tageslängenabhängigkeit mehrerer an die Jahreszeit gebundener Verhaltensweisen von Tieren berichtet [994]. Bei *Junco hyemalis*, *Cervus brachyrhynchos* und *Serinus canaricus* kann durch die Verlängerung der täglichen Lichtdauer im Herbst die Vergrößerung der Gonaden und der Trieb zur Wanderung in Nordrichtung induziert werden, Erscheinungen, die sonst an das Frühjahr gebunden sind.

In den späteren zoologischen Arbeiten sind sehr verschiedenartige Phänomene als photoperiodisch steuerbar erkannt sowie genauer untersucht worden. Genannt werden können: Zugunruhe, Induktion von Ruheperioden (Dormanz, Diapause) und deren Brechung, Keimdrüsenentwicklung, Fortpflanzungsweise, Wechsel der Pelzfarbe (etwa beim Wiesel), Wollwachstum beim Schaf [880, 890, 891, 896–898, 907, 908].

Kritische Tageslängen. Bei photoperiodischen Reaktionen im normalen LD kommt es auf das Überschreiten einer kritischen Tageslänge an, einerlei, ob der untersuchte Entwicklungsvorgang durch die große Tageslänge ermöglicht oder umgekehrt gerade verhindert wird. Die Länge dieser kritischen Tagesdauer kann unterschiedlich sein, oft beträgt sie zwischen 10 und 16 h.

Abbildung 115 zeigt die sowohl für Pflanzen als auch für Tiere bekannten möglichen Beziehungen zwischen Tageslänge und photoperiodischer Reaktion.

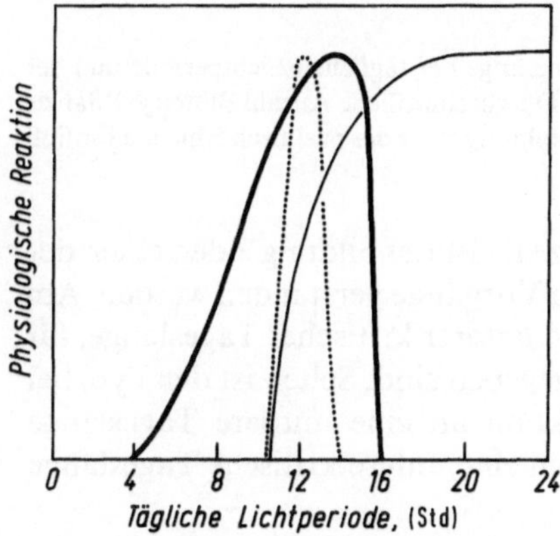

Abb. 115. Die wichtigsten bei Pflanzen und Tieren vorkommenden Beziehungen zwischen der Tageslänge und der physiologischen Reaktion. Dick ausgezogene Kurve: Die physiologische Reaktion ist nur in kurzen Tagen möglich; die obere kritische Tageslänge beträgt im gewählten Beispiel 16 h; Dünn ausgezogene Kurve: Die physiologische Reaktion ist nur bei Überschreitung einer unteren kritischen Tageslänge (im gewählten Beispiel 11 h) möglich; Punktierte Kurve: Die Reaktion ist nur bei der Darbietung mittlerer Tageslängen möglich

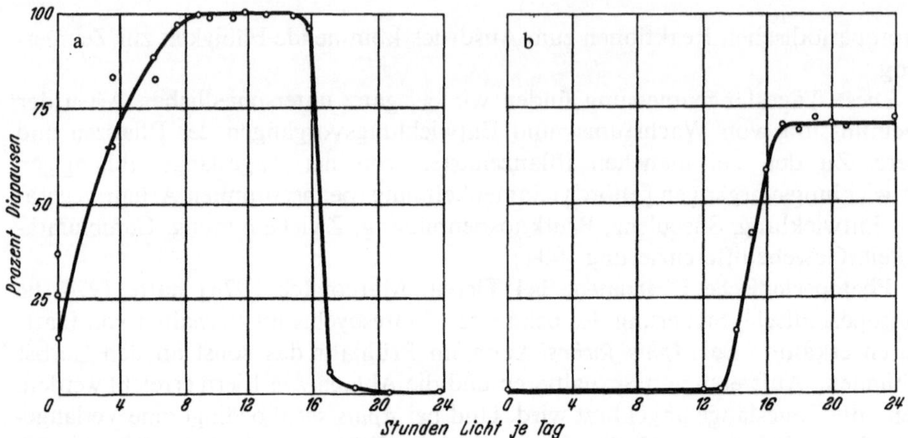

Abb. 116a und b. Wirkung der Tageslänge auf die Induktion der Diapause bei Schmetterlingen. (a) *Acronycta rumicis.* (Nach Danilevskii [887]); (b) *Bombyx mori.* (Nach Kogure [969])

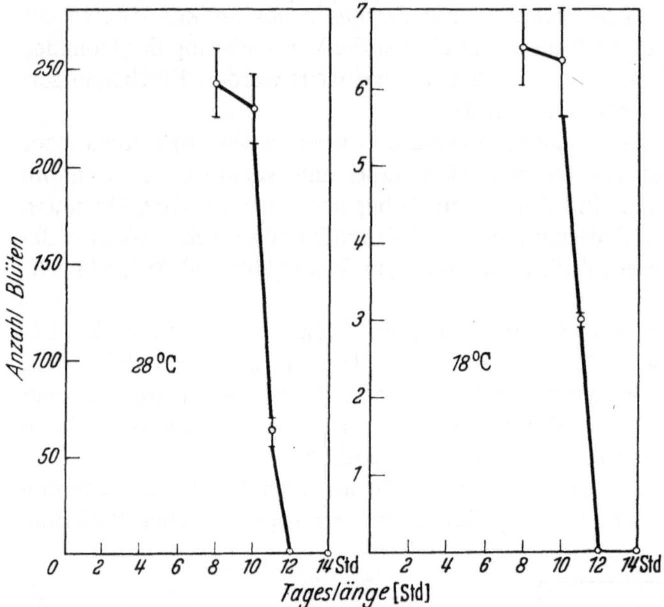

Abb. 117. *Kalanchoe blossfeldiana.* Beziehung zwischen der Länge der täglichen Lichtperiode und der Blütenbildung bei verschiedenen Temperaturen. Ordinate: Durchschnittliche Anzahl Blüten je Pflanze. Zu beachten der starke Einfluß auf die Quantität der Blütenbildung, aber der praktisch fehlende Einfluß auf die kritische Tageslänge (Original)

Unter „physiologischer Reaktion" kann also z. B. Blütenbildung oder einer der anderen genannten photoperiodisch gesteuerten Vorgänge verstanden werden. Am häufigsten finden sich die Typen mit oberer und unterer kritischer Tageslänge, für die in den Abbildungen 116 und 117 Beispiele gegeben sind. Selten ist der Typ, bei dem das Eintreffen der physiologischen Reaktion an eine mittlere Tageslänge gebunden ist, wo also sowohl eine obere als auch eine untere kritische Tageslänge besteht.

Der Wert (d. h. Stundenzahl) dieser kritischen Tageslänge läßt oft eine klare Anpassung an die geographischen Breiten des Vorkommens erkennen, so daß er für das Finden der geeignetsten Jahreszeit des betreffenden Entwicklungsvorganges optimal wird. Die Diapause des Schmetterlings *Acronycta rumicis* bei Populationen aus 43° nördlicher Breite z. B. wird durch Tageslängen von weniger als ungefähr 15 h induziert, bei Populationen aus 50° nördlicher Breite aber durch Tageslängen von weniger als 18 h [887, 888]. Für andere Insekten wurde Entsprechendes gefunden [913]. Bei einer Varietät von wildem Reis wird die kritische Tageslänge im Durchschnitt je Breitengrad um 3,5 min größer, je nördlicher der Standort in der nördlichen bzw. südlicher in der südlichen Hemisphäre liegt, an den der Reis angepaßt ist [964].

b) Genauigkeit und Zuverlässigkeit der Tageslängenmessung

Genauigkeit. Der Verlauf der in den Abbildungen 116 und 117 wiedergegebenen Kurven deutet durch die Steilheit die mögliche Präzision der Tageslängenmessung an.

Der Beginn des Vogelzugs kann oft mit einem Fehler von nur wenigen Tagen vorausgesagt werden, weitgehend unabhängig davon, wie gerade die Witterungsverhältnisse sind. Anscheinend können Vögel auf Tageslängendifferenzen von wenigen Minuten reagieren. Doch auch Kaltblüter und sogar Pflanzen sind hierzu fähig. Manche Reisvarietäten z. B. reagieren auf Tageslängenverschiedenheiten von nur 48 min schon mit Unterschieden in der Entwicklungsgeschwindigkeit von 50–60 Tagen, d. h. jede Minute Tageslängenzu- oder -abnahme hat schon einen Einfluß [964, 966, 983]. So wird auch selbst in der Nähe des Äquators noch eine photoperiodische Kontrolle von Entwicklungsvorgängen möglich (obwohl sie vielfach nicht mehr notwendig ist). Das gilt z. B. für tropische Fledermaus- [914] und Vogelarten [927a].

Zuverlässigkeit innerhalb weiter Temperaturbereiche. Die Temperatur hat meist keinen signifikanten Einfluß auf die kritische Tageslänge [887, 912, 988, 1001]. Diese weitgehende Temperaturunabhängigkeit wurde oft übersehen, weil aus einem Temperatureinfluß auf die Stärke einer physiologischen Reaktion, z. B. auf die Quantität gebildeter Blüten, auf einen solchen bei der photoperiodischen Reaktion geschlossen wurde. Daß das zwei verschiedene Dinge sind, geht aus Abbildung 117 deutlich hervor.

Andererseits jedoch kann durch extreme Temperaturen die photoperiodische Kontrolle einfach ausgeschaltet werden, d. h. der Block, dessen Vorhandensein wir schon als Voraussetzung von photoperiodischen Kontrollen bezeichnet haben, wird eliminiert; es kommt zu einem „Kurzschluß" [887, 988]. Ein Beispiel ist in Abbildung 118 gegeben.

Diese Möglichkeit, die photoperiodische Kontrolle durch extreme Temperaturen auszuschalten, kann ökologisch wichtig sein. Der Kohlweißling *(Pieris brassicae)* wird in unseren Breiten normalerweise durch die kurzen Tage des Herbstes zur Diapause veranlaßt und überwintert dabei im Puppenstadium, während die im Frühjahr heranwachsende Generation das Puppenstadium ohne Diapause

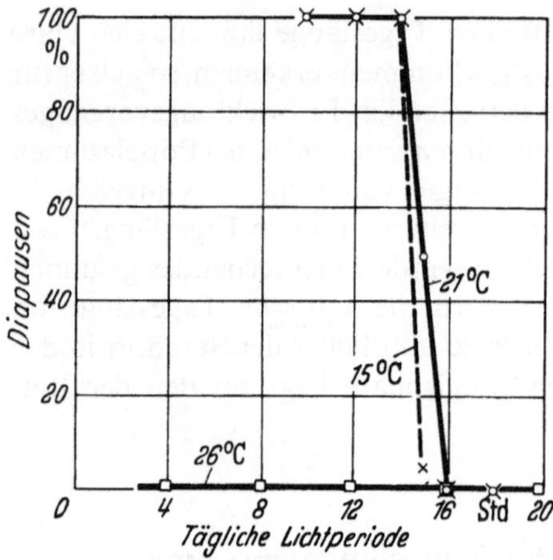

Abb. 118. *Pieris brassicae.* Einfluß der täglichen Lichtperiode auf den Prozentsatz von Diapause-Tieren bei drei verschiedenen Temperaturen. Man sieht, daß die Temperatur keinen erheblichen Einfluß auf die kritische Tageslänge hat, wohl aber kann bei relativ hoher Temperatur die photoperiodische Kontrolle ganz ausgeschaltet sein. (Nach Bünning u. Joerrens [924])

durchläuft. Lebt der Kohlweißling aber in mehr dem Äquator genäherten Regionen, so wird es ökologisch „sinnvoll", trotz der dort immer relativ kurzen Tage keine Diapause einzuschieben, sondern sich ständig so weiterzuentwickeln, wie es in unseren Breiten nur die Frühjahrsgeneration tut.

Zuverlässigkeit unabhängig von den Lichtintensitäten. Wenn wirklich die Tageslänge gemessen werden soll, müssen die zugrunde liegenden Vorgänge unabhängig von der mit den Witterungsverhältnissen schwankenden Lichtintensität sein. Mit anderen Worten: Die zugrundeliegenden photochemischen Vorgänge müssen schon beim Herrschen geringer Lichtintensitäten abgesättigt werden können. Aus den gleichen Gründen, die in Abschnitt 6 hinsichtlich der Synchronisation der Rhythmik durch den LD genannt wurden, muß ein Zeitabschnitt von der Dämmerung vor Sonnenaufgang bis zur Dämmerung nach Sonnenuntergang gemessen werden. Messung von Sonnenuntergang bis Sonnenaufgang würde keine zuverlässigen Werte ergeben (vgl. Abb. 62 und 63). Die Präzision der Tageslängenmessung ist nur möglich, wenn die Bereiche um ca. 1–10 Lux als Bezugspunkte dienen. Beispiele mögen zeigen, daß dies zutrifft.

Die Schwelle für die photoperiodische Kontrolle der Diapause beim Kartoffelkäfer *(Leptinotarsa decemlineata)* liegt bei ungefähr 0,1 Lux, und nur bis zu Helligkeiten von etwa 5 Lux ist die Stärke der Reaktion von der Helligkeit abhängig [934, 935]. Es sei daran erinnert, daß die Helligkeit bei vollem Sonnenstand 100 000 Lux erreichen kann. Für andere Insekten gibt es entsprechende Angaben. Ähnliche Schwellen- und Sättigungswerte wurden auch für Pflanzen gefunden [964].

Jedenfalls also ist es deutlich, daß nicht die Zeitspanne von Sonnenaufgang bis Sonnenuntergang gemessen wird, sondern von einem Sonnenstand 6–7° unter dem Horizont vor Sonnenaufgang bis zu einem Sonnenstand 6–7° unter dem Horizont nach Sonnenuntergang.

Diese Regeln gelten nicht ausnahmslos. In anderen Fällen ist die Stärke der Reaktion noch bis zu Helligkeiten von ca. 100 Lux von der Helligkeit abhängig.

Durch die notwendigen niedrigen Schwellen wird verständlich, warum die Tageslängenmessungen bei Pflanzen in den Blättern erfolgen müssen, obwohl die

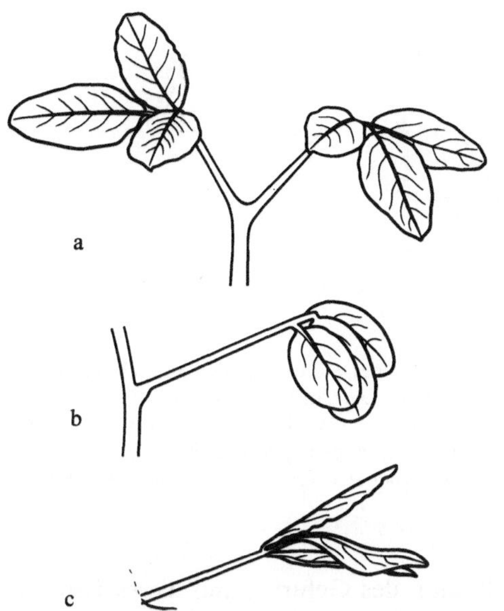

Abb. 119a–c. Beispiel für die Verhinderung einer Störung der Tageslängenmessung durch Blattbewegungen. *Melilotus officinalis* (Steinklee). (a) Tagstellung, (b) Nachtstellung, (c) Nachtstellung von oben gesehen. „Die drei Blättchen eines jeden Blattes drehen sich durch einen Winkel von 90°, so daß ihre Blattscheiben des Nachts senkrecht stehen und eine ihrer Seitenränder gegen den Zenith kehren ... Das terminale Blättchen bewegt sich auch noch in einer anderen und noch merkwürdigeren Art; denn während sich seine Blattscheibe dreht und senkrecht stellt, biegt sich das ganze Blättchen nach einer Seite und ausnahmslos nach der Seite hin, gegen welche hin die obere Fläche gerichtet ist. ... So ... wird die obere Fläche des terminalen und eines der zwei seitlichen Blättchen gut geschützt." (Darwins Originaltext [888a])

photoperiodisch gesteuerten Vorgänge räumlich weit von diesen entfernt ablaufen. Die photoperiodische Kontrolle der Blütenbildung, d.h. die Umwandlung vom blattbildenden zum blütenbildenden Vegetationspunkt könnte nicht so präzise sein, wenn die im Halbdunkel der Knospen befindlichen Vegetationspunkte selber den photoperiodischen Reiz aufnehmen würden.

Störung durch das Mondlicht? Die Helligkeit des Mondlichtes kann in unseren Breiten 0,25 bis 0,5 Lux erreichen, in tropischen Regionen bis zu ca. 1 Lux. Bei Schwellenwerten für die photoperiodische Induktion um 0,1 Lux müßte es also durch das Mondlicht zu Störungen kommen können. Ein Vollmond könnte Langtage vortäuschen, wenn tatsächlich Kurztage herrschen.

Bei Tieren wird diese Störung leicht vermieden, wenn nachts dunkle Orte aufgesucht werden. Einige Pflanzen können die Störungen durch Hebung und Senkung der Blattspreite, also mit Hilfe der tagesperiodischen Blattbewegungen vermeiden. Oft wird das sogar durch noch kompliziertere Blattbewegungen unterstützt (Abb. 119).

In anderen Fällen wird die Störung durch Mondlicht vermieden, indem die Schwelle für die photoperiodische Induktion oberhalb von ungefähr 1 Lux liegt, also ein Kompromiß zwischen höchstmöglicher Präzision und Vermeidung der „Irreführung" durch den Mond gewählt wird.

c) Receptoren für die Tageslängenmessung

Anatomische Anpassungen. Um die genannten niedrigen Helligkeiten photoperiodisch wirksam werden zu lassen, sind oft besondere anatomische Eigentümlichkeiten notwendig, deren „Sinn" früher rätselhaft war. Beispielsweise haben die Puppenhüllen des Schmetterlings *Antheraea pernyi* eine fensterartige Zone ober-

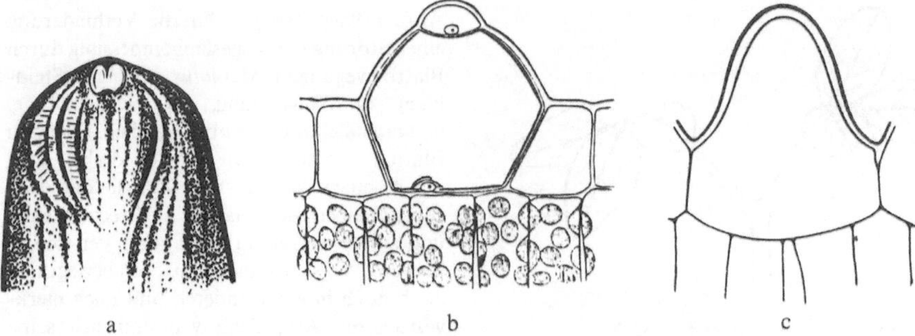

Abb. 120a–c. Anatomische Strukturbesonderheiten im Dienste der photoperiodischen Lichtreception. (a) Oberer Teil der Puppe des Schmetterlings *Antheraea pernyi*. Die Cuticula ist oben in der über dem Gehirn liegenden Region lichtdurchlässig. (Nach Photographie von Williams u. Adkisson [1010].) (b) und (c) Die chlorophyllfreien Epidermen von Laubblättern haben gelegentlich noch zusätzlich anatomische Strukturen, die sie als „Lichtsinnesorgane" geeignet erscheinen lassen. (Nach Haberlandt [456])

halb der photoperiodisch empfindlichen Region des Gehirns, und dieses Fenster läßt bevorzugt die hier photoperiodisch wirksame kurzwellige Strahlung hindurch [1011] (Abb. 120a). Bei der Buche wird die Knospenruhe photoperiodisch kontrolliert; die Knospenschuppen haben eine basale transparente Zone, die den Lichtzutritt zu den Blattprimordien erleichtert [1008]. Bei den höheren Pflanzen wird, wie schon erwähnt, der photoperiodische Reiz vom Blatt aufgenommen, und zwar hat sich dabei in den näher untersuchten Fällen die Epidermis als entscheidend wichtig erwiesen [978]. Sie wird für diese Funktion besonders geeignet, weil sie chlorophyllfrei ist, also die photoperiodisch entscheidenden Pigmente einen ausreichenden Anteil der in diese Zellen gelangenden Energie absorbieren können. Außerdem können noch besondere Strukturen in der Epidermis (Abb. 120b und c) deren optische Qualitäten verbessern.

Solche anatomischen Besonderheiten können einerseits der Aufnahme des photoperiodisch wirksamen Lichtes dienen, andererseits aber auch für die in Abschnitt 6 behandelten synchronisierenden Wirkungen des LD. Für diese beiden Funktionen sind in einigen Fällen die gleichen Receptoren wichtig; das ist aber nicht notwendig so.

Wirkungsspektren. In Abbildung 121 sind Beispiele für photoperiodische Wirkungsspektren bei Pflanzen und Tieren wiedergegeben. Sie sollen nur zeigen, daß es nicht ein einheitliches Wirkungsspektrum gibt, also nicht, wie eine Zeitlang gemeint worden ist, das ganze Geheimnis des Photoperiodismus in einem bestimmten Pigment zu suchen ist. Namentlich für Pflanzen wurde in der Frühzeit der Erforschung des Phytochroms vermutet, die Umwandlung der Hellrot absorbierenden Form dieses Pigments in die Dunkelrot absorbierende Form und umgekehrt, sowie die hierfür erforderlichen Zeiten seien für die tagesperiodisch sich ändernde Art des Reagierens auf Licht entscheidend.

Phytochrom. Das eben genannte Phytochrom ist das wichtigste Pigment für die photoperiodische Steuerung von Entwicklungsvorgängen bei Blütenpflanzen. Auch für viele andere photomorphogenetische Reaktionen bei höheren und niederen Pflanzen (einschließlich Algen) ist es von dominierender Bedeutung. Die

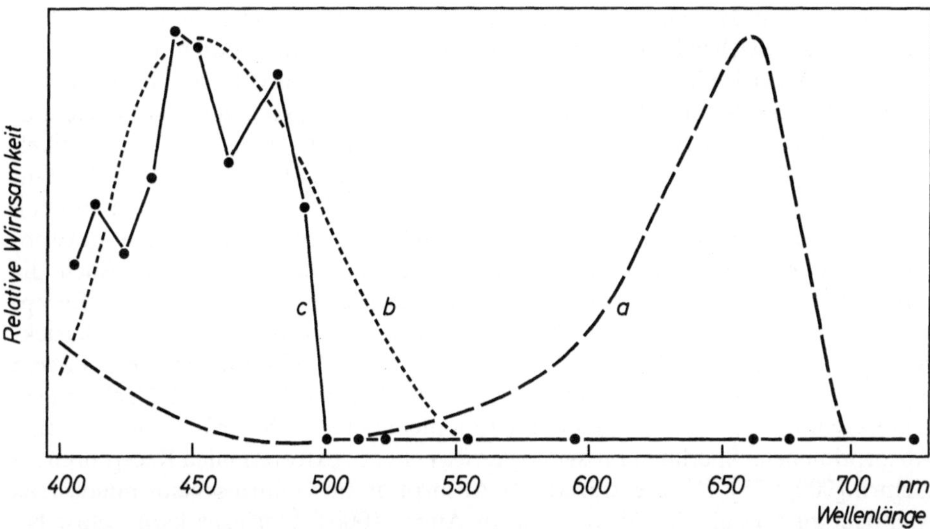

Abb. 121. Beispiele, die die Verschiedenartigkeit von photoperiodischen Wirkungsspektren zeigen sollen. *a* Das (mit quantitativen Abweichungen) bei den meisten höheren Pflanzen vorkommende, auf Absorption im Phytochrom beruhende Wirkungsspektrum. *b* Das (wieder mit quantitativen Abweichungen) bei verschiedenen Insekten gefundene Wirkungsspektrum. *c* Wirkungsspektrum für eine photoperiodische Reaktion der Braunalge *Scytosiphon lomentaria*. (*a* und *b* schematisch; *c* nach Dring u. Lüning [936])

Frage, wie die Lichtabsorption im Phytochrom zu den einzelnen Reaktionen führt, soll hier als spezifisch botanisches Problem ausgeklammert werden. Erwähnt sei aber noch, daß man auch bei ein und derselben Pflanzenart durchweg nicht einfach von *dem* Aktionsspektrum sprechen darf. Die Situation erweist sich als komplizierter, wenn man das Ansprechen auf in verschiedenen Phasen des LD gebotenes Licht prüft.

Arthropoden. Bei Arthropoden ist meist das kurzwellige Licht (blau und nahes UV) photoperiodisch wirksam, das Licht mit Wellenlängen von mehr als ungefähr 550 nm überhaupt nicht mehr [896, 927, 935, 944, 982]. Doch ist das keine allgemeingültige Regel; z. B. wirkt beim Kartoffelkäfer selbst rotes Licht bis zu ca. 650 nm noch stark [935].

Da die Wirkungsspektren für die meisten untersuchten Insekten mit ihrem Maximum im Blauen den Empfindlichkeiten der Augen entsprechen, könnte man zunächst vermuten, daß der photoperiodische Reiz auf dem Wege über die Augen aufgenommen wird. Das trifft aber nicht zu. Mehrere Untersuchungen [887, 900, 945, 971–973, 1010, 1011] zeigen eindeutig, daß die entscheidende Lichtabsorption im Gehirn bzw. bestimmten Teilen des Gehirns erfolgt. Besonders eindrucksvoll sind Versuche, in denen das Gehirn der Puppe von *Antheraea pernyi* [1010] oder von *Pieris brassicae* [930] herausgenommen und ins Abdomen eingepflanzt wurde. Hierdurch konnte das Ansprechen auf den photoperiodischen Reiz vom Gehirn ins Abdomen verlagert werden.

Auch für Insekten gilt, was für Pflanzen gesagt wurde: Man darf nicht schlechtweg von *dem* Aktionsspektrum sprechen; z. B. hängt bei der Blattlaus

Megoura viciae die relative Wirksamkeit der einzelnen Spektralbereiche stark davon ab, zu welcher Phase der Dunkelperiode das Licht geboten wird [972].

Vögel. Bei vielen Vögeln hat sich Rotlicht bis hinein ins Infrarot um 800 nm als photoperiodisch besonders wirksam erwiesen. Die entsprechenden Untersuchungen beziehen sich vorwiegend auf die photoperiodische Kontrolle des Testikelwachstums, also der Fortpflanzungscyclen. Die Wirksamkeit kann auf Wellenlängen oberhalb von 580 nm beschränkt sein [880, 917, 993, 1000]. Aber in anderen Fällen ist auch Blaulicht wirksam. Diese Verschiedenheiten müssen nicht notwendig darauf beruhen, daß unterschiedliche Pigmente benutzt werden. Auch die unterschiedliche Durchlässigkeit der Gewebe zwischen Umwelt und den Receptoren kann verantwortlich sein. Dieser Gesichtspunkt verdient besondere Berücksichtigung, weil die photoperiodisch entscheidende Lichtaufnahme bei Vögeln durchaus nicht notwendig auf dem Weg über die Augen erfolgt [880]. Nach einigen Untersuchungen sind die Augen überhaupt nicht beteiligt. So erfolgt die wirksame Absorption beim Sperling *(Passer domesticus)* nur in extraretinalen Receptoren im Gehirn [900, 975]. Diese extraretinale Absorption im Gehirn scheint mindestens wichtiger zu sein als die Absorption im Auge [1006]. Übrigens kann selbst bei Vögeln die Lichtdurchlässigkeit der Schädeldecke so gut sein, daß Licht einer Helligkeit von erheblich weniger als 10 Lux noch ausreichend eintritt [1007]. Die photoperiodisch entscheidenden Receptoren liegen bei Vögeln vielleicht im Hypothalamus [986].

Säuger. Bei Säugern ist die photoperiodische Kontrolle von Entwicklungsvorgängen an augenlosen Tieren im allgemeinen nicht mehr möglich.

Rolle des Pinealorgans. Bei Wirbeltieren ist, wohl auch wenn die Absorption in den Augen erfolgt, das Pinealorgan bei der Vermittlung des photoperiodischen Reizes wichtig. Pinealektomie kann die photoperiodische Beeinflussung des Gonadenwachstums verhindern [936a, 958b, 1007a].

Allgemeine Schlußfolgerung. Verschiedenartige Pigmente können bei den photoperiodischen Reaktionen beteiligt sein. Entgegen früheren Vermutungen ist das quantitative und qualitative Schwanken der Lichtempfindlichkeit im Tagesgang nicht eine Folge unterschiedlicher Pigmentkonzentration oder von Pigmentumwandlungen, sondern dadurch bedingt, daß das im Pigment absorbierte Licht je nach dem molekularen Milieu, in dem sich das Pigment befindet, quantitativ und qualitativ unterschiedliche Folgereaktionen bedingt. Speziell Untersuchungen an Pflanzen haben das hinsichtlich der durch Absorption im Phytochrom induzierten Vorgänge ergeben [965]. Diese Folgerung führt uns zur Frage nach den Ursachen dieser *Milieu*änderung.

d) Natur des Zeitmeßvorganges

Allgemeines. Worauf beruht dieses im Verlauf des Tages sich ändernde *molekulare Milieu?* An drei verschiedene Möglichkeiten ist gedacht worden: (1) Der Beginn der täglichen Lichtperiode induziert einen Vorgang, der ungefähr 10–14 h dauert, und in dessen Verlauf sich die Lichtempfindlichkeit quantitativ und qualitativ ändert. (2) Nicht der tägliche Licht-, sondern der tägliche Dunkelbeginn induziert einen

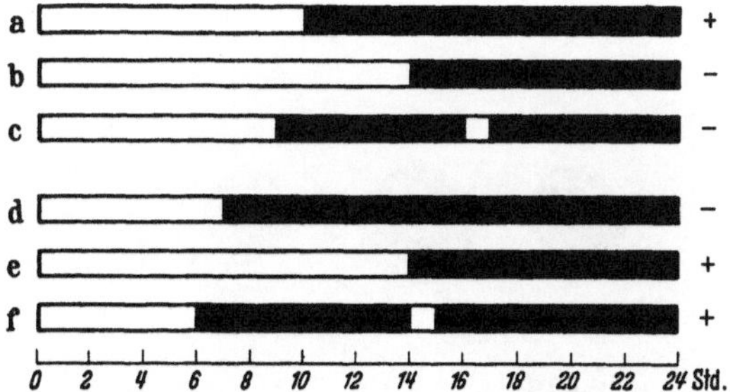

Abb. 122a–f. Verhalten von Kurz- und Langtagpflanzen bei Darbietung zusammenhängender Dunkelperioden und bei der Anwendung von Störlicht. Die Lichtperioden sind jeweils hell, die Dunkelperioden schwarz gezeichnet. Es bedeuten: + Induktion von Blütenbildung erfolgt, − keine Blütenbildung. (a) Kurztagpflanze im 10-h-Tag (blüht); (b) Kurztagpflanze im 14-h-Tag (blüht nicht); (c) Kurztagpflanze im 9-h-Tag mit 1 h Zusatzlicht in der Mitte der Dunkelperiode (blüht nicht); (d) Langtagpflanze im 7-h-Tag (blüht nicht); (e) Langtagpflanze im 14-h-Tag (blüht); (f) Langtagpflanze im 6-h-Tag mit 1 h Zusatzlicht in der Mitte der Dunkelperiode (blüht). Dieses Schema gilt entsprechend auch für andere photoperiodische Reaktionen bei Pflanzen und Tieren

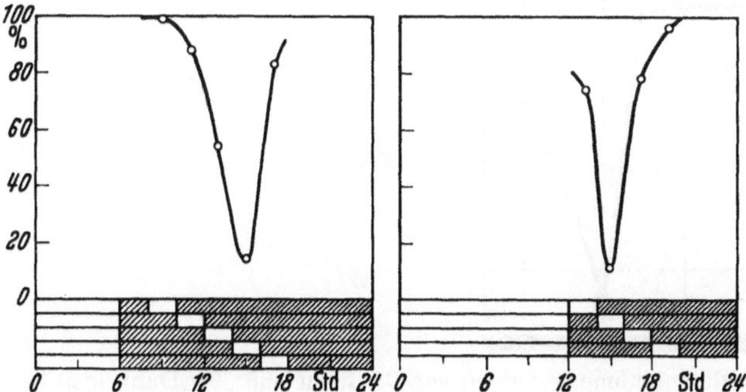

Abb. 123. *Pieris brassicae*. Herabdrückung des Prozentsatzes von Diapausen bei Unterbrechung der Dunkelperiode durch 2stündige Lichtperioden, entsprechend den an der Basis angegebenen Programmen. Dunkelzeiten schraffiert. Maximales Ansprechen auf das Störlicht in beiden Fällen 15 h nach Beginn der Hauptlichtperiode. (Nach Bünning u. Joerrens [924])

entsprechenden Vorgang. Die Alternativen (1) und (2) wären Zeitmessungen nach dem Sanduhrprinzip. (3) Das molekulare Milieu ändert sich circadian.

Schließlich ist natürlich auch an eine Kombination dieser drei Möglichkeiten zu denken.

Der Störlichteffekt. In den ersten Jahren der Photoperiodismus-Forschung bei Pflanzen und Tieren dominierte die eben unter Möglichkeit (1) genannte Hypothese. Erschüttert wurde sie, als um 1940 von mehreren Autoren an Pflanzen der Störlichteffekt entdeckt wurde. Wird bei Darbietung von Kurztagen die Dunkelperiode durch ein Störlicht (z. B. 1 h oder auch nur wenige Minuten) unterbrochen, so treten Reaktionen ein, wie sie beim betreffenden Objekt sonst der Langtag verursacht. Späterhin wurde dieser Effekt auch für photoperiodische Reaktionen von niederen und höheren Tieren gefunden (Abb. 122–126).

Aus diesen Störlichteffekten wurde auf die oben genannte Hypothesemöglichkeit (2) geschlossen. Man meinte, es käme auf eine möglichst lange Dunkelperiode

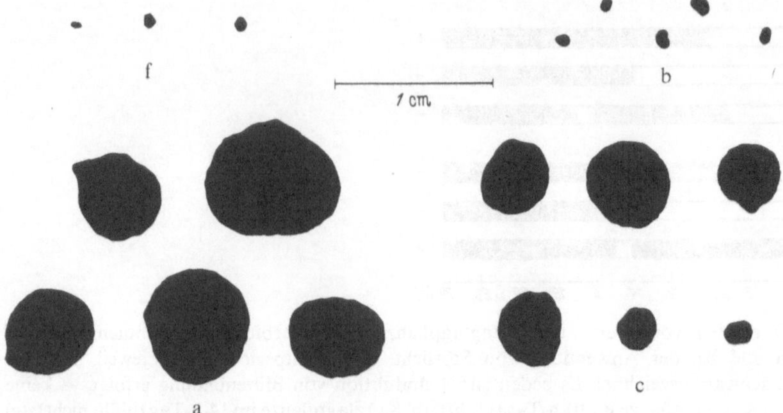

Abb. 124a–c. Relative Testisgröße von *Junco hyemalis* nach 55–57 Tage langer Einwirkung von Langtagbedingungen (a), Kurztagbedingungen (b) und Kurztagbedingungen mit Störlicht in der Nacht (c). f Freilandkontrollen. (Nach Jenner u. Engels [961])

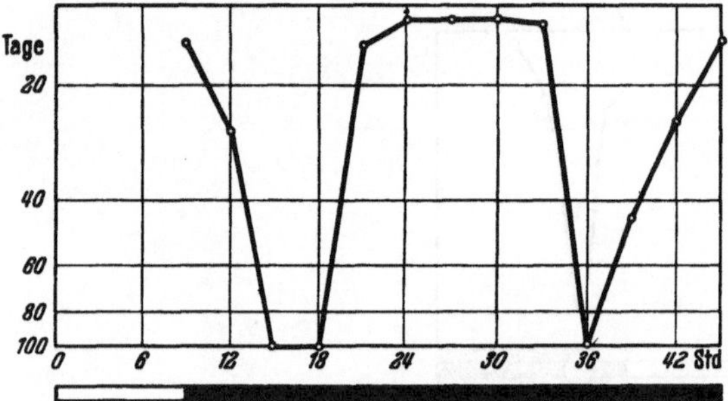

Abb. 125. *Kalanchoe blossfeldiana.* Blütenbildung in Cyclen von 9 h Licht und 39 h Dunkelheit bei verschiedener Lage des in der Dunkelphase gebotenen Störlichts (die Dunkelzeit ist unten durch die schwarze Linie markiert). Ordinate: Zeit vom Beginn der Induktion bis zum Sichtbarwerden der Blütenstandsanlagen in Tagen. Völlig vegetative Gruppen mit dem Wert 100 eingetragen. Abscisse: Zeitliche Lage des 2stündigen Störlichts in Stunden nach Lichtbeginn. Zeiten gleicher Blühhemmung sind ungefähr 24 h voneinander entfernt. (Nach Bünsow [926])

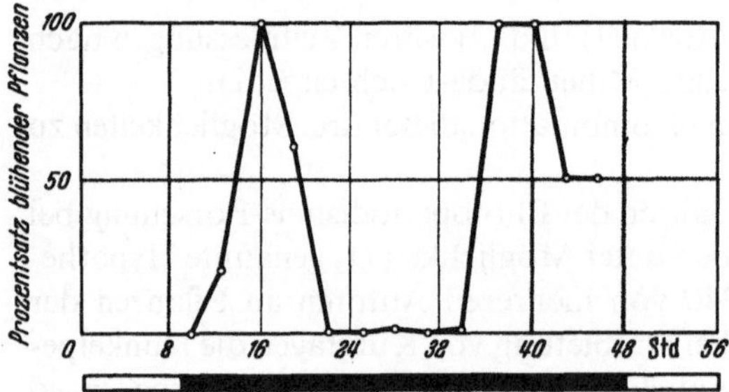

Abb. 126. Ähnlich wie Abbildung 125, jedoch für die Langtagpflanze *Hyoscyamus niger*; auch 9:39stündiger LD. Die Dunkelperiode wurde hier ebenfalls durch 2 h Licht unterbrochen, welches wieder bei den einzelnen Serien zu einer unterschiedlichen Zeit geboten wurde. Die prozentuale Blüteninduktion ist als ungefähr zu betrachten, weil die Anzahl der Versuchspflanzen relativ gering war. Zeiten gleicher Blühförderung durch das Störlicht sind etwa 24 h voneinander entfernt. (Nach Versuchen von Claes u. Lang [929])

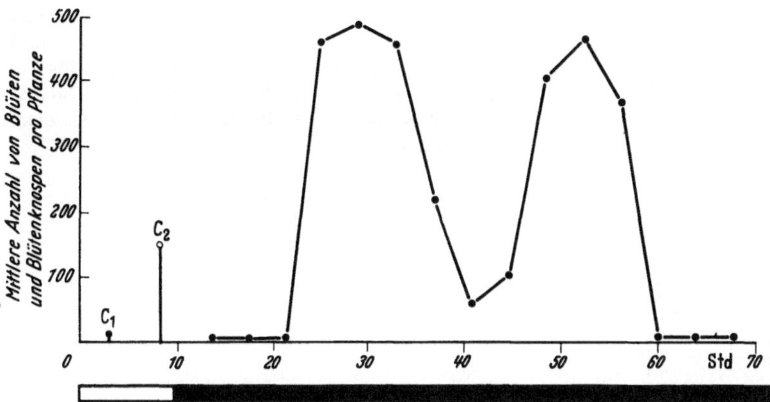

Abb. 127. *Kalanchoe blossfeldiana.* Wirkung von Störlicht, das zu verschiedenen Zeiten innerhalb einer extrem langen Dunkelperiode geboten wurde (LD von je 10 h Licht und 62 h Dunkelheit). Störlichtdauer jeweils 1 h. Man sieht, daß Quantität und Art des Störlichteffekts Schwankungen unterliegen. Die Zeiten gleich starker Förderwirkung des Störlichts sind etwa 24 h voneinander entfernt. C_1 Pflanzen, die in 10:62stündigen LD kein Störlicht erhielten. (Nach Melchers, vereinfacht [979])

an und folgerte, daß der maximale Störlichteffekt eintritt, wenn das Störlicht in der Mitte der Dunkelperiode geboten wird. Jedoch ist es rein zufällig, wenn dieser maximale Effekt bei Darbietung in der Mitte der Dunkelperiode erzielt wird; die maximale Reaktion erfolgt vielmehr zu einem Zeitpunkt, der in fester Relation zum Beginn der vorhergehenden Lichtperiode oder auch zum Beginn der Dunkelperiode steht. Wird die Dunkelperiode hinsichtlich der Zu- und Abnahme der Empfindlichkeit für Störlicht abgetastet, so zeigt sich mehr oder weniger deutlich ein Halbcyclus der Empfindlichkeitsschwankung, der auf einen Halbcyclus der circadianen Rhythmik hindeutet, aber eben zunächst nur hindeutet; es könnte sich auch um einen „Sanduhrprozeß" handeln.

Praktische Anwendung des Störlichteffektes. Der Störlichteffekt wird in der gärtnerischen und landwirtschaftlichen Praxis jetzt umfangreich benutzt, z. B. bei der Blumen- und Hühnerzucht. Er könnte z. B. auch benutzt werden, um bei schädlichen Insekten die Diapause zu verhindern und die Raupen damit durch die Winterkälte zugrunde gehen zu lassen [912, 915].

Circadiane Schwankungen des Ansprechens auf Licht. Die quantitativen Änderungen des Ansprechens auf Störlicht innerhalb einer normalen Dunkelperiode des LD erinnern — wie gesagt — an einen circadianen Halbcyclus. Daß es sich um einen solchen wirklich handeln kann, wird durch Versuche bewiesen, in denen das Ansprechen auf Störlicht innerhalb sehr langer Dunkelperioden (z. B. LD von 10:62 h, vgl. Abb. 127) geprüft wird. Solche Versuche, in denen das quantitative und qualitative circadiane Schwanken der Lichtempfindlichkeit deutlich wird, wurden zunächst für Pflanzen [883, 886, 951], später aber auch für Vögel [952] und Insekten [997] durchgeführt.

Wir können also mindestens für solche Fälle die Schlußfolgerung ziehen, daß die auf S. 148 postulierte Milieuänderung für die photoperiodisch entscheidenden Pigmente ein von der circadianen Rhythmik gesteuerter Vorgang ist. Das ist übrigens nicht grundsätzlich neu gegenüber den schon für andere Lichtreaktionen

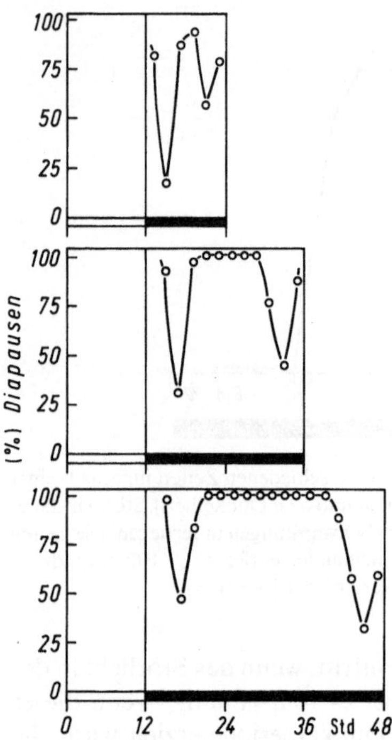

Abb. 128. *Pieris brassicae*. Prozentuale Häufigkeit von Diapausen in verschiedenen LD. Dunkelzeiten hier und in den nächsten Abbildungen unten durch schwarze Striche markiert. Zu verschiedenen Zeiten der Dunkelperioden wurde 30 min dauerndes Störlicht geboten. (Nach Bünning [883])

gezogenen Schlußfolgerungen (S. 135). Es gibt für das Phytochrom experimentelle Ansatzpunkte, um die Änderung des molekularen Milieus zu verstehen. Den endogen-rhythmischen Schwankungen der Lichtempfindlichkeit entspricht, wie sich beim Ultrazentrifugieren zeigt, eine Schwankung der Phytochrombindung an Membranbestandteile [953a, 960].

Scheinbare und tatsächliche Zeitmessung nach dem Sanduhrprinzip. Versuche der Art, wie sie eben beschrieben wurden, haben durchaus nicht immer ein Ergebnis, wie es in Abbildung 127 dargestellt worden ist. Das Ergebnis kann auch so wie in dem in Abbildung 128 dargestellten Beispiel sein: Die Phasen maximalen Ansprechens stehen nicht in circadianer Beziehung zueinander, sondern deutlich in relativ festen Beziehungen zum Beginn oder zum Ende der Dunkelperiode. Solche Versuche legen die Schlußfolgerung nahe, daß es sich hier um Zeitmessungen nach dem Sanduhrprinzip handelt.

Diese Möglichkeit darf nicht ausgeschlossen werden, jedoch mahnen andere Versuche zur Vorsicht bei der Schlußfolgerung, daß von Art zu Art grundsätzlich verschiedene Zeitmeßprinzipien angewandt werden. Von der circadianen Rhythmik gesteuerte Vorgänge, wie Blattbewegungen von Pflanzen, Bewegungsaktivitäten von Tieren usw., können in manchen Fällen bzw. unter manchen Bedingungen für Wochen oder Monate im LL oder DD weiterlaufen, in anderen Fällen bzw. unter anderen Bedingungen aber nur für wenige Tage oder nicht einmal über einen Tag hinaus. Das kann z. B. sehr von der Lichtintensität und von der Lichtqualität abhängen. Die Versuche über die Bedeutung der circadianen Rhythmik bei der photoperiodischen Zeitmessung von Pflanzen haben bis etwa 1950 zu recht unterschiedlichen Ergebnissen geführt, weil mit Glühbirnen, also Lichtquellen mit

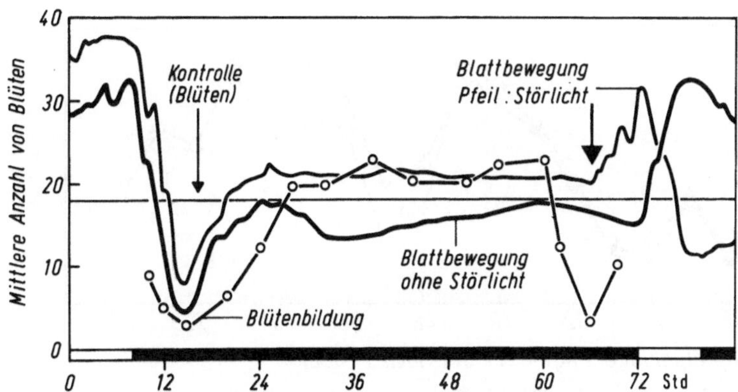

Abb. 129. Synchrone circadiane Steuerung der tagesperiodischen Blattbewegungen und der photoperiodischen Empfindlichkeit bei Sojabohnen *(Glycine max)* in 8:64-h-LD. Der Verlauf der Blattbewegungen bezieht sich auf eine Pflanze im 8:64-h-LD ohne Störlicht, die Blütenbildung auf Pflanzen, die zu verschiedenen Phasen der LD-Cyclen ein 30 min dauerndes Störlicht bekommen hatten. Bei den Versuchen handelt es sich um Pflanzen, die vor Versuchsbeginn im Gewächshaus gestanden hatten. Es zeigt sich eine starke Dämpfung beider circadianer Parameter, so daß der Eindruck von Zeitmessungen nach dem Sanduhrprinzip erweckt wird. (Nach Bünning [883])

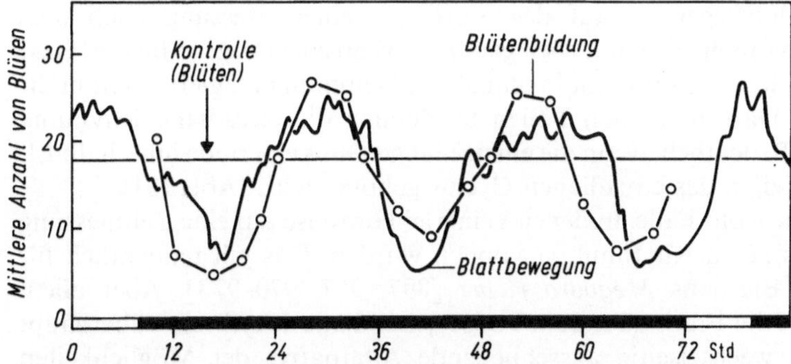

Abb. 130. Ähnlich wie Abbildung 129, aber die Pflanzen kamen nicht aus dem Gewächshaus, sondern aus Klimakammern mit Kunstlicht (Leuchtstoffröhren, ca. 10000 Lux) in die Versuchsbedingungen. Jetzt fehlt bei beiden Parametern die Dämpfung. (Nach Bünning [883])

relativ viel Infrarot gearbeitet worden ist. Das führt ebenso wie auch eine Übertragung vom natürlichen Licht des Gewächshauses in DD zu einer raschen Dämpfung sowohl der circadianen Blattbewegung als auch der circadianen Schwankungen der Lichtempfindlichkeit (Abb. 129). Beim Vermeiden dieser Störquellen wurden Ergebnisse erzielt, die den in Abbildung 127 dargestellten entsprechen (Abb. 130).

Auch die Tatsache, daß oft ein einziger LD mit entsprechender Tageslänge genügt, um den photoperiodischen Effekt zu verursachen, wird immer wieder als Beispiel für das Messen nach dem Sanduhrprinzip bezeichnet. Im allgemeinen genügen wenige Kurz- bzw. Langtage, um den betreffenden Vorgang (z. B. Blütenbildung) zu induzieren. Bei einigen Pflanzen- und Tierarten genügt aber schon ein einziger entsprechender Cyclus. Wenn z. B. einer Kurztagpflanze, die

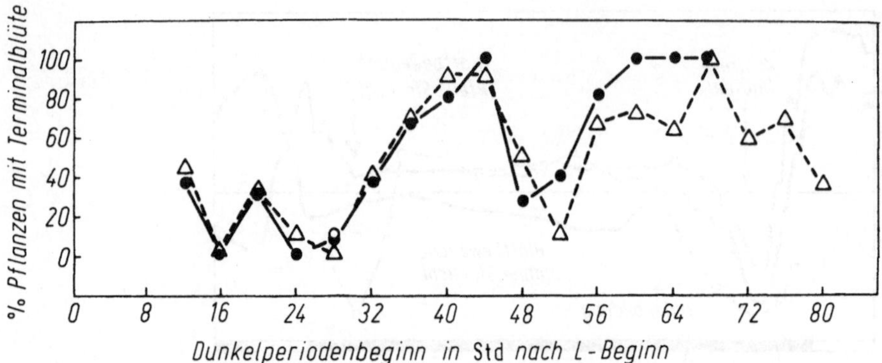

Abb. 131. Auch wenn eine einzige Dunkelperiode zu einer photoperiodischen Induktion (hier Blütenbildung) genügt, kann sich der circadiane Charakter des Zeitmeßvorganges nachweisen lassen. *Pharbitis nil*. Die Pflanzen erhielten zunächst zur Synchronisation der circadianen Rhythmik einen LD von 16:8 h. Dann LL. Abscisse: Beginn der induzierenden Dunkelperiode in Stunden nach LL-Beginn. Nach der Dunkelperiode blieben die Pflanzen in LL. Dargestellt sind zwei Versuchsreihen. (Nach Bollig [918])

fortdauernd langen Tagen ausgesetzt wird, ein einziger Kurztag, d. h. eine einzige lange Dunkelperiode geboten wird, so kann das zur Induktion der Blütenbildung genügen. Die Schlußfolgerung auf das Vorliegen einer Messung nach dem Sanduhrprinzip ist voreilig. Es kann eben genügen, wenn ein einziges Mal die Phase des circadianen Cyclus, die auf Licht maximal mit Hemmung reagiert, nicht in die Lichtperiode fällt. Daß in solchen Fällen tatsächlich die circadiane Rhythmik beteiligt ist, wird z. B. deutlich, wenn die einzige lange Dunkelperiode innerhalb LL zu verschiedenen Zeiten des circadianen Cyclus geboten wird (Abb. 131).

Es gibt aber sehr wohl Fälle, in denen keinerlei Hinweise auf eine Zeitmessung mit Hilfe der circadianen Rhythmik gewonnen wurden. Das gilt namentlich für Versuche mit der Blattlaus *Megoura viciae* [897, 957, 970–973]. Aber allem Anschein nach darf die Frage „Sanduhr" oder „circadiane Rhythmik" überhaupt nicht als eine sich wechselseitig ausschließende Alternative der Möglichkeiten gesehen werden. Neuere Untersuchungen an Insekten [902] sprechen dafür, daß es hier gleitende Übergänge und Kombinationen gibt.

Resonanzexperimente. Ein anderer Versuchstyp zum Nachweis von Zeitmessungen mit Hilfe der circadianen Rhythmik wurde von Hamner et al. eingeführt [950–952]. Statt des normalen 24-h-LD werden solche sehr unterschiedlicher Länge mit entweder konstanten D- oder konstanten L-Perioden geboten (Abb. 132). Das circadiane Schwanken der Lichtempfindlichkeit kann bei solchen Versuchen deutlich werden. Inzwischen sind zahlreiche weitere Experimente nach diesem Prinzip erfolgreich an Pflanzen [886, 931], an Insekten [902, 924] und Vögeln [941, 1006] durchgeführt worden.

Komplexität. Die Zeitmeßvorgänge bei photoperiodischen Phänomenen sind komplizierter, als hier angedeutet werden konnte. Das haben namentlich auch neuere Untersuchungen an Insekten gezeigt [916]. Neben den circadianen Rhythmen können oft auch gleichzeitig wichtige Prozesse nach dem Sanduhrprinzip ablaufen, die entweder durch den Übergang von Licht zu Dunkelheit oder den Übergang von Dunkelheit zu Licht bedingt sind. Außerdem aber können sich in

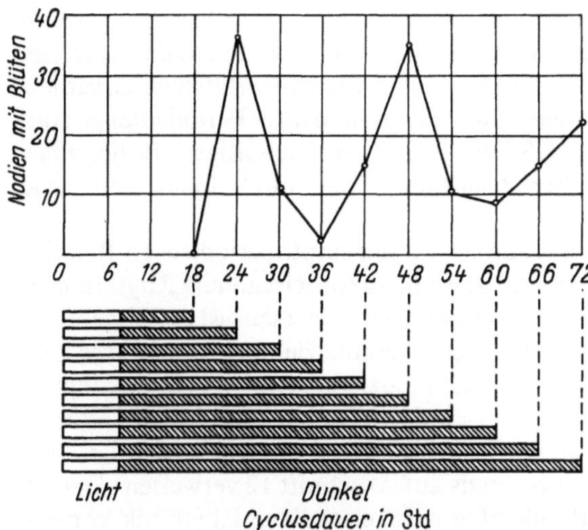

Abb. 132. *Biloxi*-Soja. Die Pflanzen erhielten LD-Cyclen der angegebenen Art (Dunkelperioden schwarz, Lichtperioden weiß). Die Lichtzeiten betrugen immer 8 h, während die Dunkelzeiten unterschiedlich lang waren. Die Zahlen neben den einzelnen Versuchsreihen geben die Anzahl von Knoten mit Blüten an, sind also ein Maß für die Stärke der Blühinduktion. Man sieht, daß in der Dunkelperiode endogene Schwankungen der Lichtempfindlichkeit eintreten. Zeiten gleicher Lichtempfindlichkeit liegen etwa 24 h auseinander. (Nach Blaney u. Hamner, aus Lang [895])

vielzelligen Pflanzen und Tieren mehrere circadiane Rhythmen überlagern. Namentlich bei LD-Bedingungen, die stark von der normalen 24 h-Periodik abweichen, kann jeder Übergang von Licht zu Dunkelheit bzw. von Dunkelheit zu Licht eine circadiane Rhythmik auslösen oder steuern. Das gilt für circadiane Blattbewegungen (vgl. z. B. Abb. 84) und auch für circadiane Rhythmen der Lichtempfindlichkeit [959].

Auch sei noch betont, daß in vielzelligen Organismen die einzelnen circadianen Parameter durchaus nicht immer so synchron verlaufen müssen, wie in den Abbildungen 129 und 130 dargestellt. Sie können, namentlich unter extremen experimentellen Bedingungen, auch hinsichtlich der Phasenlagen und Periodenlängen mehr oder weniger unabhängig voneinander verlaufen [886, 928, 996].

***External coincidence* und *Internal coincidence*.** Auf den vorhergehenden Seiten wurde betont, daß es für die photoperiodischen Reaktionen wichtig ist, welche Phasen des circadianen Rhythmus, also welche Phasen einer inneren Rhythmik mit welchen Phasen der Außenrhythmen zusammenfallen, welche Rolle also (nach dem englischen Terminus) *External coincidence* spielt. Die Bedeutung einer solchen *External coincidence* wurde seit 1932 vermutet, um einen Selektionswert der circadianen Rhythmik zu finden [920]. Die eben unter dem Stichwort „Komplexität" angedeuteten Phänomene lassen es wahrscheinlich werden, daß auch die Phasenrelationen innerer Rhythmen zueinander *(Internal coincidence)* physiologisch wichtig sind [989].

Wir erinnern uns daran, daß innerhalb eines vielzelligen Organismus durchaus nicht immer alle circadianen Rhythmen in fester Phasenrelation zueinander laufen müssen. Bei Pflanzen können die circadianen Rhythmen der Lichtempfindlichkeit oft so ähnlich gesteuert sein wie die circadianen Rhythmen der Blattbewegungen, so daß man aus den Phasen, in denen sich die Cyclen der Blattbewegungen gerade befinden, auch die Phasen der photoperiodischen Empfindlichkeit gleichsam ablesen kann (Abb. 130). Auch die CO_2-Abgabe ist oft ein entsprechend guter oder besserer Indicator [956–958]. Bei Tieren können die circadianen Rhythmen der Bewegungsaktivität oft ähnlich verlaufen wie die der photoperiodischen Empfindlichkeit [937]. In anderen Fällen aber sind bei Pflanzen die Blattbewegungsrhythmen und die Rhythmen des Ansprechens auf Licht nicht miteinander korreliert [996]. Viel wichtiger ist, daß in ein und derselben Pflanze zahlreiche circadiane Stoffwechselrhythmen ablaufen können, die sich schon in ihrer Periodenlänge stark voneinander unterscheiden [886, 928, 991]. Die wechselseitigen Beziehungen zwischen diesen Rhythmen und ihre Beeinflußbarkeit durch Licht sind sicher physiologisch bedeutsam.

Die Doppelrolle des Lichtes. Die Komplexität der photoperiodischen Reaktionen beruht z. T. darauf, daß das Licht, selbst wenn nur die circadiane Rhythmik zur Zeitmessung dient, zwei verschiedene Funktionen hat. Einerseits ist es Zeitgeber für die circadiane Rhythmik. Es kontrolliert deren Phasenbeziehung zum LD; es kann auch neue „Licht-an-" und „Licht-aus-Cyclen" induzieren. Andererseits bedingt die genannte Koincidenz mit bestimmten Phasen des LD eine spezifische Kette von Vorgängen. Leider sind diese beiden Prozesse oft verwechselt worden. Der Unterschied wird evident, wenn wir nochmals auf Abschnitt 12 verweisen: Der LD ist Zeitgeber der circadianen Rhythmik, aber diese circadiane Rhythmik kontrolliert ihrerseits die Empfindlichkeit für eine Reihe sehr verschiedenartiger äußerer Faktoren, unter denen Licht nur einer ist.

Skeletphotoperioden. Für beide Funktionen des Lichtes sind lange Photoperioden nicht notwendig. Es genügen sowohl bei Pflanzen als auch bei Tieren relativ kurze Lichtsignale.

Unterscheidung der beiden Rollen. Mindestens einige Arten von Pflanzen und Tieren können diese beiden Funktionen des Lichtes bis zu einem gewissen Grad unterscheiden, indem sie für sie unterschiedliche Receptoren oder unterschiedliche Schwellenwerte für wirksame Lichtintensitäten benutzen. Einige Beispiele sollen das demonstrieren.

Bei Pflanzen ist die Blattspreite entscheidend für die Absorption des photoperiodisch wirksamen Lichtes. Die Phasenlage der circadianen Rhythmik aber wird bei Bohnen *(Phaseolus)* durch Lichtabsorption in den Blattgelenken kontrolliert [925]. Die Schwellenwerte für die photoperiodisch wirksamen Intensitäten sind bei Sojabohnen kleiner als die für Phasenverschiebungen der Rhythmik [919]. Auch gibt es Fälle, in denen das Phytochrom für die Synchronisation der circadianen Rhythmik von Pflanzen weniger wirksam ist als für die photoperiodische Induktion [950]. Beim Sperling *(Passer domesticus)* wird, wie schon erwähnt, die photoperiodische Kontrolle des Testiswachstums nur durch extraretinale Receptoren vermittelt, aber bei der Synchronisation der circadianen Rhythmik sind die Augen entscheidend beteiligt. In diesem Fall liegen die Lichtschwellen für die Zeitgeberfunktion des Lichtes bei 0,1 Lux, für die photoperiodische Wirkung bei ungefähr 10 Lux.

Es gibt auch Beispiele für unterschiedliche Wirkungsspektren bei den beiden Funktionen. Während für die photoperiodische Wirksamkeit des Lichtes bei Pflanzen nur die Absorption im Phytochrom entscheidend sein kann, sind Phasenverschiebungen auch durch Absorptionen in anderen Pigmenten möglich [925, 949]. Auch bei Vögeln lassen die Literaturangaben auf die Möglichkeit unterschiedlicher Wirkungsspektren schließen, weil für den photoperiodischen Effekt nur die langwellige Strahlung wirksam ist. Bei Insekten ist für die Zeitgeberfunktion des Lichtes meist nur kurzwellige Strahlung bis hin zu 500 nm wirksam. Bei dem photoperiodischen Effekt aber kann auch Rotlicht, jedenfalls wenn es zu bestimmten Phasen des circadianen Cyclus geboten wird, die Reaktion beeinflussen [911, 924, 972, 990].

e) Unterscheidung von zunehmender und abnehmender Tageslänge

Allgemeines. Jede Tageslänge kommt, abgesehen vom kürzesten und längsten Tag, zweimal innerhalb eines Jahres vor. Wie können die Organismen unterscheiden, ob eine gemessene Tageslänge in die Zeit zunehmender oder in die Zeit abnehmender Tageslängen fällt?

Für einjährige Pflanzen, die im Frühjahr keimen, oder für Insekten, deren Larven im Frühjahr aus den Eiern schlüpfen, braucht das nur eine Frage der Erreichung eines bestimmten Alters zu sein.

Durch Kälte lösbare Blöcke. In anderen Fällen wird das Problem gelöst, indem zusätzlich zu dem photoperiodisch kontrollierten Block in der Entwicklung noch ein anderer eingeschoben wird, der durch niedrige Temperatur lösbar ist. Meist sind bei Pflanzen und Tieren Temperaturen um 5° C hierfür optimal. Das am längsten bekannte Beispiel liefern die Wintergetreide, die – im Spätsommer ausgesät – erst durch die Langtage des nächsten Jahres zum Blühen veranlaßt werden können, nachdem niedrige Temperaturen ihnen „angezeigt" hatten, daß Winter herrschte. Für die Lösung dieser Art von Block genügen ebenso wie für die photoperiodische Induktion oft wenige Tage. Bei Pflanzen wird hierbei von *Vernalisation* gesprochen. Es besteht aber bisher kein Anhaltspunkt für die Annahme, daß es sich bei den ähnlichen Phänomenen im Tierreich, etwa bei der Diapausekontrolle von Insekten, um etwas grundsätzlich anderes handelt.

Kombination von zwei Tageslängenmessungen. Ein häufiger Mechanismus zur Vermeidung falscher Zuordnung einer bestimmten Tageslänge zu einer Jahreszeit besteht darin, daß zwei antagonistische photoperiodische Reaktionsweisen hintereinander geschaltet werden. So ist es bei manchen Pflanzen notwendig, daß erst Kurztagbedingungen herrschen, bevor Langtage wirken können. Bei anderen Pflanzenarten ist es gerade umgekehrt [992, 1004, 1009]. Das gleiche Prinzip des Hintereinanderschaltens zweier Reaktionen mit antagonistischen Tageslängenansprüchen ist für Tiere ebenfalls bekannt, z. B. hinsichtlich der Kontrolle des Testiswachstums und der Wanderungen von Vögeln [892, 900, 907, 908].

Oft vergeht eine längere Zeit von z. B. einigen Monaten nach der einen Art der Ansprechbarkeit auf Tageslängen bis zur Erreichung der Reaktionsfähigkeit auf die andere Tageslänge. Die dazwischen liegenden „Refraktärzeiten" treten entweder autonom ein oder sie sind ihrerseits (bei einigen Arten) selber photoperiodisch beeinflußbar [899, 907, 908, 980]. Entsprechende Beobachtungen wurden zunächst an Vögeln gemacht, später aber auch an Eidechsen [939, 940, 942] und an mehreren Insekten [984, 985, 1003].

Die physiologischen Stadien der allmählichen Vorbereitung auf eine dieser Reaktionsweisen (sog. *Preparatory phases*) und die zwischen ihnen liegenden nicht-reaktionsfähigen Stadien *(Refractory phases)* sind möglicherweise nichts anderes

als Abschnitte einer „circannuellen" Periode, d. h. Teile einer endogenen Jahresrhythmik.

Kombination mit circannuellen Rhythmen. Die Möglichkeit endogener Jahres-
rhythmen ist schon im vorigen Jahrhundert von Botanikern und Gärtnern, und
namentlich aufgrund von Beobachtungen in den Tropen wiederholt diskutiert
worden [882]. Es wurde z. B. gefunden, daß bei Pflanzen, die aus den gemäßigten
Zonen in die Tropen gebracht wurden, die Periodicität des Blühens, der Ruhepau-
sen und der Blattentfaltung sich fortsetzt, die Perioden dann aber erheblich von den
12 Monats-Cyclen abweichen konnten. Auch ging die Synchronie zwischen den
einzelnen Individuen verloren. Hinzu kamen die Beobachtungen an tropischen
Pflanzen selber, bei denen sich – wie schon S. 21 erwähnt – Entwicklungscyclen
zeigten, die stark von der Jahresperiodik abweichen, wobei ebenfalls keine
Synchronie zwischen den einzelnen Individuen besteht.

Jetzt ist bekannt, daß sich solche Cyclen bei Pflanzen und Tieren auch unter
Laboratoriumsbedingungen fortsetzen können, jedoch meist nicht ungedämpft
und nicht so präzise wie circadiane Rhythmen [881, 901].

Das vorher genannte antagonistische Verhalten von Pflanzen und Tieren im
Verlaufe der Jahreszeiten und des Fortschreitens ihrer diesem Jahrescyclus
angepaßten Entwicklung kann also Ausdruck der circannuellen Rhythmik sein.

Die Situation wird noch komplizierter dadurch, daß die circannuelle Rhythmik
nicht nur die photoperiodische Reaktionsweise kontrolliert, sondern ihr Verlauf
selber auch von der Tageslänge kontrolliert werden kann [947a].

Ob die vorher genannten *Refractory* und *Preparatory phases* wirklich immer als
Ausdruck einer circannuellen Rhythmik anzusehen sind, muß offen bleiben.

Ist die Richtung der Tageslängenänderung direkt meßbar? Die Unterscheidung,
ob eine bestimmte Tageslänge in der Zeit vor oder nach der Sonnenwende liegt, wird
also oft durch Hintereinanderschalten von zwei verschiedenen Tageslängenmessungen ermöglicht, durch eine Reaktion vom Typ mit oberer kritischer Tageslänge
und einer zweiten vom Typ mit unterer kritischer Tageslänge.

In der Literatur finden sich immer wieder Angaben, nach denen auch die Richtung der
Tageslängenänderung als solche meßbar ist. Bei den betreffenden Versuchen wurde den Objekten 24 h-
LD mit im Verlauf des Versuchs entweder zunehmender oder abnehmender Länge der Lichtperioden
geboten. Dabei zeigte sich, daß für das Eintreten bestimmter Reaktionen nicht die gleichen kritischen
Tageslängen bei zu- und abnehmender Tageslänge bestehen. Jedoch ergibt eine nähere Prüfung solcher
Angaben, daß die vorher genannte Änderung der Reaktionsweise im Verlaufe der Entwicklung bzw. der
Jahreszeiten nicht beachtet worden ist.

Gleichzeitigkeit zweier verschiedener Reaktionstypen. Natürlich bleibt die
schwierige Frage bestehen, worauf dieser Wechsel der Reaktionsweise beruht.
Jedoch muß die physiologische Umstellung des Organismus dabei nicht so radikal
sein, wie man zunächst vermuten möchte. Es können nämlich grundsätzlich die
beiden antagonistischen Reaktionsfähigkeiten auch gleichzeitig bestehen. Es muß
also für einen bestimmten physiologischen Effekt eine Reaktion induziert werden,
die an eine untere kritische Tageslänge gebunden ist, und eine andere, die an eine
obere kritische Tageslänge gebunden ist. Wenn die Fähigkeit zu diesen beiden
Reaktionen gleichzeitig vorhanden ist, ist es nicht notwendig, daß die angemessenen
Tageslängen – so wie in den vorher genannten Fällen – zeitlich weit voneinander
getrennt geboten werden. Es ist dann auch ihre Reihenfolge unwichtig, d. h. eine

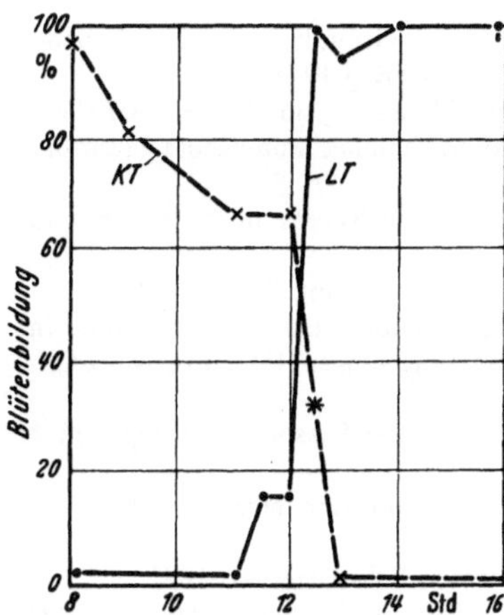

Abb. 133. *Cestrum nocturnum.* Kritische Tageslängen für die (beiden notwendigen) Induktionen zur Blütenbildung führender Vorgänge durch Langtag-(*LT*) und Kurztagbedingungen (*KT*). (Nach Sachs [995])

Pflanze z. B. kann zum Blühen kommen, wenn ihr unmittelbar nacheinander einige Kurztage und einige Langtage geboten werden. Derselbe Effekt kann eintreten, wenn die Sequenz umgekehrt ist. Wird solchen Pflanzen aber experimentell immer dieselbe mittlere Tageslänge geboten, so kommt sie gar nicht zum Blühen, es sei denn, daß sich obere und untere kritische Tageslänge überschneiden. In diesem letzteren Fall kommt sie auch unter konstanten Tageslängenbedingungen, jedoch natürlich nur durch eine eng begrenzte mittlere Tageslänge zum Blühen. Ein Beispiel ist in Abbildung 133 wiedergegeben (vgl. auch Abb. 115).

f) Thermoperiodische Tageslängenmessung

Thermoperiodische Reaktionen sind bei Pflanzen ebenso weit verbreitet wie photoperiodische. Zur Messung der Tageslängen aber sind sie bei Pflanzen und Tieren bei weitem nicht so wichtig wie photoperiodische Reaktionen. Immerhin ist es interessant, daß solche thermoperiodischen Tageslängenmessungen möglich sind. Die parasitische Wespe *Nasonia vitripennis* kann, gemessen an der Diapauseninduktion, im DD bei gleichzeitiger Darbietung von 24h-Cyclen mit 13:23° C einen Cyclus, in dem die höhere Temperatur weniger als 13 h dauert, von einem entsprechenden, in dem die höhere Temperatur mehr als 13 h dauert, unterscheiden [998].

Literatur

a) Zusammenfassende Darstellungen

877. Aschoff,J. (ed.): Circadian Clocks. Amsterdam: North Holland 1965
878. Beck,S.D.: Animal Photoperiodism. New York: Holt, Rinehart and Winston 1963
879. Beck,S.D.: Insect Photoperiodism. New York-London: Academic Press 1968
880. Benoit,J., Assenmacher,I. (eds.): La photorégulation de la reproduction chez les oiseaux et les mammifères. Centr. Nat. Rech. Scient. Paris 1970

881. Berthold,P.: Endogene Jahresperiodik. Innere Jahreskalender als Grundlage der jahreszeitlichen Orientierung bei Tieren und Pflanzen. Konstanz: Universitätsverlag 1974
882. Bünning,E.: Endogene Aktivitätsrhythmen. Encyclopedia of Plant Physiol. 2, 878—907 (1956)
883. Bünning,E.: Common features of photoperiodism in plants and animals. Photochem. Photobiol. 9, 219—228 (1969)
884. Bünsow,R.C.: The circadian rhythm of photoperiodic responsiveness in Kalanchoe. In: Chovnick [885], S. 257—260 (1960)
885. Chovnick,A. (ed.): Biological Clocks. Cold Spring Harbor Symp. Quant. Biol. 25 (1960)
886. Cumming,B.G.: The role of circadian rhythmicity in photoperiodic induction in plants. In: Circadian Rhythmicity. J. F. Bierhuizen et al. (ed.), S. 33—85. Wageningen: Proc. Int. Symp. Circ. Rhythmicity 1972
887. Danilevskii,A.S.: (Identisch mit Danilevsky.) Photoperiodism and Seasonal Development of Insects. Edinburgh: Oliver and Boyd 1965
888. Danilevsky.A.S., Goryshin,N.I., Tyshchenko,V.P.: Biological rhythms in terrestrial arthropods. Ann. Rev. Entomol. 15, 201—244 (1970)
888a.Darwin,Ch.: Das Bewegungsvermögen der Pflanzen. Stuttgart: Schweitzerbart 1881
889. Evans,L.T. (ed.): The Induction of Flowering. North Melbourne: Macmillan of Australia 1969
890. Farner,D.S.: Photoperiodic control of annual gonadal cycles in birds. In: Withrow [906], S. 717—750 (1959)
891. Farner,D.S.: Circadian systems in the photoperiodic responses of vertebrates. In: Aschoff [877], S. 357—369 (1965)
892. Frazer,J.F.D.: The Sexual Cycles of Vertebrates. London: Hutchinson 1959
893. Hamner,K.C.: Photoperiodism and circadian rhythms. In: Chovnick [885], S. 269—277 (1960)
894. Kayser,Ch.: Photopériode, reproduction et hibernation des mammifères. In: Benoit et Assenmacher [880], S. 409—433 (1970)
895. Lang,A.: Physiology of flower initiation. Encyclopedia of Plant Physiol. 15, 1, 1380—1536 (1965)
896. Lees,A.D.: The Physiology of Diapause in Arthropods. Cambridge: Univ. Press 1955
897. Lees,A.D.: The role of circadian rhythmicity in photoperiodic induction in animals. In: Circadian Rhythmicity. J. F. Bierhuizen et al. (ed.), S. 87—110. Wageningen: Proc. Int. Symp. Circ. Rhythmicity 1972
898. Lofts,B.: Animal Photoperiodism. London: Arnold 1970
899. Marshall,A.J.: Annual periodicity in the migration and reproduction of birds. In: Chovnick [885], S. 499—505 (1960)
900. Menaker,A.J. (ed.): Biochronometry, Washington, D. C.: Nat. Acad. Sci. 1971
901. Pengelley,E.T. (ed.): Circannual Clocks. New York-London: Academic Press 1974
902. Saunders,D.S.: The biological clock of insects. Sci. Amer. 234 (2), 114—121 (1976)
903. Tauber,M.T., Tauber,C.A.: Insect seasonality: diapause maintenance, termination, and postdiapause development. Ann. Rev. Entomol. 21, 81—107 (1976)
904. Vince-Prue,D.: Photoperiodism in Plants. London-New York: McGraw Hill 1975
905. Went,F.W.: Photo- and thermoperiodic effects in plant growth. In: Chovnick [885], S. 221—230 (1960)
906. Withrow,R.B. (ed.): Photoperiodism and Related Phenomena in Plants and Animals. Washington: Amer. Ass. Adv. Sci. 1959
907. Wolfson,A.: The role of light and darkness in the regulation of spring migration and reproductive cycles in birds. In: Withrow [906], S. 679—716
908. Wolfson,A.: Regulation of annual periodicity in the migration and reproduction of birds. In: Chovnick [885], S. 507—514 (1960)
909. Wolfson,A.: Circadian rhythm and the photoperiodic regulation of the annual reproductive cycle in birds. In: Aschoff [877], S. 370—378 (1965)

b) Originalarbeiten

910. Adkisson,P.L.: Progress Rep. 2270, Texas Agricult. Exp. Station (1963)
911. Adkisson,P.L.: Science 154, 234—241 (1965)
912. Ankersmit,G.W.: Entom. exp. appl. 11, 231—240 (1912)
913. Ankersmit,G.W., Adkisson,P.L.: J. Insect Physiol. 13, 553—564 (1967)

914. Baker,J.R., Baker,I.Z.: J. Linn. Soc. (Zool.) **39**, 123—141 (1936)
915. Barker,R.J.: Experientia (Basel) **19**, 185 (1963)
916. Beck,S.D.: J. comp. Physiol. **107**, 97—111 (1976)
917. Bissonette,Th.H.: Trans. N. Y. Acad. Sci. Ser. II **5**, 43—51 (1943)
918. Bollig,I.: Z. Pflanzenphysiol. **77**, 54—69 (1975)
919. Brest,D.E., Hoshizaki,T., Hamner,K.C.: Plant Physiol. **47**, 676—681 (1971)
920. Bünning,E.: Naturwissenschaften **20**, 340—345 (1932)
921. Bünning,E.: Jahrb. wiss. Bot. **77**, 283—320 (1932)
922. Bünning,E.: Ber. dtsch. Bot. Ges. **54**, 590—607 (1936)
923. Bünning,E.: Physiol. Plant. (Copenh.) **7**, 538—547 (1954)
924. Bünning,E., Joerrens,G.: Z. Naturforsch. **15b**, 205—213 (1960)
925. Bünning,E., Moser,I.: Planta (Berl.) **69**, 101—110 (1966)
926. Bünsow,R.: Z. Bot. **41**, 257—276 (1953)
927. Burger,J.W.: Wilson Bull. **61**, 211—230 (1949)
927a.Chandola,A., Singh,R., Thapliyal,J.P.: Chronobiologia **3**, 219—227 (1976)
928. Chia-Looi,A., Cumming,B.G.: Canad. J. Bot. **50**, 2219—2220 (1972)
929. Claes,H., Lang,A.: Z. Naturforsch. **2b**, 56—63 (1947)
930. Claret,J.: Ann. d'Endocrinologie **27**, 311—320 (1966)
931. Cumming,G., Hendricks,S.B., Borthwick,H.A.: Canad. J. Bot. **43**, 825—853 (1965)
932. DeWilde,J.: Ann. Rev. Entomol. **7**, 1—26 (1962)
933. DeWilde,J.: Arch. Anat. micr. Morph. exp. **54**, 547—564 (1965)
934. DeWilde,J., Bonga,H.: Entomol. exp. appl. (Amst.) **1**, 301—307 (1958)
935. DeWilde,J.: Proc. 10th Int. Congr. Entomol. **2**, 213—218 (1958)
936. Dring,M.J., Lüning,K.: Planta (Berl.) **125**, 25—32 (1975)
936a.Elliot,J.: Federation Proc. **35**, 2339—2346 (1976)
937. Elliot,J.A., Stetson,M.H., Menaker,M.: Science **178**, 771—773 (1972)
938. Farner,D.S., Mewaldt,L.R.: Experientia (Basel) **9**, 221—223 (1953)
939. Fischer,K.: Z. vergl. Physiol. **60**, 244—268 (1968)
940. Fischer,K.: Z. vergl. Physiol. **61**, 394—419 (1969)
941. Follet,B.K., Mattocks,P.W., Farner,D.S.: Proc. Nat. Acad. Sci. USA **71**, 1666—1669 (1974)
942. Fox,W., Dessauer,H.C.: Biol. Bull. **115**, 421—439 (1958)
943. Garner,W.W., Allard,H.A.: J. agr. Res. **18**, 553—606 (1920)
944. Geyspitz,K.F.: Zoologizeskij J. **26**, 548—559 (1957)
945. Grassé,M.P.: C. R. Acad. Sci. (Paris) **262**, 1464—1465 (1966)
946. Gwinner,E.: In: Menaker [900], S. 405—427 (1971)
947. Gwinner,E., Turek,F.W., Smith,S.D.: Z. vergl. Physiol. **75**, 323—331 (1971)
947a.Gwinner,E.: Naturwiss. **64**, 44—45 (1977)
948. Halaban,R.: Plant Physiol. **43**, 1894—1898 (1968)
949. Halaban,R., Hillman,W.S.: Plant Physiol. **46**, 757—758 (1970)
950. Hamner,K.C., Hoshizaki,T.: BioScience **24**, 407—414 (1974)
951. Hamner,K.C., Takimoto,A.: Amer. Naturalist **98**, 295—322 (1964)
952. Hamner,W.M.: In: Aschoff [877], S. 379—384 (1965)
953. Hamner,W.M.: Nature (Lond.) **203**, 1400—1401 (1964)
953a.Heide,O.M.: Physiol. Plant **39**, 25—32 (1977)
954. Henfrey,A.: The Vegetation of Europe 1852. Zitiert nach Allard,H.A.: Science **99**, 263 (1944)
955. Hillman,W.S.: Amer. J. Bot. **4**, 892—897 (1962)
956. Hillman,W.S.: In: Menaker [900], S. 251—271 (1971)
957. Hillman,W.S.: Nature (Lond.) **242**, 128—129 (1973)
958. Hillman,W.S.: Proc. Nat. Acad. Sci. USA **73**, 501—504 (1976)
958a.Hillman,W.S.: Science **193**, 453—458 (1976)
958b.Hoffmann,K., Küderling,I.: Experientia **31**, 122 (1975)
959. Hoshizaki,T., Hamner,K.C.: Int. J. Chronobiol. **2**, 35—38 (1974)
960. Jabben,M., Schäfer,E.: Nature (Lond.) **259**, 114—115 (1965)
961. Jenner,Ch.E., Engels,W.L.: Biol. Bull. **103**, 345—355 (1952)
962. Junges,W.: Planta (Berl.) **49**, 11—32 (1957)
963. Kandeler,R.: Ber. dtsch. Bot. Ges. **75**, 431—442 (1963)
964. Katayama,T.C.: Jap. J. Bot. **18**, 349—383 (1964)

965. Kendrik,R.E., Spruit,C.J.P.: Plant Physiol. **52**, 327—331 (1973)
966. Kerling,L.C.P.: Proc. kon. med. Akad. Wet. **53**, 3—16 (1950)
967. Klebs,G.: Sitzb. Heidelb. Akad. Wiss. Abt. B **3**, 47 (1913)
968. Klebs,G.: Handwörterb. Naturwiss. **4**, 276—296 (1913)
969. Kogure,M.: J. Dept. Agric. Kyushu Univ. **4**, 1—93 (1933)
970. Lees,A.D.: In: Aschoff [877], S. 351—356
971. Lees,A.D.: Nature (Lond.) **210**, 986—989 (1966)
972. Lees,A.D.: In: Menaker [900], S. 372—379 (1971)
973. Lees,A.D.: J. Insect Physiol. **19**, 2279—2316 (1973)
974. Lofts,B.: Nature (Lond.) **201**, 523 (1964)
975. McMillan,J.P., Underwood,H.A., Elliot,J.A., Stetson,M.H., Menaker,M.: J. comp. Physiol. **97**, 205—213 (1975)
976. Marcovitch,S.: J. agr. Res. **27**, 513—522 (1924)
977. Marshall,A.J.: Symp. Zool. Soc. London **2**, 53—67 (1960)
978. Mayer,W., Moser,I., Bünning,E.: Z. Pflanzenphysiol. **70**, 66—73 (1973)
979. Melchers,G.: Z. Naturforsch. **11b**, 544—548 (1956)
980. Miller,A.H.: Science **129**, 1286 (1959)
981. Morris,L.R.: Nature (Lond.) **190**, 102 (1961)
982. Müller,H.J.: Zool. Jahrb. Physiol. **70**, 411—426 (1964)
983. Njoku,E.: Nature (Lond.) **183**, 1598—1599 (1959)
984. Norris,M.J.: Entomol. exp. appl. (Amst.) **2**, 154—168 (1959)
985. Norris,M.J.: J. Insect Physiol. **11**, 1105—1119 (1965)
986. Oishi,T., Lauber,J.K.: Amer. J. Physiol. **225**, 155—158 (1973)
987. Ortavant,R., Mauleon,P., Thibault,C.: Ann. N. Y. Acad. Sci. **117**, 157—193 (1964)
988. Paris,O.H., Jenner,Ch.E.: In: Withrow [906], S. 601—624 (1959)
989. Pittendrigh,C.S.: Proc. Nat. Acad. Sci. USA **69**, 2734—2737 (1972)
990. Pittendrigh,C.S., Eichhorn,J., Minis,D.H., Bruce,V.G.: Proc. Nat. Acad. Sci. USA **66**, 758—764 (1970)
991. Queiroz,O., Morel,C.: Plant Physiol. **53**, 596—602 (1974)
992. Resende,F.: Portugal. Acta Biol. A **3**, 318—322 (1952)
993. Ringoen,A.R.: Physiol. Zool. **71**, 99—109 (1942)
994. Rowan,W.: Proc. Boston Soc. Nat. Hist. **38**, 147—189 (1926)
995. Sachs,R.M.: Plant Physiol. **31**, 185—192 (1956)
996. Salisbury,F.B., Denney,A.: In: Menaker [900], S. 292—311 (1971)
997. Saunders,D.S.: Science **168**, 601—603 (1970)
998. Saunders,D.S.: Science **181**, 358—360 (1973)
999. Schäfer,E.A.: Nature (Lond.) **77**, 159—163 (1907)
1000. Scott,H.M., Payne,L.F.: Poultry Sci. **16**, 90—96 (1937)
1001. Stross,R.G., Hill,J.C.: Science **150**, 1462—1464 (1965)
1002. Tauber,M.J., Tauber,C.A.: Science **167**, 170 (1968)
1003. Tauber,M.J., Tauber,C.A.: Canad. J. Zool. **54**, 260—265 (1976)
1004. Thomas,R.G.: Nature (Lond.) **190**, 1130—1131 (1961)
1005. Tournois,J.: C. R. Acad. Sci. (Paris) **155**, 297—300 (1912)
1006. Turek,F.W.: J. comp. Physiol. **92**, 59—64 (1974)
1007. Turek,F.W.: J. comp. Physiol. **96**, 27—36 (1975)
1007a.Urasaki,H.: Chronobiologia **3**, 228—234 (1976)
1008. Wareing,P.F.: Physiol. Plant. **6**, 692—706 (1953)
1009. Wellensiek,S.J.: Meded. Landbouwhogeschool Wageningen **60**, 1—18 (1960)
1010. Williams,C.M., Adkisson,P.L.: Biol. Bull. **127**, 511—525 (1964)
1011. Williams,C.M., Adkisson,P.L., Walcott,C.: Biol. Bull. **128**, 497—507 (1965)

14. Pathologische Phänomene

> „Es glaubt nehmlich mancher, es sey völlig einerley, wenn man
> diese 7 Stunden schliefe, ob des Tages oder des Nachts. Man
> überläßt sich also Abends so lange wie möglich seiner Lust zum
> Studiren oder zum Vergnügen, und glaubt es völlig beyzubringen,
> wenn man die Stunden in den Vormittag hinein schläft, die man
> der Mitternacht nahm. Aber ich muß jeden, dem seine Gesundheit
> lieb ist, bitten, sich für diesem verführerischen Irrthum zu hüten."
> D. C. W. HUFELAND: Die Kunst, das menschliche Leben
> zu verlängern, 2. Aufl. Jena 1798.

a) Störungen unter dem Einfluß nicht-tagesperiodischer Außenrhythmen

Allgemeines. Schon aus den Betrachtungen über den Photo- und
Thermoperiodismus ergibt sich, daß eine normale Entwicklung bei Pflanzen und
Tieren, die mit ihrer physiologischen Uhr Licht- und Temperaturempfindlichkeit
tagesperiodisch steuern, nur möglich ist, wenn sich der LD bzw. die Cyclen hoher
und niedriger Temperatur der 24 h-Rhythmik ungefähr einordnen. Bei einer
Darbietung von äußeren Cyclen, deren Länge wesentlich größer oder kleiner ist als
24 h, müssen also Störungen auftreten. Die Art dieser Störungen und der Weg zu
ihrer Entstehung sind von Fall zu Fall verschieden. In einigen Fällen besteht eine
enge Beziehung zu den eben besprochenen photoperiodischen Phänomenen, indem
durch die Darbietung der abnormen Cyclen Licht, Dunkelheit, hohe oder niedrige
Temperatur in physiologische Phasen fallen, die auf die jeweils gegenteilige dieser
Bedingungen eingestellt sind. Außerdem aber wissen wir ja (vgl. S. 74), daß die
physiologische Periodik nur innerhalb gewisser Grenzen von der Außenperiodik
mitgenommen werden kann. Es kommt also bei starken Abweichungen zu einem
Freilaufen der physiologischen Schwingungen, deren Folgen oft pathologische
Erscheinungen sein können.

Pflanzen. Die physiologische Bevorzugung von Außencyclen, die ungefähr der
24 h-Periodik folgen, kann beispielsweise an der Beeinflussung der Blütenbildung
von Sojabohnen durch verschiedene Cyclen demonstriert werden (Tabelle 7).

Umfangreiche Versuche über die Wirkung von LD bzw. Cyclen hoher und
niedriger Temperatur verschiedener Länge auf .Wachstum und Entwicklung
verschiedener Pflanzen sind vorgenommen worden. Immer hat sich die optimale
Wirkung von Cyclen gezeigt, die ungefähr der 24 h-Periodik folgen [1028, 1052].

Fliegen. Imagines von *Drosophila melanogaster* wurden kontinuierlich unter
drei verschiedenen LD gehalten, nämlich

LD 12:12 h (24 h-Tag),
LD 10,5:10,5 h (21 h-Tag),
oder LD 13,5:13,5 h (27 h-Tag).

Die im 24 h-Tag gehaltenen Fliegen erreichten das höchste Lebensalter [1056].

Tabelle 7. Blütenbildung bei Soja-Bohnen. (Nach
Garner und Allard [943])

LD-Rhythmik (h)	Tage bis zum Auftreten von Blüten
7: 7	keine Blüten
8: 8	keine Blüten
9: 9	27
12:12	22
14:14	33
16:16	keine Blüten
18:18	keine Blüten

b) Störungen durch schnelle Phasenverschiebung der Außenrhythmik

Tiere. In Versuchen mit der Fliege *Phormia terrae novae* erreichten Individuen, die im LD von 12:12 h lebten, eine durchschnittliche Lebensdauer von 125 Tagen. Wurde aber dieser LD einmal in jeder Woche im Sinne eines Transozeanfluges um 6 h verschoben, so reduzierte sich die durchschnittliche Lebensdauer auf 98 Tage [1033]. Bei Mäusen zeigte sich eine erhöhte Sterblichkeit, wenn der 12:12stündige LD einmal innerhalb jeder Woche um 180° (d. h. um 12 h) verschoben wurde [1041].

Menschen. Bei Menschen sind physiologische und psychologische Störungen, die infolge schneller Zeitverschiebung auftreten, in zahlreichen Arbeiten untersucht worden. Das gilt für die Probleme der Luft- und Raumfahrt [1012, 1014, 1017–1020, 1027] ebenso wie für die Probleme der Schichtarbeit [1013, 1024, 1063].

Allgemeines. Das Auftreten von Störungen bei schneller Phasenverschiebung der Zeitgeberrhythmik ist verständlich schon darum, weil es zwangsläufig zu Dissoziationen zwischen den verschiedenen Rhythmen innerhalb des Körpers kommt. Wir haben gesehen, daß es offenbar in keinem vielzelligen Organismus nur ein einziges Steuerungszentrum für alle tagesperiodischen Phänomene gibt. Bei Pflanzen kann die endogene Tagesrhythmik in einzelnen Teilen des Individuums unabhängig von der Rhythmik in anderen Teilen ablaufen. Schon zwei einander gegenüberstehende Blätter können z. B. die Vorgänge phasenverschoben durchführen, wenn wir nur eines der Blätter einige Tage hindurch einem abweichenden, etwa einem inversen LD aussetzen. Ebenso finden wir eine solche Unabhängigkeit, wenn Prozesse untersucht werden, die an verschiedene Organe gebunden sind. So braucht z. B. die Periodicität der Blattbewegungen nicht synchron mit der Periodicität der Blutung und der Guttation der Pflanzen zu verlaufen. Eine unterschiedliche Phasenlage bei diesen Einzelrhythmen ist um so leichter möglich, als sie von äußeren Faktoren unterschiedlich leicht reguliert werden können [1036, 1045, 1061].

Noch mehr zeigt sich bei höheren Tieren und beim Menschen, daß die einzelnen Teile des Individuums nicht notwendig die normalphysiologische Relation der endodiurnalen Systeme zeigen müssen. Es wurde darauf hingewiesen, daß die einzelnen Funktionen sich verschieden schnell auf einen phasenverschobenen LD umstimmen lassen. So können auch bei längere Zeit fortgesetzter Nachtarbeit viele Körperfunktionen die alte Phasenlage ihrer Rhythmik behalten, während der Schlafrhythmus völlig umgekehrt ist [1032]. Das muß in der Übergangszeit, d. h. in den Tagen während der Umstimmung zu physiologischen Störungen führen, denn die Rhythmen verlaufen natürlich normalerweise in den einzelnen Organen so, wie es für das geordnete Zusammenwirken der Organe im Individuum vorteilhaft ist.

Das Vorkommen von Phasenverschiebungen zwischen den einzelnen tagesperiodischen Funktionen bei Menschen unter abnormen Bedingungen ergibt sich besonders schön aus Versuchen auf Spitzbergen. Die Versuchspersonen lebten mit Uhren, die eine Umdrehung des Stundenzeigers in 11, $10^1/_2$ oder $13^1/_2$ h vollführten, also zu schnell oder zu langsam liefen [1021, 1022]. Dadurch wurde die Tätigkeitsrhythmik der Menschen entsprechend modifiziert, denn für die bewußte Tätigkeit des Menschen wirkt die Uhr natürlich mehr als Zeitgeber als die geringen, in Spitzbergen im Sommer bestehenden Helligkeitsunterschiede von Tag und Nacht. Es zeigte sich, daß die einzelnen studierten physiologischen Funktionen (Ausscheidung von Wasser und Kalium, Körpertemperatur) unterschiedlich leicht modifiziert werden können. Vor allem der Rhythmus der K-Ausscheidung folgt weiterhin recht eng der 24 h-Periodik. So kommt es rasch zu einer Störung der normalen Phasenrelation zwischen den einzelnen periodischen Funktionen.

Aber auch Erfahrungen der Luftfahrtmedizin können angeführt werden. Die physiologischen Störungen können z.B. in Verschiebungen des K:Na-Verhältnisses, in Verminderung der Salzdiurese usw. unter dem Einfluß von Reisen in Düsenverkehrsmaschinen bestehen [1012, 1020, 1027, 1034, 1044, 1053]. Diese Störungen sind jetzt so gut bekannt, daß z. B. Schauspielern, Schachspielern, Sportlern und Rennpferden nach schnellen Flügen von Ost nach West oder West nach Ost mehrere Tage Zeit gegeben wird, um die Anpassung an die neue Zeitzone zu ermöglichen. Mehrere Tage (bis zu etwa 1 Woche) können notwendig sein zur Wiederherstellung der normalen Phasenrelationen innerhalb des Körpers und zur Umweltrhythmik.

Auch fehlt es nicht an Versuchen, solche Störungen durch „chronobiotische" Substanzen zu reduzieren [1060]. Dabei ist vor allem an Substanzen zu denken, von denen bekannt ist, daß sie phasenverschiebend auf circadiane Rhythmen wirken können (vgl. Abschnitt 8).

Verursachung von Krankheiten. Daß gestörte Phasenrelationen, einerlei wie sie bedingt sind, zu ernsthaften Krankheiten führen können, ist wiederholt von medizinischer Seite betont worden. Es wurde z. B. auf die mögliche Interferenz von Magen- und Leberrhythmus hingewiesen [1037, 1038]. Eine „Disrhythmie" zwischen diesen Organen kann zur Ursache von Gastritis und Magengeschwüren werden. Es ist bekannt, „daß bei der Entstehung des Ulcus ventriculo-duodeni Unregelmäßigkeit der Nahrungsaufnahme eine Rolle spielt ... Es wird niemand daran zweifeln, der bedenkt, daß sich etwa um die Mittagszeit der Magensaft in den leeren Magen ergießt und vielleicht erst einige Stunden später die Speisen dazu kommen, zu deren Verarbeitung er sezerniert ist" [1023].

c) Schäden bei fehlender Synchronisation

Fehlen der Außenrhythmik. Trotz wechselseitiger Synchronisation im Körper der Pflanzen und Tiere spielt die Außenrhythmik doch eine erhebliche Rolle für die Aufrechterhaltung der normalen circadianen Organisation (vgl. Abschnitt 4). Bei fehlenden Außenrhythmen kann es zu Dissoziationen, d. h. zu einer internen

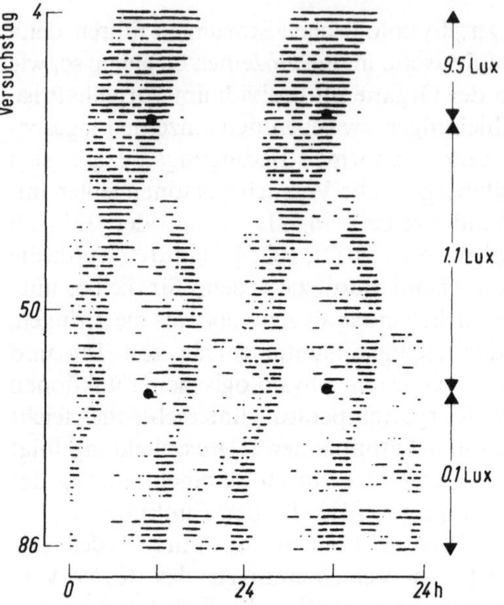

Abb. 134. Locomotorische Aktivität eines Individuums von *Tupaia glis* (Tupaja) im LL. Die schwarzen Punkte im Aktogramm markieren den Zeitpunkt der Lichtumstellung. Nach Senkung der Beleuchtungsstärke läuft die zunächst einteilige Aktivitätsperiodik in zwei distinkte Komponenten auseinander. (Nach Hoffmann [1048])

Desynchronisation kommen. Das geschieht bei den einzelnen Arten von Pflanzen und Tieren unterschiedlich schnell. Auch bei verschiedenen menschlichen Individuen können z. B. psychologische Störungen ein beschleunigtes Auftreten solcher interner Dissoziationen beim Fehlen äußerer Zeitgeber bedingen [1055].

Sogar bei der Registrierung nur einer circadianen Funktion, z. B. der Bewegungstätigkeit, kann eine Dissoziation, ein *Splitting* auftreten [1055a] (Abb. 134).

Außerdem aber können Schäden bei fehlenden Zeitgebern entstehen, weil möglicherweise einige circadiane Oscillationen im Körper allmählich ausklingen und dann bestimmte physiologische Extremwerte nicht erreicht werden, also Bedingungen für das Ablaufen von Vorgängen im · Körper, die an solche Extremwerte gebunden sind, überhaupt nicht mehr erreicht werden.

LL-Schäden. Schädigungen durch Aufzucht im Dauerlicht sind bei Tomaten schon vor längerer Zeit [1030, 1031] beschrieben worden. Mehrere Autoren haben diese Erscheinung weiter studiert und zugleich festgestellt, daß die Schäden auch durch Einschaltung eines tagesperiodischen Temperaturwechsels behoben werden können, sie also nur eintreten, wenn weder ein synchronisierendee LD noch ein synchronisierender Wechsel hoher und niedriger Temperatur wirken [1028, 1042, 1046, 1047].

Interessant sind Dauerlichtschäden, bei denen zugleich nachgewiesen werden kann, daß ihre Behebung auf erneuter Synchronisation der Rhythmen bzw. auf erneuter Auslösung der ausgeklungenen Schwingungen beruht. Hierzu gehört z. B. das Ausbleiben der Blütenöffnung bei manchen Pflanzen, die längere Zeit im Dauerlicht stehen, so bei der Nachtkerze *(Oenothera)* [1029] und bei der Wegwarte *(Cichorium)* [1064]. Bei der Wegwarte zeigt sich deutlich, daß mit zunehmender Dauer des Aufenthalts im Dauerlicht die tagesperiodischen Öffnungs- und Schließungsbewegungen der Blüten mehr und mehr desynchronisiert werden, erst hinsichtlich der einzelnen Blütenstände einer Pflanze, später auch innerhalb eines und desselben Blütenkörbchens (Abb. 28). Parallel mit dieser gesteigerten Desynchronisierung zeigen sich Schäden an den Blüten. Diese Schäden und die deutliche Desynchronisierung bzw. Unterdrückung der periodischen Blütenblattbewegungen lassen sich auch durch einen tagesperiodischen Wechsel der Lichtintensität oder durch einmalige Einwirkung einer etwa 12 h langen Dunkelperiode beheben. Es sei daran erinnert, daß Dunkelperioden dieser Größenordnung auch sonst bei Pflanzen genügen, um eine im Dauerlicht ausgeklungene Schwingung wieder auszulösen (vgl. S. 29).

Bei einigen Stämmen des Pilzes *Pilobolus kleinii* werden im Dauerlicht keine Sporangien gebildet, sondern nur deren Vorstufen, die sog. Trophocysten. Diese häufen sich in einer solchen Dauerlichtkultur immer mehr an. Erst wenn man das Dauerlicht durch eine Dunkelperiode von etwa 8–10 h unterbricht, wird diese Blockierung gelöst: Die Trophocysten entwickeln sich weiter zu den fertigen Sporangienträgern, und deren Bildung ist, wie sich aus dem Abschießen der fertigen Sporangien ergibt, ein von der Rhythmik gesteuerter Vorgang [1050, 1051]. Der Beginn der Dunkelperiode dient dabei zugleich als Zeitgeber für die Rhythmik. Die Ausschaltung der Blockierung bedeutet also auch hier offensichtlich, daß durch die Dunkelperiode die Rhythmik wieder ausgelöst wird und dadurch die physiologischen Extremwerte erreicht werden, welche im Dauerlicht ausgeblieben sind. Die gleiche auslösende Wirkung kommt auch durch eine Kälteperiode zustande [1051].

Durchaus vergleichbar mit diesem Verhalten sind die an der Alge *Oedogonium* erzielten Ergebnisse [1059]. Hier zeigt sich im Dauerlicht ein Ausbleichen, d. h. ein Chlorophyllmangel. Eine einmalige Dunkelperiode oder auch eine einmalige Periode auf 10° C erniedrigter Temperatur kann dieses Ausbleichen weitgehend verhindern. Dazu müssen diese Unterbrechungen der konstanten Bedingungen etwa 6–12 h betragen, brauchen aber durchaus nicht jeden Tag geboten zu werden. Eine gleichlange Unterbrechung der konstanten Bedingungen durch eine Dunkelperiode oder eine Kälteperiode ist bei diesem Objekt aber auch erforderlich, um die im Dauerlicht aperiodisch gewordene Sporulation wieder tagesperiodisch werden zu lassen.

Die oben mitgeteilten experimentellen Befunde zeigen recht eindringlich, daß eine enge Beziehung besteht zwischen der Auslösung einer ausgeklungenen Tagesperiodik und der Beseitigung von Dauerlichtschäden. Die Möglichkeit, daß sich bei dieser Auslösung im einen oder anderen Fall nicht um eine Neuauslösung der wirklich ausgeklungenen Schwingungen, sondern nur um erneute Synchronisierung untereinander handelt, muß dabei offenbleiben.

Fehlende physiologische Voraussetzungen. Auch bei Organismen, die im normalen LD oder in einer anderen Zeitgeberrhythmik leben, kann es zu einer internen Desynchronisation kommen, nämlich dann, wenn das Ansprechen des Organismus auf die äußeren Zeitgeber reduziert ist. Dabei braucht man nicht an den extremen Fall der Blindheit zu denken; z. B. ist bei älteren Menschen die Synchronisierbarkeit durch soziale Zeitgeber reduziert, und gerade diese Zeitgeber sind für Menschen wichtiger als der LD. Dadurch kann es im Alter zu verstärkten internen Desynchronisationen kommen [1065].

Auch der Ausfall oder die Schädigung von Organen, die bei der inneren Synchronisation wichtig sind (Abschnitt 4), muß natürlich zu solchen Desynchronisationen führen.

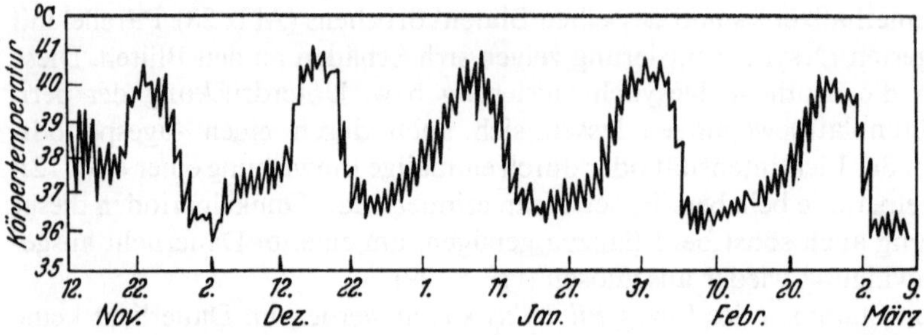

Abb. 135. Verlauf der Körpertemperatur bei einem Fall von Lymphogranulomatose. Männlicher Patient, 19 Jahre alt. Abstand der Maxima: 24–26 Tage. (Nach Ebstein [1035])

Schwebungen. Bei interner Desynchronisation kann es zu Schwebungsphänomenen kommen, wenn die einzelnen freilaufenden circadianen Rhythmen unterschiedliche Periodenlängen haben. Schwebungen können auch auftreten, wenn einige circadiane Funktionen noch von äußeren Zeitgebern synchronisiert werden, andere nicht.

Unter solchen Voraussetzungen müssen in bestimmten Intervallen, z. B. in Abständen von mehreren Tagen, die Maxima oder Minima verschiedener circadianer Funktionen zusammenfallen, so daß bestimmte physiologische Eigenschaften Extremwerte erreichen. Auf entsprechende experimentelle Befunde ist wiederholt hingewiesen worden [1016]. Sogar in ein und demselben Organ, z. B. der Niere, kann unter konstanten Bedingungen das Auftreten mehrerer Frequenzen beobachtet werden. In Abständen von mehreren Tagen wird dann wieder die normale Phasenrelation erreicht, Tage, an denen sich die Versuchsperson dann besonders wohl fühlt [1012].

Schwebungsphänomene müssen natürlich auch auftreten, wenn in einem LD oder anderen Zeitgeberrhythmus die Länge der erblichen Perioden zu stark von der der Außencyclen abweicht (Abb. 79).

Periodische Krankheiten. Nach diesen Hinweisen drängt sich die Frage auf, ob wichtigen periodischen Krankheiten solche Schwebungsphänomene zugrunde liegen. Es gibt Krankheiten, die nur in Abständen von mehreren Tagen, Wochen oder auch in noch größeren Zeitabständen manifest werden [1026] (Abb. 135).

Alle diese Fälle sind bei weitem nicht hinreichend genug analysiert worden, um entscheiden zu können, ob sie vielleicht auf Schwebungen beruhen. Aber beachtenswert ist doch im Zusammenhang mit der oben genannten Voraussetzung für die Möglichkeit solcher Schwebungen, daß Phänomene der eben beschriebenen Art bei Versuchstieren gerade dann auftreten, wenn Störungen in Organen mit steuernden Funktionen bestehen. Bei Ratten wurden Cyclen mit Längen von ungefähr 20 Tagen (oder noch mehr) nach Störungen der Schilddrüse und Hypophyse gefunden. Weiterhin wurde auch eine Ratte geprüft, die solche Phänomene zeigte, obwohl sie bei Versuchsbeginn den Eindruck eines gesunden Tieres machte. Später zeigte sich, daß diese Ratte einen Gehirntumor hatte, der offensichtlich die Drüsen (Hypophyse und Hypothalamus) geschädigt hatte [1026, 1058]. Auch wurde beobachtet, daß beim Ausfall der Schilddrüse oder der Nebenschilddrüse Cyclen solcher Größenordnungen auftreten können [1057].

In solchen Fällen sollte man also prüfen, ob es sich etwa um Schwebungen handelt, bedingt 'durch die Ausschaltung der Koppelung zwischen den einzelnen oscillierenden Systemen. Jedoch sind auch andere Erklärungsmöglichkeiten erörtert worden [1058].

Literatur

a) Zusammenfassende Darstellungen

1012. Aschoff,J.: Circadian rhythms in man. Science **148**, 1427—1432 (1965)
1013. Colquhoun,W.P.: Biological Rhythms and Human Performance. London-New York: Academic Press 1971
1014. Flaherty,B.E. (ed.): Psychophysiological Aspects of Space Flight. New York: Columbia Univ. 1961
1015. Greter,W.F.: Human performance for military and civilian operations in space. Ann. N. Y. Acad. Sci. **134**, 398—412 (1965)
1016. Halberg,F.: Temporal coordination of physiologic function. Cold Spring Harbor Symp. Quant. Biol. **25**, 289—308 (1960)
1017. Halberg,F.: Physiologic rhythms. In: Physiological Problems in Space Exploration. J. D. Hardy (ed.). Springfield, Ill.: Thomas 1964
1018. Hauty,G.T.: Psychological problems of space flight. In: Physics and Medicine of the Atmosphere and Space. O. O. Benson and H. Strughold (ed.). New York: Wiley 1960
1019. Hauty,G.T.: Periodic Desynchronization in humans under outer space conditions. Ann. N. Y. Acad. Sci. **98**, 1116—1125 (1962)
1019a.Hildebrandt,G. (ed.): Biologische Rythmen und Arbeit. Wien-New York: Springer 1976
1020. Klein,K.E., Brüner,H., Holtmann,H., Rehme,H., Stolze,J., Steinhoff,W.D., Wegmann,H.: Circadian rhythm of pilot's efficiency and effects of multiple time zone travel. Aerospace Med. **41**, 125—132 (1970)
1021. Lobban,M.C.: The entrainment of circadian rhythms in man. Cold Spring Harbor Symp. Quant. Biol. **25**, 325—332 (1960)
1022. Lobban,M.C.: Dissociation in human rhythmic functions. In: Aschoff [1], S. 219—227 (1965)
1023. Menninger-Lerchenthal,E.: Periodizität in der Psychopathologie. Wien: Maudrich 1960
1024. Menzel,W.: Menschliche Tag-Nacht-Rhythmik und Schichtarbeit. Basel-Stuttgart: Schwabe 1962
1025. Reimann,H.A.: Periodic Diseases. Oxford: Blackwell 1963
1026. Richter,C.P.: Biological Clocks in Medicine and Psychiatry. Springfield, Ill.: Thomas 1965
1027. Strughold,H.: The physiological clock in aeronautics and astronautics. Ann. N. Y. Acad. Sci. **134**, 413—422 (1965)
1028. Went,F.W.: Ecological implications of the autonomous 24-hour rhythm in plants. Ann. N. Y. Acad. Sci. **98**, 866—875 (1962)

b) Originalarbeiten

1029. Arnold,C.G.: Planta (Berl.) **53**, 198—211 (1959)
1030. Arthur,J.M., Guthrie,J.D., Newell,J.M.: Amer. J. Bot. **17**, 416—482 (1930)
1031. Arthur,J.M., Harvill,E.K.: Contr. Boyce Thompson Inst. **8**, 433—443 (1937)
1032. Aschoff,J.: Naturwissenschaften **42**, 569—575 (1955)
1033. Aschoff,J., Saint-Paul,U.v., Wever,R.: Naturwissenschaften **58**, 574 (1971)
1034. Bugard,P., Henry,M.: La Presse Médicale **44**, 1903 (1961)
1035. Ebstein,W.: Berl. klin. Wschr. **24**, 565 (1887)
1036. Engel,H., Friederichsen,I.: Planta (Berl.) **40**, 529—549 (1952)
1037. Forsgren,E.: Acta med. scand. **128**, 281—288 (1947)

1038. Forsgren,E.: Nord. med. T. **34**, 1280 (1947)
1039. Garner,W.W., Allard,H.A.: J. agr. Res. **18**, 553—606 (1920)
1040. Ghata,J.: Aerospace Med. **38**, 944—947 (1967)
1041. Halberg,F., Nelson,W., Cadotte,L.: Chronobiologia Suppl. **1**, 26—27 (1975)
1042. Hanson,J.B., Highkin,H.R.: Plant Physiol. **29**, 301—302 (1954)
1043. Hauty,G.T.: Aerospace Med. **34**, 100—105 (1963)
1044. Hauty,G.T., Adams,T.: Aerospace Med. **37**, 1027—1033 (1966)
1045. Heimann,M.: Planta (Berl.) **38**, 157—195 (1950)
1046. Highkin,H.R.: Cold Spring Harbor Symp. Quant. Biol. **25**, 231—238 (1960)
1047. Hillman,W.S.: Amer. J. Bot. **43**, 89—96 (1956)
1048. Hoffmann,K.: Zool. Anz. Suppl. **33**, Verh. Zool. Ges. 171—177 (1969)
1049. Hoffmann,K.: In: Menaker [900], S. 134—151 (1969)
1050. Jacob,F.: Arch. Mikrobiol. **33**, 83—104 (1959)
1051. Jacob,F.: Flora **151**, 329—344 (1961)
1052. Ketellapper,H.J.: Plant Physiol. **35**, 238—241 (1960)
1053. LaFontaine,E., Lavernhe,J., Courillon,J., Medvedeff,M., Ghata,J.: Aerospace Med. **38**, 944—947
        (1967)
1054. Lewis,P.R., Lobban,M.C.: J. exp. Physiol. **42**, 371—386 (1957)
1055. Lund,R.: Psychosom. Med. **36**, 224—228 (1974)
1055a.Pittendrigh,C.S., Daan,S.: J. comp. Physiol. **106**, 333—355 (1976)
1056. Pittendrigh,C.S., Minis,D.H.: Proc. Nat. Acad. Sci. USA **69**, 1537—1539 (1972)
1057. Rice,K.: Arch. Neurolog. Psychiat. (Chic.) **51** (1944)
1058. Richter,C.P.: Proc. Nat. Acad. Sci. USA **46**, 1506—1530 (1960)
1059. Ruddat,M.: Z. Bot. **49**, 23—46 (1960)
1060. Simpson,H.W., Bellamy,N., Bohlen,J., Halberg,F.: Int. J. Chronobiol. **1**, 287—311 (1973)
1061. Speidel,B.: Planta (Berl.) **30**, 67—112 (1939)
1062. Strughold,H.: Ann. N. Y. Acad. Sci. **98**, 1109—1115 (1962)
1063. Taub,J.M., Berger,R.J.: Psychosom. Med. **36**, 164—173 (1974)
1064. Todt,D.: Z. Bot. **50**, 1—21 (1962)
1065. Wever,R.: Naturwiss. Rundschau **27**, 475—480 (1974)

Sachverzeichnis

Herausgeber:
W. Hoppe
W. Lohmann
H. Markl
H. Ziegler

Biophysik

Ein Lehrbuch

604 Abbildungen. XVI, 720 Seiten. 1977.
Gebunden DM 98,–; US $ 43.20
ISBN 3-540-07474-0

Mit Beiträgen von R. D. Bauer, H. Brunner, O. D. Creutzfeldt, U. Deffner, F. Dörr, K. Dransfeld, J. Dudel, K. A. Fisher, E. Frömter, K. M. Hartmann, W. Haupt, G. L. Hofacker, K. C. Holmes, W. Hoppe, R. Huber, H. Hutten, A. Johnsson, K.-E. Kaißling, G. M. Kalvius, H. Kuhn, J. Ladik, W. Lohmann, H. G. Mannherz, H. Markl, H. Marko, R. Menzel, W. Nachtigall, H. Neubacher, G. Neuweiler, E.-G. Niemann, F. Parak, T. Pasch, V. Penka, W. Reichardt, G. Renger, H. Rüppel, E. Sackmann, E. Schnepf, P. Schuster, H. Simon, A. W. Snyder, H. Stieve, W. Stoeckenius, T. Szabo, G. Thews, U. Thurm, H. Tschesche, E. Wetterer, H. Ziegler, W. Zillig, G. Zundel, E. Zwicker

Inhaltsübersicht: Bau der Zelle (Prokaryonten, Eukaryonten). – Der chemische Bau biologisch wichtiger Makromoleküle. – Physikalische Methoden zur Bestimmung der strukturellen Eigenschaften von Biomolekülen. – Intra- und Intermolekulare Wechselwirkungen. – Energieübertragungsmechanismen. – Strahlenbiophysik. – Tracer-Methoden in der Biologie. – Energetische und statistische Beziehungen. – Enzyme als Biokatalysatoren. – Die biologische Funktion der Nucleinsäuren. – Membranen. – Sensorische Transduktionsprozesse. – Photobiophysik. – Biomechanik. – Elektrorezeption und Ortung im elektrischen Feld. – Geo-Biophysik: Schwerefeld, Magnetfeld und Organismen. – Kybernetik. – Evolution.

Biophysik ist eines der wichtigsten Grenzgebiete zwischen Physik, Chemie und Biologie. Das Sammelwerk führt den Leser in einem weitgespannten Rahmen von der Molekularbiologie über die Kybernetik zu einer physikalisch fundierten Evolutionstheorie und weist ihm den Weg zu einem tieferen Verständnis der Lebensvorgänge.

Springer-Verlag
Berlin
Heidelberg
New York

Preisänderungen vorbehalten

J.-P. EWERT

Neuro-Ethologie

Einführung in die
neurophysiologischen
Grundlagen des
Verhaltens

(Heidelberger Taschenbücher, Band 181)
136 Abbildungen (größtenteils zweifarbig, eine
vierfarbig). XI, 259 Seiten. 1976
DM 24,80; US $ 11.00
ISBN 3-540-07773-1

Neuro-Ethologie ist eine junge interdisziplinäre Wissenschaft,
die eine Brücke zwischen seit langem bestehenden Arbeits-
gebieten schlägt – der Neurophysiologie und der Verhaltens-
forschung. Sie hat sich zur Aufgabe gestellt, die nervösen
Grundlagen des Verhaltens von Tieren experimentell zu analy-
sieren und zu verstehen. Das vergleichende Studium von
Verhaltensweisen und Funktionsabläufen auf niederer
Integrationsstufe beim Tier kann auch dem Verständnis
komplexerer Vorgänge beim Menschen dienen. An ausge-
wählten Beispielen wird gezeigt, wie verhaltensrelevante
Umweltinformationen in verschiedenen sensorischen Systemen
von Wirbeltieren und Wirbellosen zur Auslösung motorischer
Verhaltensprogramme verarbeitet werden. Das Buch
wendet sich nicht nur an Biologiestudenten und Lehrer,
sondern es wird auch für Mediziner und Psychologen eine
wichtige Orientierungshilfe sein. Methodische Verfahren für die
Lösung neuroethologischer Probleme sind in einem Anhang
zusammengestellt und bieten dem experimentell
interessierten Leser einen ersten Überblick.

D. VARJÚ

**Systemtheorie
für Biologen
und Mediziner**

(Heidelberger Taschenbücher, Band 182)
80 Abbildungen. VIII, 285 Seiten. 1977
DM 24,80; US $ 11.00
ISBN 3-540-08086-4

Die mathematischen Methoden der Systemtheorie sind von
Biologen und Medizinern ohne hinreichende mathematische
Vorbildung oft schwer zu erlernen, weil die entsprechenden
Lehrbücher in der Regel für Ingenieure geschrieben sind.
Deshalb setzt der Verfasser dieses Buches nur elementare
mathematische Kenntnisse voraus. Er behandelt im ersten
Teil Begriffe der linearen Filtertheorie wie Impulsantwort,
Übergangsfunktion, Frequenzgänge, Übertragungsfunktion,
Fourier- und Laplace-Transformation, Stabilität linearer Regel-
kreise und geht im zweiten Teil auf solche nichtlinearen
Probleme ein, die bei der Analyse von Reiz-Reaktions-
beziehungen von Bedeutung sind. Nach Studium des Textes
sollte der Leser in der Lage sein, die meisten einschlägigen
Veröffentlichungen auch dann zu verstehen, wenn dort von der
Systemtheorie Gebrauch gemacht wird.

Springer-Verlag
Berlin
Heidelberg
New York

Preisänderungen vorbehalten